TÉCNICAS EXPERIMENTALES EN SÍNTESIS ORGÁNICA

PROYECTO EDITORIAL
BIBLIOTECA DE QUÍMICAS

Director:
Carlos Seoane Prado
Catedrático de Química Orgánica
Universidad Complutense de Madrid

TÉCNICAS EXPERIMENTALES EN SÍNTESIS ORGÁNICA

Aurelio G. Csákÿ
M.ª Ángeles Martínez Grau

Segunda edición corregida y ampliada

EDITORIAL
SINTESIS

Primera reimpresión: marzo 2001
Segunda edición corregida y ampliada: febrero 2012

Vallehermoso, 34 - 28015 Madrid
Teléf.: 91 593 20 98
http://www.sintesis.com

Depósito Legal: M. 5.848-2012
ISBN: 84-7738-605-6

Impreso en España - Printed in Spain

ÍNDICE

PRESENTACIÓN

La experiencia más gratificante para un químico orgánico consiste en ponerse delante de una vitrina y experimentar, llevando a cabo reacciones que permiten la transformación de compuestos sencillos en productos complejos de utilidad variada. Por este motivo, todo aquel que se introduzca en el laboratorio de Química Orgánica debe conocer con detalle las técnicas experimentales que requiere cualquier proceso de síntesis.

El objetivo de este texto es presentar, desde un punto de vista práctico, el modo de realizar las distintas operaciones necesarias para la preparación, aislamiento, purificación y caracterización de un compuesto orgánico. Un libro de estas características no puede basarse sólo en conceptos, sino que requiere una descripción precisa y detallada de la metodología de trabajo. Con este fin se indican, paso a paso, los procedimientos experimentales para la realización de cada una de las técnicas. Adicionalmente, en esta segunda edición, actualizada y ampliada, se ha introducido también la manera de realizar un cuaderno de laboratorio y la búsqueda de datos en la bibliografía.

El orden de los capítulos responde a las necesidades que secuencialmente surgen en el laboratorio a lo largo de un proceso sintético. Así pues, el primer capítulo recoge las normas de seguridad, de obligado cumplimiento, que deben conocerse antes de comenzar el trabajo experimental. El segundo capítulo describe el material de laboratorio, y los equipos y aparatos de uso más frecuente, incluyendo los procedimientos para su correcta utilización. Los capítulos tercero y cuarto detallan las características de los disolventes y de los reactivos, tanto sólidos, como líquidos y gases. En ellos se presentan sus formas de purificación, almacenamiento y manejo, incluyendo la metodología necesaria para el uso de compuestos sensibles al aire y a la humedad.

Una vez expuestos los pasos previos a la reacción, en el capítulo quinto se hace una descripción detallada del modo de llevar a cabo los tipos más generales de reacciones químicas, en función de la naturaleza de los reactivos, su sensibilidad a la humedad y la temperatura del proceso. En la segunda parte del capítulo se recogen un conjunto de reacciones específicas dirigidas a transformaciones sintéticas concretas, y su tratamiento experimental.

Después de terminada la reacción, el siguiente paso consiste en aislar los productos obtenidos. Por este motivo, en los capítulos 6 y 7 se tratan, desde el punto de vista teórico y práctico, las técnicas para el aislamiento de los compuestos orgánicos: extracción, lavado, secado y filtración. A continuación se incluyen cuatro capítulos dedicados a los diferentes métodos utilizados para la separación de los componentes de una mezcla y su purificación final. El capítulo 8 está dirigido a la separación y purificación de líquidos, y en él se exponen las formas de realizar los diferentes tipos de destilaciones. El capítulo 9 se centra en la purificación de sólidos, presentando las técnicas de cristalización y sublimación. Los capítulos 10 y 11 están dedicados a las distintas técnicas cromatográficas; en el primero de ellos se analiza la cromatografía en columna y en capa fina, y en el segundo la cromatografía de gases y HPLC. El último capítulo trata los procedimientos de preparación de muestras para la caracterización de los compuestos obtenidos.

Tanto en el laboratorio de prácticas como en el ejercicio de la profesión en laboratorios de investigación o en la industria se requiere la realización de un cuaderno de laboratorio en el que queden reflejadas fielmente y de manera reproducible todas las operaciones llevadas a cabo a lo largo de la síntesis y caracterización de los compuestos. En esta segunda edición, se ha incluido un nuevo capítulo (capítulo 13) en el que se indican recomendaciones generales para la realización correcta del cuaderno de laboratorio.

Las prácticas convencionales de síntesis orgánica se basan en el seguimiento de un guion confeccionado por un equipo docente que contiene procedimientos experimentales detallados. Sin embargo, el ejercicio de la profesión resulta bien distinto: el profesional no dispone de guion y debe documentarse en la bibliografía sobre los distintos métodos de síntesis disponibles para la molécula objeto. En esta segunda edición, se ha incluido un nuevo capítulo (capítulo 14) en el que se recogen distintos métodos útiles para la búsqueda de información química.

Este manual está orientado tanto a los alumnos de primer ciclo como a los estudiantes de doctorado o a cualquier licenciado que se incorpore al mundo profesional. Los conceptos y las técnicas experimentales recogidos se adaptan a las diferentes necesidades y niveles de las asignaturas prácticas de los nuevos planes de estudio universitarios.

Como en toda asignatura experimental, los contenidos se entienden mejor cuando se ponen en práctica en el laboratorio. En este sentido, esperamos que este manual de *técnicas experimentales en síntesis orgánica* sirva también como complemento a las enseñanzas de los docentes e investigadores que supervisan los trabajos prácticos.

No queremos finalizar sin mostrar nuestro agradecimiento a todos los profesores de quienes hemos aprendido a lo largo de nuestra actividad docente e investigadora. También queremos hacer una mención especial a los alumnos, a ellos dedicamos este libro.

1

SEGURIDAD EN EL LABORATORIO

1.1. Introducción

El laboratorio de química presenta una amplia variedad de riesgos entre los que destacan: incendios, explosiones, cortes, quemaduras, y daños derivados de la toxicidad de reactivos y disolventes, ya sea por su salpicadura en la piel o en los ojos, la inhalación de sus vapores o su ingestión accidental.

Con objeto de minimizar los riesgos y evitar accidentes, además de unas normas de seguridad generales, cada laboratorio tiene unas normas particulares adecuadas a sus instalaciones. Todas ellas deben conocerse antes de comenzar el trabajo experimental y son de obligado cumplimiento. A continuación se especifican una serie de normas básicas, comunes a todos los laboratorios:

a) En todo momento se debe ir equipado con bata y gafas de seguridad. En caso de utilizar gafas graduadas, las gafas de seguridad deben llevarse encima de las anteriores, evitando espacios por los que se puedan producir salpicaduras o introducirse fragmentos de vidrio. También existe la posibilidad de utilizar gafas de seguridad graduadas.

b) No deben utilizarse lentes de contacto ya que, en caso de proyección de líquidos al ojo, no pueden quitarse con rapidez. Además, las lentes blandas pueden absorber algunos vapores orgánicos.

c) Utilizar guantes desechables cuando exista riesgo de contacto de la piel con sustancias tóxicas.

d) Utilizar máscara cuando se manejen sustancias que puedan desprender vapores de elevada toxicidad.

e) Está prohibido hacer uso de las pipetas succionando con la boca. Utilizar un aspirapipetas o una pera de goma.

f) Nunca trabajar solo, con objeto de poder recibir ayuda en caso de accidente.

g) Trabajar siempre empleando una vitrina (Apartado 1.2) y, en caso necesario, utilizar adicionalmente una pantalla protectora.

h) Antes de llevar a cabo cualquier reacción o proceso químico, leer detenidamente el procedimiento experimental.

i) No emplear un reactivo sin haber leído previamente su etiqueta, prestando especial atención a los símbolos de peligrosidad y a las recomendaciones para su correcto manejo (Apartado 1.5).

j) Extraer de cada recipiente de reactivo exclusivamente la cantidad que se necesita, con el fin de no generar residuos que habría que neutralizar o desactivar. El reactivo sobrante no debe devolverse al recipiente original.

k) Almacenar la menor cantidad posible de reactivos y disolventes. Éstos deben guardarse siempre en recipientes cerrados, en armarios ignífugos o en neveras sin fuentes de chispas.

l) Eliminar los residuos en contenedores especiales adecuados a su naturaleza química.

m) En caso de tener que emplear una fuente de calefacción con llama, asegurarse previamente de la ausencia de líquidos inflamables en los alrededores. Nunca emplear una fuente de calefacción con llama para calentar líquidos inflamables en recipientes abiertos sin refrigerante.

n) Conocer la localización exacta de duchas de seguridad, lavaojos, mantas ignífugas, salidas de emergencia y extintores, así como el correcto manejo de estos últimos (Apartado 1.3).

o) En caso de accidente, aunque parezca insignificante, avisar inmediatamente al responsable del laboratorio.

p) No comer, beber o fumar en el interior del laboratorio.

q) No permitir la entrada al laboratorio a personas ajenas al trabajo que se está realizando.

1.2. Vitrina de laboratorio

Las vitrinas de laboratorio son cabinas de trabajo cerradas que llevan instalado un sistema extractor de gases. Cualquier operación que requiera el empleo de reactivos y disolventes debe llevarse a cabo en una vitrina. Constan fundamentalmente de los siguiente elementos:

a) Abertura frontal con una o varias ventanas que permiten al usuario trabajar en su interior y al mismo tiempo protegerse contra proyecciones o salpicaduras.
b) Superficie de trabajo en la que se disponen los reactivos, disolventes, material y aparatos necesarios para cada proceso.
c) Tomas de corriente eléctrica, agua, gas y pila de desagüe. Algunas también cuentan con tomas de gas inerte, vacío y aire comprimido.
d) Extractor que aspira los gases que se liberan en el interior de la vitrina.

Para el correcto empleo de la vitrina es necesario disponer en ella, previamente al comienzo del trabajo, todo el material y reactivos que vayan a ser empleados. La vitrina debe permanecer cerrada al máximo, por lo que las aberturas frontales deben abrirse tan solo lo necesario para realizar las manipulaciones, cerrándose a continuación. Tras la finalización del trabajo, la vitrina debe mantenerse cerrada con el sistema de aspiración encendido, con objeto de garantizar la completa eliminación de vapores residuales.

1.3. Agentes extintores

Previamente al comienzo del trabajo, se debe localizar el emplazamiento de los extintores presentes en el laboratorio.

Las distintas clases de fuego se clasifican con las letras A, B, C, D y E. Cada una de ellas requiere el uso de agentes extintores específicos (Cuadro 1.1). En algunos casos puede ser contraproducente el empleo de un extintor inadecuado.

Cada extintor indica en su etiqueta el tipo de fuego para el que es apropiado. Cuando haya que utilizar un extintor, los pasos que hay que seguir son:

1. Descolgarlo de la sujeción a la pared. Tener cuidado debido a su peso.
2. Retirar el pasador, tirando de la anilla.
3. Mantenerlo en posición vertical y apretar la palanca dirigiendo el chorro a la base de las llamas.

1.4. Recomendaciones en caso de accidente

Con el fin de actuar rápidamente en caso de accidente, previamente al comienzo del trabajo se debe localizar en el laboratorio el emplazamiento de los siguientes elementos:

a) Distintos tipos de extintores (Apartado 1.3).
b) Duchas de seguridad: Destinadas a empapar de agua al accidentado de manera completa y rápida. Van provistas de un mando de accionamiento rápido, por lo general una cadena situada de manera visible en la parte superior, de la que debe tirarse hacia abajo para iniciar la salida de agua.
c) Fuentes lavaojos: Destinadas al lavado de ojos y cara con chorros de agua de baja presión. Van provistas de un mando de accionamiento con el pie o con el codo, que deben pulsarse para iniciar la salida de agua.
d) Botiquín: Provisto de tijeras, gasas estériles, disoluciones antisépticas y pomadas para las quemaduras.
e) Teléfono y listado de teléfonos de emergencia.
f) La ruta de acceso a centros médicos próximos.

CUADRO 1.1. Agentes extintores.

Agentes extintores	Tipos de fuego	Observaciones
Agua	Clase A: Sólidos combustibles (madera, papel, tela).	No se incluyen los sólidos que funden al arder.
Polvo seco	Clase B: Líquidos inflamables y sólidos que se licuan al arder.	Extingue llamas en la superficie de líquidos. No protege de la reignición.
Espuma	Clase B: Líquidos inflamados dentro de recipientes.	Forma una manta sobre el líquido impidiendo el acceso de aire y el escape de vapores. No es adecuado para líquidos que fluyen ni para incendios de líquidos polares (acetona, alcohol, etc.). No debe emplearse en equipos eléctricos.
Halones	Clase B: Líquidos inflamables.	Son hidrocarburos halogenados que inhiben las reacciones de las llamas. Los subproductos de combustión presentan toxicidad medioambiental. No deben emplearse en lugares cerrados.
Polvo polivalente	Clase C: Gases procedentes de balas.	Cerrar la llave de paso de la bala y sofocar el fuego provocado por el gas ardiendo. Mantener la bala fría con agua.
Arena Polvo especial	Clase D: Metales e hidruros metálicos.	Adecuado para materiales que reaccionan con otros agentes extintores.
CO_2	Clase E: Equipos eléctricos, hornos y neveras.	Excluye el oxígeno. No deja residuo.

Como norma general de actuación, si el accidente es grave se debe buscar inmediatamente ayuda médica especializada. No obstante, en caso de accidentes leves, se pueden seguir las instrucciones que a continuación se indican.

1.4.1. Salpicaduras en la piel

Los reactivos corrosivos provocan quemaduras en la piel. Hay otros reactivos que pueden resultar tóxicos por absorción. En caso de accidente:

1. Retirar la ropa contaminada y lavar la zona afectada con agua abundante durante al menos diez minutos o más, en caso de seguir apreciando restos de productos químicos sobre la piel. No frotar.
2. Neutralizar las quemaduras de ácidos con disolución acuosa de bicarbonato sódico al 5%, y las de bases con disolución acuosa de ácidos cítrico o bórico al 5%.
3. Observar los posibles síntomas de envenenamiento: respiración lenta, pulso débil y rápido, manos y pies fríos, piel pálida o convulsiones. En este caso, buscar urgentemente ayuda médica especializada.

1.4.2. Quemaduras por fuego o calor

1. Enfriar la zona afectada con agua abundante durante al menos diez minutos.
2. Si la ropa arde, tumbar al afectado en el suelo y cubrirlo con una manta ignífuga.
3. Quitar la ropa empapada con vapor o líquido hirviendo. No intentar retirar la ropa que pueda estar adherida a la piel.
4. No reventar las posibles ampollas.

5. Aplicar pomadas especiales para quemaduras sólo en los casos leves.
6. En caso de accidente grave, trasladar al afectado al centro de quemados sin cubrirlo con toallas húmedas o bolsas de hielo, ya que, lejos de provocar alivio en quemaduras profundas, puede causar hipotermia.

1.4.3. Salpicaduras y quemaduras en los ojos

Algunos reactivos pueden resultar tóxicos por absorción a través de los ojos. La salpicadura en los ojos de reactivos corrosivos puede provocar quemaduras en la córnea. También pueden provocar quemaduras los vapores o líquidos calientes. Los efectos de dichas quemaduras pueden variar desde una simple irritación hasta daños muy graves. Los vapores de los disolventes orgánicos pueden causar visión borrosa e irritación durante varias horas, resolviéndose, no obstante, sin tratamiento. En otros casos, las quemaduras profundas pueden resultar indoloras debido a la destrucción de las terminaciones nerviosas de la córnea. En caso de accidente:

1. Lavar los ojos con agua abundante durante quince o veinte minutos, sin frotar, con objeto de eliminar los productos químicos o minimizar la profundidad de las quemaduras. En el caso de ácidos o bases fuertes, prolongar aún más el tiempo de lavado. Emplear para ello las duchas lavaojos, abriendo bien los párpados y moviendo los ojos en todas direcciones.
2. No neutralizar las quemaduras de ácidos con bases o las de bases con ácidos. El efecto corrosivo del remedio puede ser aún mayor que el del causante del accidente.
3. No aplicar pomadas o colirios.
4. Acudir al oculista para evaluar los posibles daños en la córnea.

1.4.4. Inhalación de vapores

Muchos gases y vapores son irritantes de los ojos y de las mucosas de la nariz y la garganta, pudiendo provocar dificultades respiratorias. Aparte de su posible toxicidad, pueden producir asfixia por desplazamiento del oxígeno del aire. En caso de accidente:

1. Llevar al accidentado a un lugar bien ventilado.
2. Asistir la respiración, y dar masaje cardíaco en caso necesario. Colocar al afectado tumbado en el suelo, con la cabeza y el pecho elevados.

1.4.5. Ingestión

La ingestión de productos químicos puede provocar irritaciones en la boca, garganta y estómago, con posible ulceración y dificultades al tragar y al respirar. En caso de accidente:

1. No intentar provocar el vómito.
2. Enjuagar la boca con agua repetidas veces y beber agua en pequeños sorbos. Precaución: la ingestión de grandes cantidades de agua puede provocar el vómito.
3. No suministrar nada por vía oral si el accidentado está inconsciente o presenta dificultades al tragar.
4. No neutralizar las quemaduras de ácidos con bases o las de bases con ácidos. El efecto corrosivo del remedio puede ser aún mayor que el del causante del accidente.
5. No suministrar bebidas alcohólicas, té, café, o refrescos con gas, medicamentos o estimulantes.

1.5. Información de disolventes y reactivos: fichas de seguridad y etiquetas

No debe utilizarse un reactivo sin conocer su ficha de seguridad y sin haber leído previamente toda la información contenida en su etiqueta, prestando especial atención a los símbolos de peligrosidad y a las recomendaciones para su correcto manejo (riesgos específicos y consejos de prudencia).

1.5.1. Fichas de seguridad

Las fichas de seguridad de disolventes y reactivos se suministran por las casas comerciales junto con los productos. Adicionalmente, se encuentran disponibles en las páginas webs de los catálogos comerciales.

Una ficha de seguridad estándar (MSDS, Material Safety Data Sheet) contiene los siguientes campos de información:

1. Identificación de la sustancia (nombre, referencia de catálogo) y datos de identificación de la sociedad o empresa suministradora (marca y compañía).
2. Identificación de los peligros: advertencias del riesgo para el hombre y para el medio ambiente.
3. Composición /Información sobre los componentes: se incluyen nombres sinónimos, algunos datos físicos y químicos, símbolos de peligrosidad (Apartado 1.5.2), riesgos específicos y consejos de prudencia (Apartado 1.5.3).
4. Primeros auxilios: se incluyen consejos generales, así como modos de actuación específicos en caso que de que el producto haya sido inhalado o ingerido, o haya entrado en contacto con la piel o con los ojos.
5. Medidas de lucha contra incendios: se indican los medios de extinción adecuados, los peligros específicos del compuesto en caso de incendio, los equipos de protección personal especiales necesarios para la extinción, y otros datos o consejos.
6. Medidas en caso de liberación accidental: se incluyen precauciones personales, precauciones para la protección del medio ambiente y métodos de limpieza.
7. Manipulación y almacenamiento.
8. Controles de la exposición y protección personal: por una parte, se recogen las medidas de protección respiratoria, de manos, de piel y de ojos, y medidas de higiene. Por otra, se recogen los niveles de exposición permitidos: Nivel TLV (Threshold Limit Value), nivel máximo de exposición diario permitido para el compuesto; y nivel PEL (Permissible Exposure Limit), nivel de exposición máximo permisible, expresado generalmente en ppm, o en mg/m^3.
9. Propiedades físicas y químicas.
10. Estabilidad y reactividad: condiciones de almacenamiento, condiciones y materias que deben evitarse, y productos de descomposición peligrosos.
11. Información toxicológica.
12. Información ecológica del producto y de los envases contaminados.
13. Consideraciones relativas a la eliminación de residuos.
14. Información relativa al transporte.
15. Información reglamentaria: etiquetado conforme a las normas de la Unión Europea, con indicación de símbolos de peligro (Apartado 1.5.2), frases R y frases S (Apartado 1.5.3).

1.5.2. Símbolos de peligrosidad

Las etiquetas de disolventes y reactivos contienen una serie de símbolos de peligrosidad, de acuerdo con las normas vigentes en la Unión Europea, que deben tenerse en cuenta para el manejo de la sustancia (Cuadro 1.2).

1.5.3. Riesgos específicos y consejos de prudencia

Las etiquetas de disolventes y reactivos contienen las abreviaturas de unas frases indicativas de los riesgos específicos (*frases R*) y los consejos de prudencia (*frases S*), según el decreto de sustancias peligrosas de aplicación en el ámbito de la Unión Europea. Se recogen en el Cuadro 1.3 las indicaciones de riesgos específicos y en el Cuadro 1.4 los consejos de prudencia.

CUADRO 1.2. Símbolos de peligrosidad.

E	Explosivo	Sustancias que pueden deflagrar y explotar espontáneamente. Debe evitarse el calor, fuego, chispas, percusión o fricción.	
O	Comburente	Sustancias que, en contacto con materiales combustibles, originan una reacción fuertemente exotérmica aumentando el peligro de incendio y su violencia. Debe evitarse el contacto con sustancias combustibles.	
F	Fácilmente inflamable	Sustancias que, por acción de una fuente de ignición, pueden arder y continuar quemando. Deben mantenerse lejos de llamas, chispas y fuentes de calor.	
F+	Extremadamente inflamable	Líquidos con puntos de inflamación y ebullición bajos, y gases que a presión y temperatura ambiente son muy inflamables en el aire. Deben mantenerse lejos de llamas, chispas y fuentes de calor.	
T	Tóxico	La absorción de estas sustancias puede tener efectos muy graves e irreversibles para la salud. Deben tomarse medidas especiales para su manejo.	
T+	Muy tóxico	La absorción de estas sustancias en cantidades muy pequeñas puede tener efectos muy graves e irreversibles para la salud, pudiendo llegar a tener consecuencias mortales. Deben tomarse medidas especiales para su manejo, evitando cualquier contacto con el cuerpo.	
C	Corrosivo	Sustancias que destruyen los tejidos. Deben tomarse medidas protectoras especiales.	
Xn	Nocivo	Su absorción puede dar lugar a daños agudos o crónicos para la salud. Deben tomarse medidas especiales para su manejo.	
Xi	Irritante	Sin llegar a ser corrosivas, pueden provocar inflamaciones de la piel o las mucosas. Debe evitarse el contacto con la piel y los ojos y no inhalar sus vapores.	
N	Peligroso para el medio ambiente	Pueden provocar daños en los ecosistemas por cambio de los equilibrios naturales. No deben alcanzar la canalización, el suelo o el medio ambiente.	

CUADRO 1.3. Riesgos específicos.

Frases R	Riesgos específicos	Frases R	Riesgos específicos
R 1	Explosivo en estado seco.	R 4	Forma compuestos metálicos explosivos muy sensibles.
R 2	Riesgo de explosión por choque, fricción, fuego u otras fuentes de ignición.	R 5	Peligro de explosión en caso de calentamiento.
R 3	Alto riesgo de explosión por choque, fricción, fuego u otras fuentes de ignición.	R 6	Peligro de explosión, con o sin contacto con el aire.

[...]

CUADRO 1.3. *(continuación)*

R 7	Puede provocar incendios.	R 31	En contacto con ácidos libera gases tóxicos.
R 8	Peligro de fuego en contacto con materias combustibles.	R 32	En contacto con ácidos libera gases muy tóxicos.
R 9	Peligro de explosión al mezclar con materias combustibles.	R 33	Peligro de efectos acumulativos.
R 10	Inflamable.	R 34	Provoca quemaduras.
R 11	Fácilmente inflamable.	R 35	Provoca quemaduras graves.
R 12	Extremadamente inflamable.	R 36	Lacrimógeno: irrita los ojos.
R 14	Reacciona violentamente con el agua.	R 37	Irrita las vías respiratorias.
R 15	Reacciona con el agua liberando gases extremadamente inflamables.	R 38	Irrita la piel.
R 16	Puede explotar en mezcla con sustancias comburentes.	R 39	Peligro de efectos irreversibles muy graves.
R 17	Pirofórico: se inflama espontáneamente en contacto con el aire.	R 40	Posibilidad de efectos irreversibles.
R 18	Al usarlo pueden formarse mezclas aire-vapor explosivas o inflamables.	R 41	Riesgo de lesiones oculares graves.
R 19	Puede formar peróxidos explosivos.	R 42	Posibilidad de sensibilización por inhalación.
R 20	Nocivo por inhalación.	R 43	Posibilidad de sensibilización en contacto con la piel.
R 21	Nocivo en contacto con la piel.	R 44	Riesgo de explosión al calentarlo en ambiente cerrado.
R 22	Nocivo por ingestión.	R 45	Carcinógeno: puede causar cáncer.
R 23	Tóxico por inhalación.	R 46	Mutágeno: puede causar alteraciones genéticas hereditarias.
R 24	Tóxico en contacto con la piel.	R 48	Riesgo de efectos graves para la salud en caso de exposición prolongada.
R 25	Tóxico por ingestión.	R 49	Puede causar cáncer por inhalación.
R 26	Muy tóxico por inhalación.	R 50	Muy tóxico para los organismos acuáticos.
R 27	Muy tóxico en contacto con la piel.	R 51	Tóxico para los organismos acuáticos.
R 28	Muy tóxico por ingestión.	R 52	Nocivo para los organismos acuáticos.
R 29	En contacto con agua libera gases tóxicos.	R 53	Puede provocar a largo plazo efectos negativos en el medio ambiente acuático.
R 30	Puede inflamarse fácilmente al usarlo.	R 54	Tóxico para la flora.

[...]

CUADRO 1.3. *(continuación)*

R 55	Tóxico para la fauna.	R 60	Puede perjudicar la fertilidad.
R 56	Tóxico para los organismos del suelo.	R 61	Teratógeno: riesgo durante el embarazo de efectos adversos para el feto.
R 57	Tóxico para las abejas.	R 62	Posible riesgo de perjudicar la fertilidad.
R 58	Puede provocar a largo plazo efectos negativos en el medio ambiente.	R 63	Posible riesgo durante el embarazo de efectos adversos para el feto.
R 59	Peligroso para la capa de ozono.	R 64	Puede perjudicar a los niños alimentados con leche materna.

CUADRO 1.4. Consejos de prudencia.

Frases S	Consejos de prudencia	Frases S	Consejos de prudencia
S 1	Conservar bajo llave.	S 14.2	Conservar lejos de oxidantes, ácidos y compuestos de metales pesados.
S 2	Mantener fuera del alcance de los niños.	S 14.3	Conservar lejos de hierro.
S 3	Conservar en lugar fresco.	S 14.4	Conservar lejos de agua y lejías.
S 4	Mantener lejos de locales habitados.	S 14.5	Conservar lejos de ácidos.
S 5.1	Conservar en agua.	S 14.6	Conservar lejos de lejías.
S 5.2	Conservar en petróleo.	S 14.7	Conservar lejos de metales.
S 5.3	Conservar en aceite de parafina.	S 14.8	Conservar lejos de sustancias oxidantes y ácidas.
S 6.1	Conservar en nitrógeno.	S 14.9	Conservar lejos de sustancias orgánicas combustibles.
S 6.2	Conservar en argón.	S 14.10	Conservar lejos de ácidos, reductores y materiales combustibles.
S 6.3	Conservar en dióxido de carbono.	S 14.11	Conservar lejos de sustancias combustibles.
S 7	Mantener el recipiente bien cerrado.	S 15	Conservar alejado del calor.
S 8	Mantener el recipiente en lugar seco.	S 16	Conservar alejado de toda llama o fuente de chispas. No fumar.
S 9	Mantener el recipiente en lugar bien ventilado.	S 17	Mantener lejos de materias combustibles.
S 12	No cerrar el recipiente herméticamente.	S 18	Manipular y abrir el recipiente con prudencia.
S 13	Mantener lejos de alimentos, bebidas y piensos.	S 20	No comer ni beber durante su utilización.
S 14.1	Conservar lejos de reductores, compuestos de metales pesados, ácidos y bases.	S 21	No fumar durante su utilización.

[...]

CUADRO 1.4. *(continuación)*

S 22	No respirar el polvo.	S 33	Evitar la acumulación de cargas electrostáticas.
S 23.1	No respirar el gas.	S 35	Eliminar los residuos del producto y sus recipientes con todas las precauciones posibles.
S 23.2	No respirar los vapores.	S 35.1	Los residuos y el recipiente deben eliminarse tratando con sosa cáustica al 2%.
S 23.3	No respirar los aerosoles.	S 36	Usar indumentaria protectora adecuada.
S 23.4	No respirar el humo.	S 37	Usar guantes adecuados.
S 23.5	No respirar los vapores/aerosoles.	S 38	En caso de ventilación insuficiente, usar equipo respiratorio.
S 24	Evitar el contacto con la piel.	S 39	Usar protección para ojos y cara.
S 25	Evitar el contacto con los ojos.	S 40.1	Para limpiar el suelo y los objetos contaminados, usar mucha agua.
S 26	En caso de contacto con los ojos, lavarlos inmediata y abundantemente con agua y acudir a un médico.	S 41	En caso de incendio y/o explosión no respirar los humos.
S 27	Quitar inmediatamente la ropa manchada o salpicada.	S 42	Durante las fumigaciones/pulverizaciones, usar equipo respiratorio adecuado.
S 28.1	En caso de contacto con la piel, lavarla inmediata y abundantemente con agua.	S 43.1	En caso de incendio, utilizar agua.
S 28.2	En caso de contacto con la piel, lavarla inmediata y abundantemente con agua y jabón.	S 43.2	En caso de incendio, utilizar agua o extintor de polvo.
S 28.3	En caso de contacto con la piel, lavarla inmediata y abundantemente con agua, jabón y polietilenglicol 400.	S 43.3	En caso de incendio, utilizar extintor de polvo. No usar nunca agua.
S 28.4	En caso de contacto con la piel, lavarla inmediata y abundantemente con polietilenglicol 300 y etanol (2:1), y a continuación con abundante agua y jabón.	S 43.4	En caso de incendio, utilizar extintor de CO_2. No utilizar nunca agua.
S 28.5	En caso de contacto con la piel, lavarla inmediata y abundantemente con polietilenglicol 400.	S 43.6	En caso de incendio, utilizar arena. No usar nunca agua.
S 28.6.	En caso de contacto con la piel, lavarla inmediata y abundantemente con polietilenglicol 400 y a continuación con agua abundante.	S 43.7	En caso de incendio, utilizar polvo extintor para metales. No usar nunca agua.
S 28.7	En caso de contacto con la piel, lavarla inmediata y abundantemente con agua y jabón ácido.	S 43.8	En caso de incendio, utilizar arena, extintor de polvo o de CO_2. No usar nunca agua.
S 29	No tirar los residuos por el desagüe.	S 45	En caso de accidente o malestar, acudir inmediatamente al médico.
S 30	No echar jamás agua a este producto.	S 46	En caso de ingestión, acudir inmediatamente al médico y mostrar la etiqueta del envase.

[...]

CUADRO 1.4. *(continuación)*

S 47	Conservar a una temperatura no superior a x °C.	S 53	Evitar la exposición. Recabar instrucciones especiales antes del uso.
S 48.1	Conservar húmedo con agua.	S 56	Eliminar la sustancia y el recipiente en un puesto de recogida pública de residuos especiales o peligrosos.
S 49	Conservar únicamente en el recipiente de origen.	S 57	Utilizar un envase de seguridad adecuado para evitar la contaminación del medio ambiente.
S 50.1	No mezclar con ácidos.	S 59	Consultar al fabricante o proveedor para obtener información sobre su recuperación o reciclado.
S 50.2	No mezclar con bases.	S 60	Eliminar el producto y su recipiente como residuos peligrosos.
S 50.3	No mezclar con ácidos fuertes, bases fuertes, metales no férricos y sus sales.	S 61	Evitar su liberación al medio ambiente. Recabar instrucciones específicas de la ficha de datos de seguridad.
S 51	Usar sólo en lugares bien ventilados.	S 62	En caso de ingestión, no provocar el vómito. Acudir inmediatamente al médico y mostrar la etiqueta del envase.
S 52	No usar sobre grandes superficies en locales habitados.		

1.6. Desactivación y eliminación de residuos

En el laboratorio se manejan gran cantidad de productos químicos (reactivos, disolventes, productos de reacción) que, en la mayoría de los casos, son tóxicos y peligrosos para la salud o el medio ambiente. Como primera medida, se debe intentar evitar la generación de residuos mediante una correcta planificación del trabajo. Está prohibido eliminar cualquier tipo de reactivo o disolvente a través de las aguas residuales.

Resulta necesario prestar una atención especial a la utilización de disolventes orgánicos, habida cuenta de que, por lo general, estos últimos se manejan con mucha frecuencia y en cantidades considerablemente mayores que los reactivos o los productos de reacción. Además de la potencial toxicidad, los vapores de la mayor parte de los disolventes orgánicos son inflamables, por lo que se deberá prestar especial atención a la presencia de fuentes de calor o de ignición en las proximidades de la zona de manipulación. El riesgo de incendio aumenta con la facilidad de generación de vapores y, por tanto, con la volatilidad del disolvente (mayor peligro cuanto menor sea su punto de ebullición), y con la temperatura ambiental del laboratorio (mayor peligro a temperatura ambiente más elevada).

Algunos disolventes de uso frecuentes, como los éteres y los hidrocarburos cíclicos insaturados no aromáticos, por acción del aire y la luz, pueden formar peróxidos potencialmente explosivos. La acumulación de peróxidos resulta particularmente peligrosa cuando su concentración aumenta, por lo que el riesgo de accidente se hace mayor cuando el disolvente se evapora.

1.6.1. Desactivación de residuos

Previamente a su eliminación, es necesario desactivar algunos residuos especialmente tóxicos o peligrosos transformándolos en productos químicamente inactivos. Se indica a continuación el método general para la desactivación de algunos de los residuos más comunes:

a) *Ácidos y bases*: Su pH debe ajustarse entre 6 y 8. Las disoluciones acuosas de ácidos deben neutralizarse con una disolución acuosa de bicarbonato sódico o de hidróxido sódico. Las bases acuosas y orgánicas deben neutralizarse con ácido clorhídrico diluido.

b) *Nitrilos y tioles*: Deben oxidarse con una disolución de clorato sódico, y destruir el exceso de oxidante con tiosulfato sódico.

c) *Aldehídos solubles en agua*: Transformarlos en combinaciones bisulfíticas empleando una disolución acuosa saturada de bisulfito sódico.

d) *Compuestos organometálicos sensibles a la humedad*: Por lo general, se encuentran disueltos en disolventes orgánicos. Añadir gota a gota sobre *n*-butanol, eliminando por la extracción de la vitrina los gases combustibles que se desprenden. Finalmente añadir agua con mucha precaución.

e) *Haluros y sulfatos de alquilo*: Sustancias muy cancerígenas. Añadirlos, gota a gota, sobre una disolución acuosa saturada de hidróxido amónico enfriada con hielo.

f) *Haluros de ácido*: Transformarlos en los ésteres correspondientes en disolución de metanol a pH ácido. Neutralizar con hidróxido sódico antes de su eliminación.

g) *Cianuros*: Oxidar con agua oxigenada a pH 10-11.

h) *Azidas*: Descomponer con yodo en presencia de tiosulfato sódico. Se desprende nitrógeno.

i) *Peróxidos y oxidantes como bromo y yodo*: Añadir una disolución acuosa de tiosulfato sódico.

j) *Metales alcalinos*: Comprobar que los residuos están cortados en fragmentos pequeños. Introducirlos en un recipiente que contenga un disolvente inerte (hexano o tolueno) y desactivar mediante adición lenta de etanol o 2-propanol. Tomar precauciones para el desprendimiento de hidrógeno. Acabada la reacción, añadir agua con suma precaución.

k) *Hidruros, borohidruros y amiduros*: Añadir 2-propanol, o metanol en el caso de borohidruros, mientras se enfría exteriormente. Finalmente añadir agua con mucha precaución.

l) *Hidruro de litio y alumino*: Poner en suspensión de éter. Añadir acetato de etilo gota a gota, bajo atmósfera inerte, y con fuerte agitación. Finalizada la reacción, añadir agua lentamente.

1.6.2. Eliminación de residuos

La correcta eliminación de residuos de laboratorio requiere el empleo de recipientes especiales, separados según la naturaleza química de los productos a recoger. Dichos recipientes deben ser estancos a los líquidos y estar siempre cerrados. En el laboratorio deben colocarse en un lugar bien ventilado, lejos de fuentes de calor o chispas, y no deben almacenarse una vez que estén llenos.

Los residuos pueden clasificarse en diez grupos diferentes:

1. Disolventes y reactivos orgánicos no halogenados.
2. Disolventes y reactivos orgánicos halogenados. No utilizar recipientes de aluminio.
3. Residuos orgánicos sólidos. Deben embalarse en recipientes herméticos de plástico.
4. Disoluciones acuosas salinas.
5. Residuos inorgánicos tóxicos, sales de metales pesados y sus disoluciones. Deben embalarse en recipientes herméticos de plástico.

6. Compuestos combustibles tóxicos. Deben embalarse en recipientes de plástico.
7. Compuestos de mercurio.
8. Residuos de sales metálicas regenerables. Cada metal debe recogerse separadamente.
9. Sustancias sólidas inorgánicas.
10. Residuos de vidrio, metal y plástico recogidos por separado.

Bibliografía

Guardini, J.; Heras, C.: *Seguridad y condiciones de trabajo en el laboratorio*, Instituto Nacional de Higiene y Seguridad en el Trabajo, Madrid, 2001.

Luxon, S. G.: *Hazards in the chemical laboratory*, Royal Society of Chemistry, Londres, 5.ª edición, 1992.

Mahn, W. J.: *Academic Laboratory Chemical Hazards Guidebook*. Van Nostrand Reinhold, Nueva York, 1991.

Furr, A. K.: *CRC Handbook of Laboratory Safety*, CRC Press, 4.ª edición, 2001.

Armour, M. A.: *Hazardous Laboratory Chemicals Disposal Guide*, CRC Press, 3.ª edición, 2003.

Rodríguez Pérez, C. M.; Ravelo Socas, J. L.; Palazón López, J. M.: *Técnicas de organización y seguridad en el laboratorio*, Síntesis, Madrid, 2005.

2

MATERIAL DE LABORATORIO

2.1. Material de vidrio

El material de vidrio es uno de los elementos fundamentales del laboratorio. Frente a un conjunto de ventajas, entre las que destacan su carácter inerte, transparencia, manejabilidad y posibilidad de diseñar piezas a medida, presenta como único inconveniente su fragilidad.

2.1.1. Descripción general

Hay piezas que se agrupan en lo que podría llamarse material general (Figura 2.1). Aunque algunas son específicas de técnicas concretas, todas ellas son de uso cotidiano y se utilizan para llevar a cabo operaciones básicas. En capítulos posteriores se encontrará información sobre la utilidad y función que cumple cada una de estas piezas. Además del material general, algunas técnicas y reacciones complejas necesitan determinado material específico, que será detallado en el capítulo correspondiente.

Con el fin de que las piezas puedan conectarse entre sí, el material de vidrio lleva acopladas bocas esmeriladas de tamaños estándar que proporcionan un ajuste perfecto y permiten el ensamblaje rápido del material. Cuando

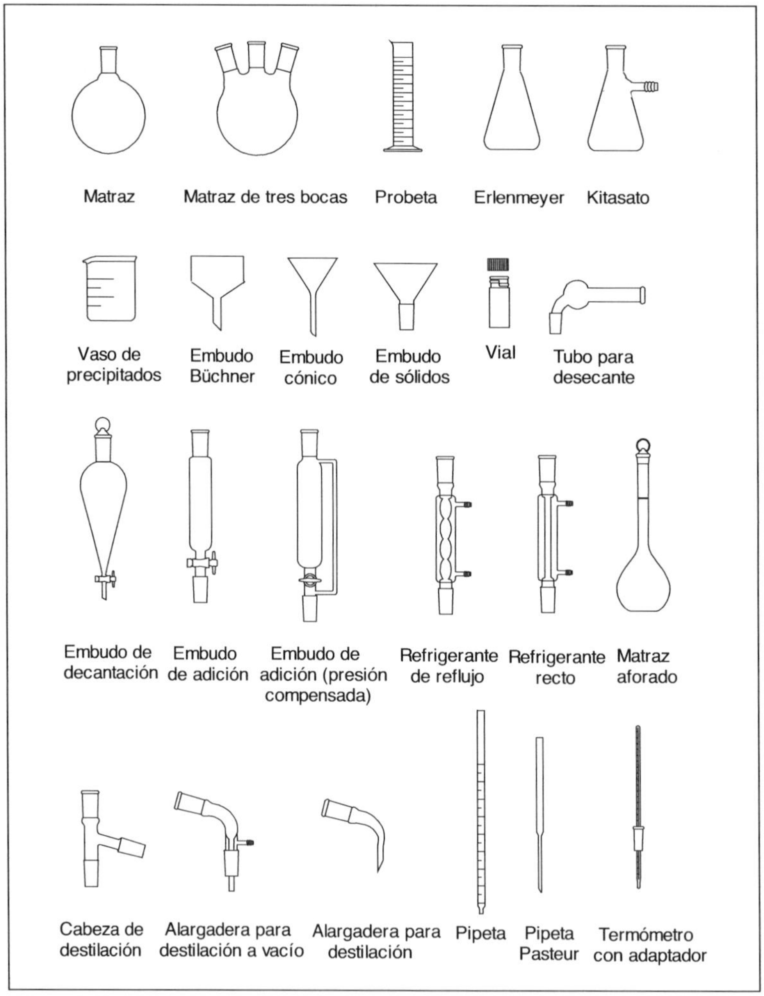

Figura 2.1. Material de vidrio más común en los laboratorios de Química Orgánica.

el tamaño de una boca esmerilada se identifica por un par de números, tales como 14/20 o 29/40, el primer número se refiere al diámetro de la boca medido en la parte más ancha, y el segundo a la longitud, expresados ambos en milímetros. Sin embargo, suele mencionarse un único número que indica el diámetro. En Europa los diámetros estándar son 29 y 14 mm, mientras que en EE UU se emplean bocas esmeriladas de 24 y 14 mm. Para unir piezas de vidrio de diferente tamaño de boca, se utilizan adaptadores (Figura 2.2).

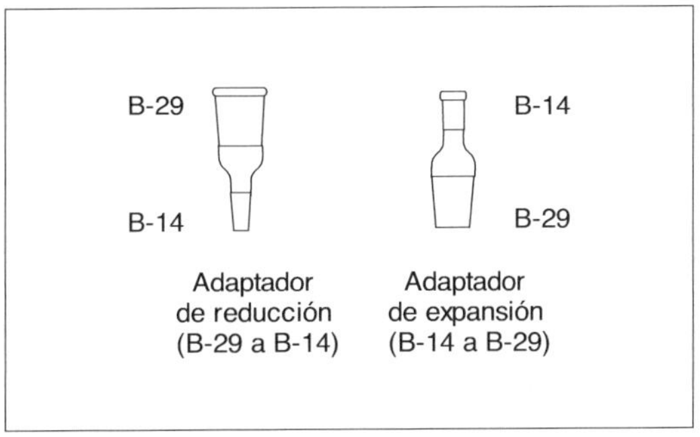

Figura 2.2. Adaptadores para unir piezas de vidrio de diferente tamaño de boca esmerilada.

Para el ensamblaje de piezas, en condiciones normales las bocas esmeriladas no requieren grasa, y funcionan perfectamente sin riesgo de soldarse. La principal causa de adhesión de dos bocas esmeriladas es la presencia de restos de compuestos orgánicos o inorgánicos que, después de cierto tiempo o por efecto de un calentamiento prolongado, acaban sellando ambas piezas e impidiendo su separación. Si esto sucede, se recomienda calentar el esmerilado de las bocas obstruidas con una pistola de aire caliente e inmediatamente después introducirlo en hielo o en un congelador. El cambio brusco de temperatura genera un proceso de dilatación-contracción del vidrio que posibilita la separación de las piezas en la mayoría de las ocasiones. La introducción de las bocas obstruidas en un baño de ultrasonidos es otra alternativa eficaz.

Para evitar que dos piezas queden atascadas, en lugar de añadir grasa, se recomienda mantener escrupulosamente limpias las bocas esmeriladas. La grasa, sin aplicarse en exceso, únicamente es necesaria en los siguientes casos:

a) En reacciones en las que se utilizan bases fuertes u otros reactivos que pueden corroer las bocas esmeriladas. Colocar una pequeña cantidad de grasa solamente en la mitad superior de la boca interior, unir ambas bocas y girarlas en sentido contrario para que la grasa se distribuya uniformemente (Figura 2.3).
b) Cuando se vaya a calentar a temperatura elevada.
c) Cuando se va a realizar vacío, para que el material ajuste perfectamente. En este caso debe emplearse una grasa especial para vacío.
d) En las llaves de vidrio de embudos de adición, embudos de decantación y columnas de cromatografía. No aplicar grasa en las llaves de teflón. Utilizar la mínima cantidad de grasa, aplicándola exclusivamente en las zonas más alejadas del centro, y distribuirla uniformemente girando la llave (Figura 2.3).

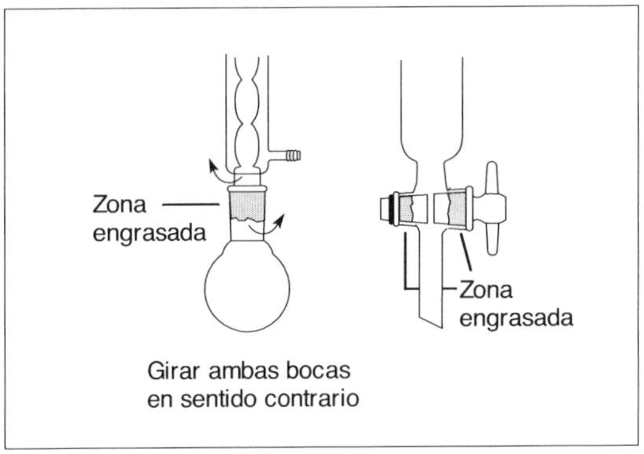

Figura 2.3. Manera de aplicar grasa en una boca esmerilada y en una llave de vidrio.

Revisar siempre el material antes de utilizarlo y desechar todo aquel que presente el más mínimo defecto. Nunca aplicar vacío, presión o calefacción a una pieza de vidrio que presente una fractura por pequeña que sea. Los matraces de fondo redondo son especialmente susceptibles a pequeñas fracturas en forma de estrella que en ocasiones pasan desapercibidas (Figura 2.4). Estas fracturas suelen producirse por calentamiento prolongado en una zona del matraz, friccionamiento del vidrio sobre superficies duras o golpes incontrolados del imán agitador. Si una de estas fracturas se detecta, desechar inmediatamente el matraz ya que podría romperse imprevisiblemente.

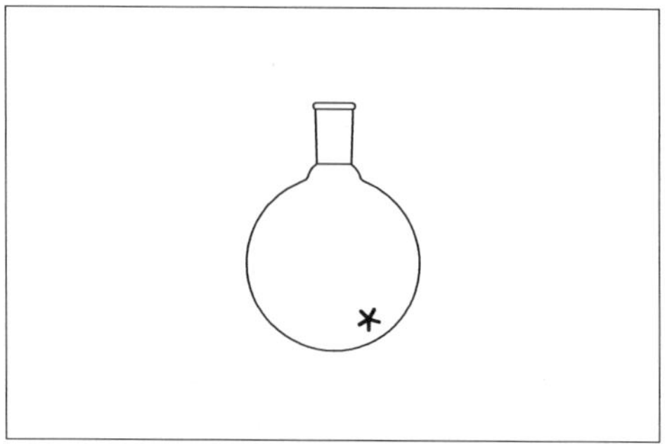

Figura 2.4. Fractura en forma de estrella.

2.1.2. Limpieza y secado del material

El material debe lavarse inmediatamente después de su uso y guardarse siempre limpio y seco. Para lavar el material dc vidrio, a veces es suficiente con utilizar agua, detergente y una escobilla. Sin embargo, cuando el material contiene restos de productos orgánicos, generalmente insolubles en agua, se lava en primer lugar con acetona, para disolver el residuo orgánico, y a continuación con agua y detergente. Finalmente, el material se enjuaga con acetona y se deja secar al aire unos minutos antes de introducirlo en la estufa. La acetona ayuda a eliminar el agua, ya que ambos líquidos son miscibles, y además se evapora más rápidamente que ésta.

Antes de lavar el material, hay que desmontar las llaves de vidrio y eliminar la grasa con una toalla de papel impregnada en hexano.

En ocasiones, después de intentos infructuosos de lavado, el material de vidrio contiene restos imposibles de eliminar. En estos casos extremos, se recomienda emplear medidas más enérgicas (Cuadro 2.1), teniendo la precaución de protegerse con guantes y gafas de seguridad, ya que las mezclas recomendadas son muy corrosivas y producen quemaduras.

Otra alternativa eficaz para la eliminación de restos orgánicos o inorgánicos consiste en añadir al material de vidrio acetona o alguna de las mezclas anteriormente mencionadas, e introducirlo en un baño de ultrasonidos.

El material debe estar completamente seco antes de proceder a su utilización, y para ello se introduce en una estufa. En muchas ocasiones,

CUADRO 2.1. Mezclas corrosivas para el lavado del material de vidrio que presenta restos difícilmente eliminables con un lavado rutinario.

Mezcla	Aplicación
Disolución de hidróxido potásico (100 g) en isopropanol (1 l).	Elimina la mayor parte de los restos orgánicos.
Mezcla de ácido clorhídrico, ácido nítrico y agua (3:1:1).	Eliminan cualquier resto existente en el vidrio, pero al ser mezclas oxidantes, corrosivas y peligrosas, se reservan para casos extremos.
Mezcla crómica: disolver dicromato sódico (5 g) en agua (5 ml) y añadir ácido sulfúrico concentrado (100 ml) lentamente con agitación. Enfriar la mezcla resultante con un baño de agua-hielo.	

la presencia de trazas de agua, acetona u otros disolventes no inertes puede hacer fracasar una reacción.

En la estufa no debe introducirse:

a) Material que contenga restos de agua. La humedad de la estufa aumentaría considerablemente y si se ha introducido material que se pretende utilizar en una reacción en condiciones anhidras, dicha humedad podría arruinar el experimento.
b) Material impregnado con grasa. Se limpiará previamente con una toalla de papel impregnada en hexano.
c) Material aforado.
d) Material de teflón, plástico o goma.

Al lavar el material, no hay que perder de vista los imanes agitadores. Son pequeños y, por un descuido, se pueden caer involuntariamente al desagüe. El material metálico (agujas, espátulas, etc.) y las jeringas deben lavarse inmediatamente después de su uso para evitar la posible corrosión.

2.2. Piezas de metal y otros materiales

Además del material de vidrio, hay otras piezas de materiales variados de uso muy frecuente en el laboratorio. Pueden citarse, entre otras: adaptadores de neopreno para filtrar, posamatraces de corcho, botellas de polietileno, tubos de goma y de PVC, tapones de plástico, séptum de goma, aspirapipetas, pinzas clip para juntas, etc.

Una buena parte de este material lo constituyen las piezas metálicas, entre las que destacan: espátulas, agujas y cánulas de acero inoxidable, soportes, aros, pinzas, nueces y el mechero Bunsen.

Cualquier montaje que se realice en el laboratorio, se sujeta a un soporte metálico mediante una pinza y una nuez (Figura 2.5). La nuez permite sujetar la pinza a la barra del soporte y debe colocarse con su parte cóncava hacia abajo, de manera que, en caso de aflojarse accidentalmente, el vástago de la pinza quede apoyado en la nuez evitando así el riesgo de caída de la pinza y del material que sujeta.

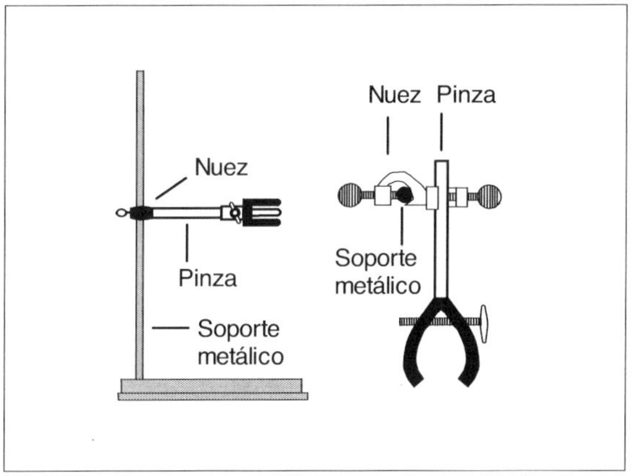

Figura 2.5. Vistas lateral y superior del sistema de sujeción compuesto por soporte, pinza y nuez.

Las pinzas están diseñadas para sujetar sin apretar, ya que en caso contrario habría riesgo de ruptura del material de vidrio que sostiene. Se debe revisar que los dedos metálicos de la pinza estén protegidos por un trozo de tubo de goma, para evitar que el contacto y la fricción continuada del metal con el vidrio acabe fracturando este último.

En cuanto al mechero Bunsen (Figura 2.6), aunque se ha desestimado su uso en los laboratorios de investigación, todavía se utiliza esporádicamente en algunos laboratorios de prácticas. En estos mecheros, el gas actúa como combustible y el oxígeno del aire como comburente.

Para proceder a encender un mechero Bunsen, se deben seguir las siguientes indicaciones:

1. Cerrar totalmente la entrada de aire.
2. Abrir la llave del gas y la llave reguladora del paso de gas.
3. Aproximar una cerilla encendida a la boca del mechero. La llama que se obtiene es de color amarillo y es una llama pobre, de poco poder calorífico, debido a una combustión incompleta por ausencia de oxígeno.

4. Abrir el paso de aire para que, al entrar oxígeno, la combustión sea completa. La llama se vuelve firme y adquiere un color azulado. Ésta es la llama que debe utilizarse para calentar.
5. Regular la intensidad de la llama.

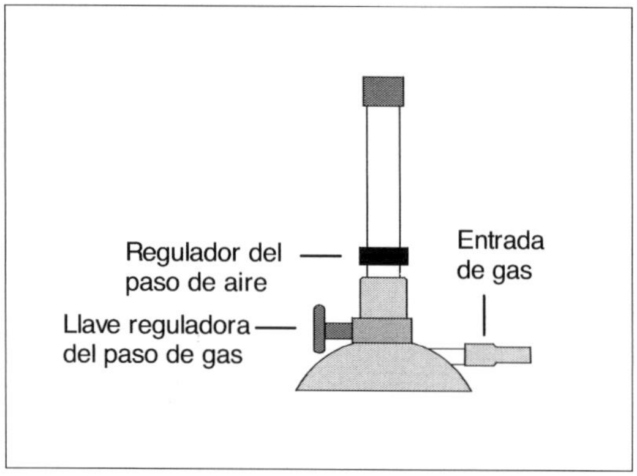

Figura 2.6. Mechero Bunsen.

2.3. Equipos y aparatos de uso frecuente

A continuación se presenta la descripción de algunos de los equipos y aparatos básicos que se utilizan habitualmente en el laboratorio, haciendo mención de sus aplicaciones, modo de utilización y recomendaciones prácticas para su funcionamiento.

2.3.1. Trompa de agua

Las trompas de agua se utilizan para proporcionar un vacío moderado. Suelen alcanzar una presión de 20 ± 5 mm Hg, vacío suficiente para filtrar, evaporar disolventes en el rotavapor y destilar líquidos relativamente volátiles.

La trompa se fija a un grifo mediante una goma de vacío (Figura 2.7). El recipiente en el que se va a hacer vacío se conecta a la trompa por la entrada lateral. Al abrir completamente el grifo, el estrechamiento del tubo que conduce el agua genera una pérdida de presión que provoca aspiración por la entrada lateral de la trompa, con la consiguiente disminución de la presión en el interior del sistema. Si no hay pérdidas ni disolventes volátiles, el vacío depende únicamente de la presión de vapor del agua, que es aproximadamente igual a su temperatura en grados centígrados (Cuadro 2.2).

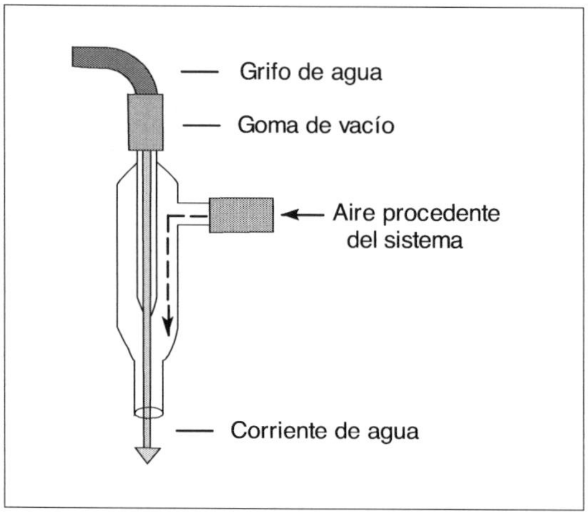

Figura 2.7. Mecanismo de una trompa de agua.

CUADRO 2.2. Presión de vapor del agua a diferentes temperaturas.

T (°C)	P (mm Hg)	T (°C)	P (mm Hg)
5	6.53	24	22.18
10	9.18	25	23.54
15	12.73	26	24.99
20	17.41	27	26.50
21	18.50	28	28.10
22	19.66	29	29.78
23	20.88	30	31.55

En la actualidad, la trompa de agua está prácticamente en desuso debido al elevado consumo de agua que genera.

Todas las conexiones de cualquier montaje en el que se realice vacío se deben hacer con goma de vacío que, por su mayor grosor de pared, no se estrangula al disminuir la presión.

El inconveniente que presentan las trompas de agua es que, si la presión de agua en la conducción disminuye bruscamente, podría entrar agua desde la trompa al sistema en el que se está haciendo el vacío. Para evitar que esto suceda, entre el aparato en el que se hace vacío y la trompa de agua generalmente se coloca una *trampa* con una llave que conecta el sistema con el exterior (Figura 2.8). De este modo, en caso de succión accidental hacia la trompa, el agua entraría en la trampa intermedia y no en el montaje donde se está haciendo vacío.

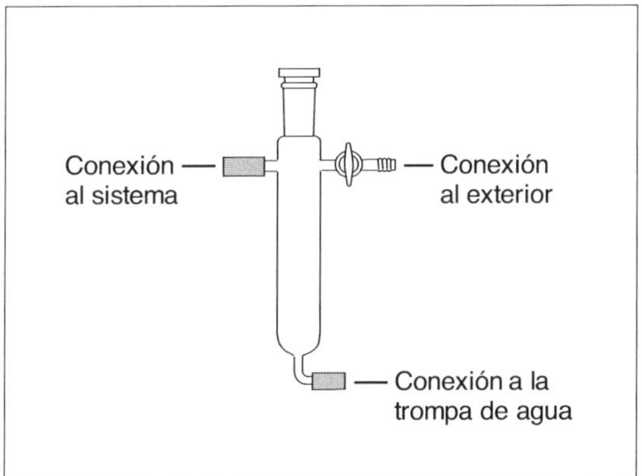

Figura 2.8. Trampa de seguridad con llave.

A la hora de desconectar el vacío, nunca se cierra directamente el grifo de agua. En primer lugar, es necesario abrir el sistema en el que se está haciendo vacío al exterior, para permitir que las presiones se igualen. Para ello, si la trompa de agua está conectada a una trampa, se abre la llave que comunica con el exterior. Si no hay conexión a ninguna trampa, simplemente se desconecta la goma de vacío que une el sistema a la trompa. Una vez que el sistema está a presión atmosférica, ya puede cerrarse el grifo de agua.

A continuación se indica el procedimiento para realizar el vacío en un sistema utilizando una trompa de agua conectada a una trampa con llave (Figura 2.8).

1. Conectar el sistema en el que se pretende hacer vacío a la trampa mediante goma de vacío.
2. Con la llave de la trampa abierta, abrir completamente el grifo del agua.
3. Cerrar la llave de la trampa para realizar vacío en el sistema.
4. Cuando la operación para la que se requería vacío ha finalizado, abrir la llave de la trampa al exterior, para que la presión del sistema se iguale a la externa.
5. Desconectar el sistema desenganchando la goma que lo une a la trampa.
6. Cerrar el grifo del agua.

2.3.2. Bomba de agua

Las trompas ocasionan un elevado consumo de agua, sobre todo cuando su uso es prolongado. Por este motivo, se han diseñado bombas de agua que presentan la ventaja adicional de generar un vacío constante, sin las variaciones que las trompas provocan en función de la presión con la que el agua sale del grifo.

Estas bombas tienen un tanque pequeño que, previamente a su uso, hay que llenar de agua. En el interior de dicho tanque, un motor bombea e impulsa la circulación del agua, generando una aspiración con un sistema similar al de la trompa de agua. La diferencia es que el agua que se bombea no sale del tanque y, en consecuencia, puede utilizarse indefinidamente.

Si en un momento dado el vacío disminuye, puede deberse a alguno de los siguientes motivos:

- La temperatura del agua es demasiado alta.
- El agua contiene restos de disolventes orgánicos.

En ambos casos, el problema se soluciona reemplazando el agua del tanque.

2.3.3. Bomba de membrana

Para obtener presiones algo más bajas que las que una trompa de agua proporciona, puede utilizarse una bomba eléctrica de membrana. Estas bombas están diseñadas para resistir los vapores de los disolventes y son, por tanto, muy útiles para conectarlas a un rotavapor. Son más caras que las trompas, pero a la larga resultan rentables ya que no consumen agua.

2.3.4. Bomba de difusión de aceite y línea de vacío

En el laboratorio hay numerosas operaciones que requieren el empleo de una bomba de vacío. Existen muchos tipos de bombas y su precio varía en función del vacío que proporcionan. En general, las bombas de 0.1 mm Hg son suficientes para operaciones como destilar líquidos de elevado punto de ebullición, secar compuestos eliminando las trazas de disolventes o realizar vacío en una línea múltiple de Schlenk.

Estas bombas se conectan a una línea de vacío (Figura 2.9) provista de una o dos trampas, que se enfrían exteriormente con un vaso Dewar lleno de nitrógeno líquido (–196 °C) o mezcla isopropanol/nieve carbónica (–78 °C). La finalidad de estas trampas es condensar los vapores de los disolventes y evitar que contaminen el aceite de la bomba y la atmósfera. Los vapores de los disolventes llegan directamente al fondo de la trampa mediante un tubo acodado que ésta lleva en su interior. Para que cumpla su función, este tubo debe orientarse hacia el sistema en el que se hace vacío y no hacia la bomba.

Debido a que la bomba se utiliza para varios usos, lo más conveniente es colocar en la línea de vacío una llave de tres vías (llave A) que permita la conexión de la bomba a diferentes lugares cambiando simplemente la posición de la llave. Las llaves que se colocan en la línea son huecas y están especialmente diseñadas para evitar pérdidas de vacío.

La línea de vacío (Figura 2.9) debe incorporar una conexión a un manómetro para medir el vacío que se está obteniendo. Todas las conexiones deben hacerse con goma de vacío que, al tener paredes gruesas, no se estrangula cuando la presión disminuye.

Para un funcionamiento óptimo de la bomba, el aceite debe reemplazarse regularmente siguiendo las indicaciones del fabricante. Las trampas deben vaciarse y limpiarse después de su uso y la línea de vacío debe desmontarse cada cierto tiempo para limpiarla y reemplazar la grasa de las juntas. Previamente a la limpieza, la grasa se elimina con una toalla de papel impregnada en hexano.

El procedimiento para utilizar la línea de vacío (Figura 2.9) se indica a continuación:

1. Comprobar que las trampas están limpias y secas, y que sus juntas de unión están ligeramente engrasadas con grasa de vacío.

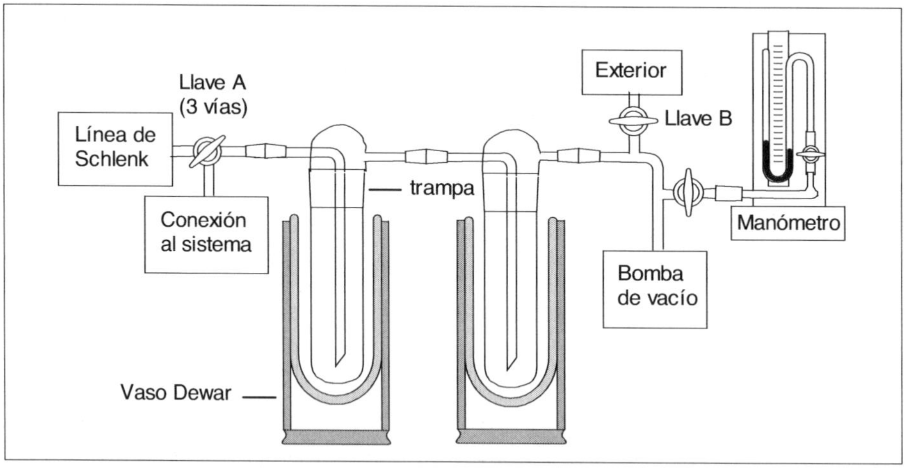

Figura 2.9. Línea de vacío.

2. Cerrar las llaves A y B.
3. Encender la bomba.
4. Introducir las trampas en vasos Dewar con nitrógeno líquido o isopropanol/nieve carbónica y taparlos al máximo.
5. Comprobar el vacío que se obtiene abriendo la llave que conecta la línea con el manómetro. Si la presión medida no corresponde con la que la bomba debería proporcionar, verificar que todas las juntas y llaves están engrasadas y bien cerradas, y que las gomas de vacío que se utilizan en las conexiones están en buen estado. Si no se observa ninguna pérdida en el sistema, el problema puede deberse a la presencia de vapores de disolventes volátiles en el aceite de la bomba. Las bombas suelen tener una válvula de purga que, si se abre unos minutos, deja salir los restos de disolventes.
6. Conectar el sistema en el que se pretende realizar vacío y abrir lentamente la llave A que lo une a la línea de vacío.
7. Para apagar la bomba, en primer lugar cerrar la llave A, que aisla el montaje en el que se ha efectuado vacío, y desconectarlo de la línea. A continuación, sacar la trampa del vaso Dewar, abrir la llave B al exterior y rápidamente apagar la bomba.

La principal precaución a tener en cuenta se debe a que, en ausencia de vacío, el nitrógeno líquido puede licuar el oxígeno atmosférico del interior del trap y dar lugar a una explosión si se pone en contacto con disolventes orgánicos fácilmente oxidables. Por esta razón, la bomba debe encenderse antes de colocar el vaso Dewar y apagarse después de haberlo retirado.

2.3.5. Recirculador de líquido refrigerante

Algunas técnicas experimentales, como por ejemplo las destilaciones y las reacciones con calefacción, requieren el empleo de una corriente de líquido frío que circula a lo largo de un circuito de refrigeración con el fin de controlar la temperatura del sistema.

Tradicionalmente se ha venido empleando una corriente de agua obtenida de un grifo conectado a la entrada del circuito de refrigeración mediante una goma. Tras hacer circular la corriente de agua a lo largo del circuito, ésta se lleva a un desagüe mediante una segunda goma conectada a la salida del sistema. Sin embargo, el empleo de agua como líquido de refrigeración en corriente abierta provoca un consumo prohibitivo.

En la actualidad, muchos laboratorios emplean recirculadores de líquido refrigerante. Son circuitos cerrados provistos de un tanque de almacenamiento que contiene el líquido de refrigeración (agua u otro líquido no corrosivo) a una temperatura prefijada y controlada, y una bomba que lo impulsa (Figura 2.10). La salida del recirculador se conecta a la entrada del circuito de refrigeración, y la salida de éste a la entrada del recirculador, con lo que se logra el enfriado del montaje en corriente cerrada, sin pérdida de líquido refrigerante.

Estos sistemas presentan la ventaja adicional de permitir el control de la temperatura del líquido refrigerante. En caso de que se necesite una temperatura de enfriado inferior a 0 ºC, se suelen emplear mezclas de agua con etilenglicol para evitar que el agua se congele.

Existen recirculadores con distintas capacidades de tanque de almacenamiento, que deben escogerse en función del volumen del circuito de refrigeración que se vaya a emplear.

2.3.6. Rotavapor

La mayor parte de los procesos que se llevan a cabo en los laboratorios de Química Orgánica, tanto durante la reacción como en el aislamiento y purificación del producto obtenido, requieren el uso de disolventes orgánicos que en algún momento hay que eliminar. *Rotar* el disolvente, como habitualmente se denomina al procedimiento de evaporación en el rotavapor, es pro-

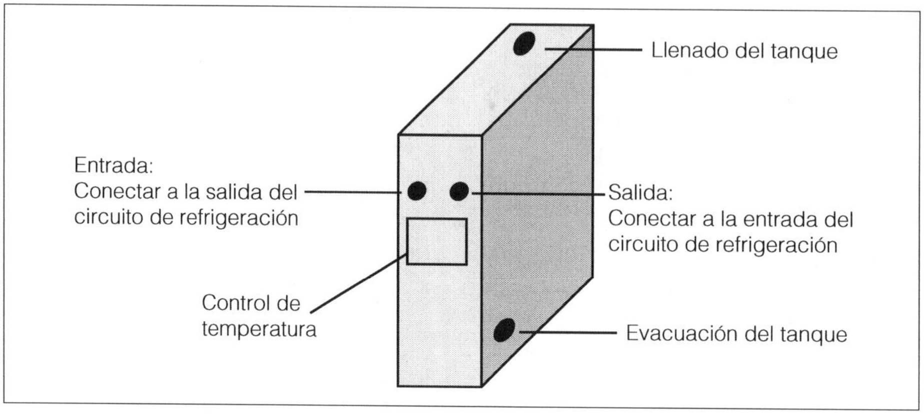

Figura 2.10. Recirculador de líquido refrigerante.

bablemente la operación que se realiza con más frecuencia.

El rotavapor es el aparato que, mediante una destilación a vacío, permite la evaporación rápida del disolvente de una disolución, recuperando el soluto (líquido o sólido). Generalmente se utiliza una bomba de agua como fuente de vacío, aunque para eliminar disolventes de punto de ebullición más alto, el rotavapor puede conectarse a una bomba de membrana o de vacío.

En la Figura 2.11 se muestran las partes que componen un rotavapor. Básicamente presenta los mismos elementos que un aparato de destilación a vacío (Apartado 8.5.5) con las ventajas que la mecanización proporciona en cuanto a comodidad y rapidez. El *matraz de destilación* se conecta al *tubo evaporador,* que dirige los vapores de los disolventes hacia el interior de un refrigerante de tipo *serpentín,* y se asegura con una *pinza clip*. Una vez que los vapores condensan, el disolvente se recoge en el *matraz colector*. El rotavapor lleva incorporado un *motor rotatorio* que hace girar el matraz y evita que el disolvente salte violentamente mientras se aplica vacío. Este mecanismo permite que el líquido interior humedezca una mayor superficie del matraz y contribuye a que la evaporación se realice de manera controlada. El matraz de destilación puede calentarse externamente mediante un *baño termostático de agua.* Para facilitar la colocación del matraz en el tubo y su introducción en el baño de agua, el rotavapor está unido a un soporte metálico que, mediante un gato, permite subir y bajar todo el montaje.

Para proceder a la utilización de un rotavapor deberá seguirse el siguiente procedimiento:

1. Colocar la disolución cuyo disolvente se quiere evaporar en un matraz de fondo redondo y llenarlo como máximo hasta la mitad de su capacidad. No se deben utilizar recipientes de fondo plano.
2. Comprobar que el matraz colector está vacío y que el tubo evaporador está limpio. Si como consecuencia de la destilación anterior, el matraz colector contiene un disolvente de punto de ebullición inferior al de aquel que se pretende eliminar, el proceso de evaporación se retardará considerablemente.
3. Levantar el montaje utilizando el gato. Acoplar el matraz de destilación a la boca esmerilada del tubo evaporador, y sujetarlo con una pinza para evitar que se caiga al baño de agua. No aplicar grasa ni al matraz ni a la boca esmerilada del tubo.
4. Abrir el agua del refrigerante.
5. Encender el motor que hace girar el matraz. Regular la velocidad de giro de manera que no haya proyección del líquido del matraz hacia el interior del tubo evaporador.
6. Conectar la fuente de vacío y cerrar la llave que comunica el sistema con el exterior.

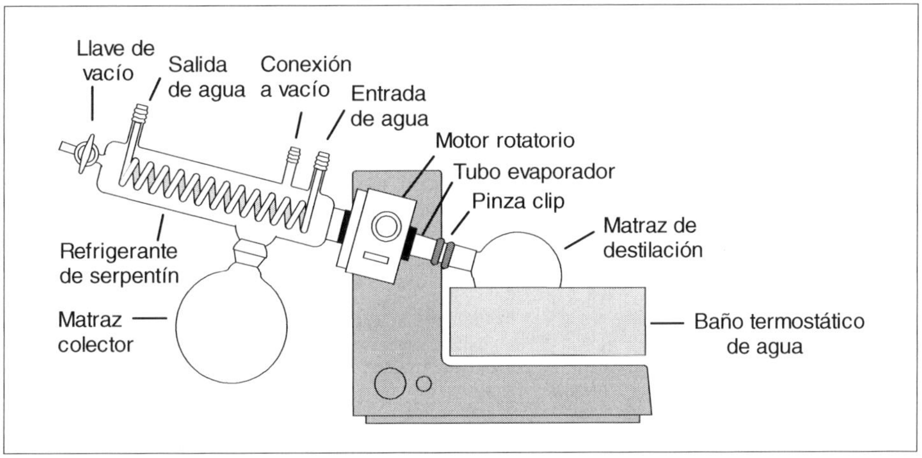

Figura 2.11 Rotavapor.

7. Accionando el gato, bajar el montaje hasta que el matraz de destilación quede parcialmente sumergido en el baño de agua. Encender la calefacción del baño y calentar a la temperatura mínima necesaria para conseguir la evaporación del disolvente.
8. Continuar la destilación hasta que no se observe más condensación de vapores en el matraz colector y el volumen del contenido del matraz de destilación no disminuya más. En caso de tener la fuente de vacío conectada a un manómetro, se observará que el vacío aumenta hasta alcanzar el máximo cuando todo el disolvente se ha evaporado.
9. Accionar el gato para levantar el montaje hasta sacar el matraz de destilación del baño de agua.
10. Desconectar en primer lugar el vacío, abriendo la llave que comunica el sistema con el exterior.
11. Detener el motor rotatorio y retirar el matraz de destilación de la boca del tubo evaporador.
12. Cerrar la fuente de vacío y el agua del refrigerante, y apagar la calefacción del baño.
13. Vaciar el contenido del matraz colector y comprobar que el tubo evaporador está limpio. Si el tubo estuviera sucio, lavarlo abundantemente con acetona.

El producto que interesa aislar queda en el matraz de destilación sin disolvente, pero no estará completamente seco si mientras se está rotando existe una cantidad abundante de disolvente en el matraz colector. Por ello, se recomienda vaciar el contenido del colector cuando la destilación prácticamente haya finalizado, y volver a conectar el vacío hasta que el disolvente se elimine por completo.

En ocasiones se observa que el contenido del interior del matraz salta bruscamente al tubo del rotavapor. Para evitar perder parte del producto, entre el matraz y el tubo puede colocarse un rompeespumas (Figura 2.12) que permite que el líquido que salta vuelva a caer al matraz. Los factores que contribuyen a que el líquido salte, y que deberían evitarse, son:

a) Conectar el vacío demasiado rápidamente cuando se eliminan disolventes de bajo punto de ebullición (éter dietílico, pentano, diclorometano).
b) Calentar excesivamente el baño de agua.
c) Rotar un matraz que contenga algún sólido. Esto es válido tanto para un precipitado como para un imán agitador.

d) Llenar el matraz por encima de la mitad de su capacidad.

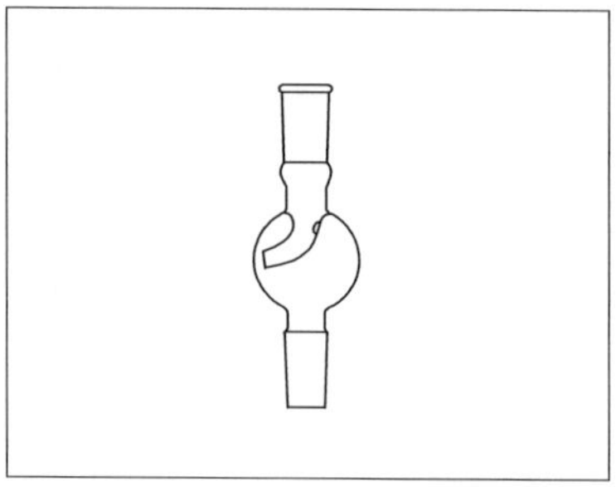

Figura 2.12. Rompeespumas.

Es importante conocer el punto de ebullición del disolvente que se va a eliminar, para no sobrecalentar ni calentar demasiado poco el baño de agua. Si el producto que se quiere aislar es líquido, también debería conocerse su punto de ebullición, para evitar evaporarlo junto con el disolvente.

2.3.7. Balas de gases

Muchas reacciones orgánicas requieren el uso de gases, ya sea como reactivos o para generar una *atmósfera inerte* que las proteja del oxígeno y la humedad ambiental. En función de cómo se presentan, los gases comerciales se clasifican en dos tipos (Cuadro 2.3).

Los gases comerciales se envasan en cilindros metálicos *(balas)*. En la parte superior de la bala se encuentra la válvula de salida, provista de una llave de paso (Figura 2.13).

Figura 2.13. Bala de gas.

La presión de salida del gas de la bala es muy alta, sobre todo en los gases comprimidos, y la válvula de salida no permite regular ni la presión ni el flujo de gas. Por ello, entre la botella y el montaje, debe intercalarse un sistema capaz de reducir la presión, denominado manorreductor, que se fija con una rosca a la salida de la bala (Figura 2.14). El manorreductor consta de dos cámaras con sus respectivos indicadores de presión, comunicadas entre sí a través de una válvula de presión que hace que la presión de salida (P_S) sea más pequeña que la de la bala (P_B). La mayoría de los manorreductores llevan además una llave de aguja para regular mejor el caudal de gas. No todos los manorreductores son aptos para cualquier bala, por lo que en todos los casos se

CUADRO 2.3. Clasificación de los gases comerciales según su estado físico.

Gases comprimidos: cualquier gas cuya temperatura crítica sea inferior a –10 °C. El contenido de estas balas siempre está en fase gaseosa. Han sido comprimidos a elevadas presiones (175-200 atm). No deben permanecer al sol.	*Ejemplos:* aire, argón, criptón, etileno, helio, hidrógeno, metano, monóxido de carbono, monóxido de nitrógeno, neón, nitrógeno, oxígeno, xenón.
Gases licuados: cualquier gas cuya temperatura crítica sea igual o superior a –10 °C. El contenido de estas balas está en dos fases: líquida y gaseosa. La presión de salida suele ser inferior a 50 atm.	*Ejemplos:* amoniaco, arsina, butano, cloro, cloruro de hidrógeno, diborano, dióxido de nitrógeno, dióxido de azufre, etano, fosfina, propano, sulfuro de hidrógeno.

recomienda seguir las especificaciones dadas por el fabricante. Los gases corrosivos requieren manorreductores especiales.

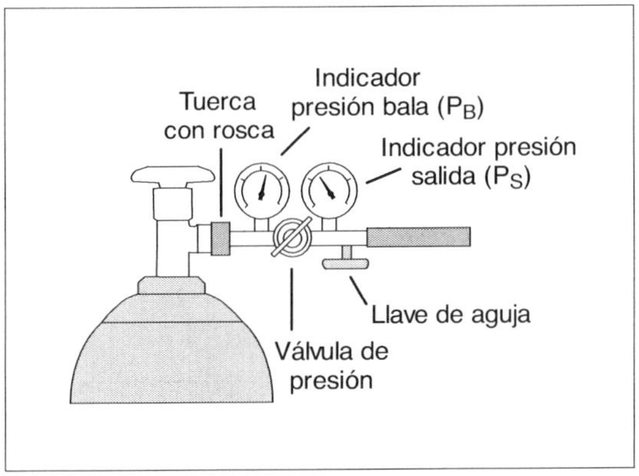

Figura 2.14. Manorreductor conectado a una bala de gas.

La conexión del manorreductor a la bala de gas se debe realizar como se indica seguidamente:

1. Quitar el protector de la válvula de salida de la bala.
2. Utilizando la tuerca del manorreductor, adaptarlo a la rosca de la válvula de salida. No emplear grasa ni cinta de teflón. Atornillar a mano hasta el máximo y finalmente, con una llave fija, apretar bien la tuerca pero sin forzarla.
3. Adaptar un tubo del material recomendado para el gas a la salida del manorreductor. Dicho tubo irá conectado a su vez a la línea de gas inerte o al montaje que se esté empleando y deberá intercalar un borboteador de aceite mineral.
4. Comprobar que el manorreductor está cerrado. La llave de aguja se cierra en el sentido de las agujas del reloj, y la válvula de presión en sentido *contrario* a las agujas del reloj hasta que la llave gira libremente.
5. Abrir la llave de la válvula de salida de la bala, girándola en sentido contrario a las agujas del reloj. El primero de los indicadores marcará la presión de la bala (P_B).
6. Girar la válvula de presión del regulador en el sentido de las agujas del reloj. Se observará que el segundo indicador comienza a marcar la presión de salida (P_S). Continuar girando la válvula de presión hasta alcanzar la deseada.
7. Abrir lentamente la llave de aguja del manorreductor, en sentido contrario a las agujas del reloj. Regular el flujo de gas observando el burbujeo del borboteador de aceite mineral de la línea de gas o del montaje.
8. Para que la salida de gas cese, seguir los pasos inversos: cerrar la llave de aguja, aflojar la válvula de presión y, por último, cerrar la llave de la válvula de salida de la bala.

Los gases que se suministran licuados están envasados a menor presión que los comprimidos, y generalmente sólo requieren una llave de paso para controlar el flujo de gas.

2.3.8. Línea de gas inerte

Consiste en un tubo de vidrio conectado a una entrada de *gas inerte* (gas que no reacciona con los demás compuestos químicos) y provisto de varias salidas que permiten la conexión simultánea de varios sistemas a la misma línea (Figura 2.15). Cada salida lleva una llave con un tubo de PVC que posibilita su conexión a un matraz o a cualquier montaje, utilizando un adaptador para agujas o un borboteador con boca esmerilada. En función de la posición de la llave, la salida puede estar cerrada o conectada a la línea de gas inerte.

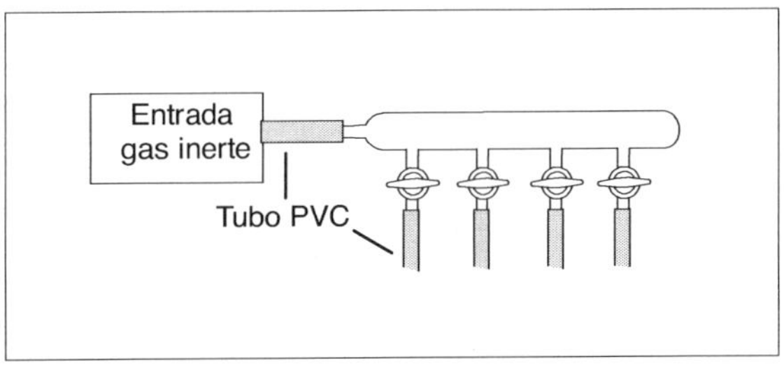

Figura 2.15. Línea de gas inerte.

La entrada de gas generalmente proviene de una bala de gas inerte, aunque en algunos laboratorios el gas inerte se suministra a través de un sistema centralizado con una llave en cada salida. Como gases inertes pueden emplearse argón o nitrógeno. Aunque es más caro, se recomienda preferentemente el uso de argón por dos razones:

— El argón es totalmente inerte, mientras que el nitrógeno puede reaccionar con algunos metales (p. ej., litio).
— El argón es más denso que el aire y lo desplaza más fácilmente, con lo que se obtiene una mejor protección de los compuestos químicos.

Entre la entrada de gas (bala o sistema centralizado) y la línea conviene conectar consecutivamente un borboteador de mercurio, un *tren* de desecantes y un borboteador de aceite mineral.

A) Borboteador de mercurio

Con objeto de evitar una presión excesiva en la línea o detectar si existe obturación en el tren de desecantes, a continuación de la bala de gas se coloca un borboteador de mercurio con salida al exterior (Figura 2.16). Sin embargo, debido a la toxicidad del mercurio, en la actualidad se tiende a reemplazarlo por silicona.

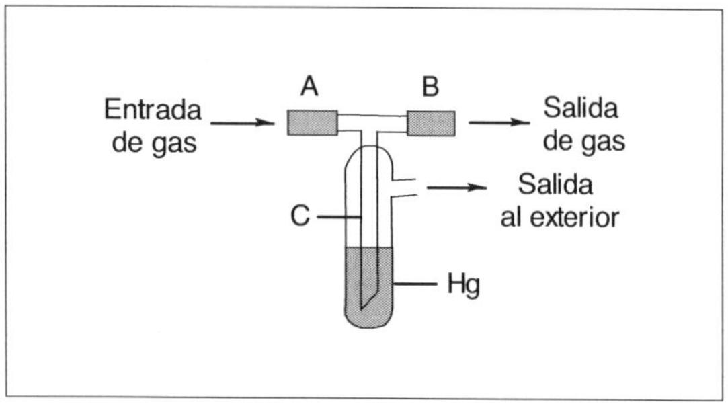

Figura 2.16. Borboteador de mercurio.

El borboteador de mercurio está formado por un tubo en T cuya rama inferior se introduce en una camisa con salida al exterior. Las dos ramas horizontales de la T (ramas A y B) van intercaladas en la conducción de PVC que lleva el gas desde la bala a la línea. La camisa se encuentra llena de mercurio hasta la mitad, de manera que la rama vertical del tubo en T (rama C) se encuentra sellada por la presión que ejerce el mercurio. El gas penetra por la rama A, y debido al sello que el mercurio, de elevada densidad, ejerce en la rama C, sale por la rama B, donde la presión es menor. Sin embargo, si por alguna circunstancia (obturación de la línea) la presión en la rama B se hiciese mayor que la presión que ejerce el mercurio, el gas saldría por la rama C hacia el exterior, haciendo ascender el mercurio contenido en la camisa. De este modo, si se observa borbotear el mercurio, se puede detectar que la presión de gas en la línea es demasiado alta.

B) Tren de desecantes

Para las aplicaciones comunes en síntesis orgánica, se recomienda el uso de argón de un grado de pureza elevado (>97%). No obstante, debe garantizarse adicionalmente que el gas esté adecuadamente seco y exento del anhídrido carbónico ambiental. Para ello, previamente a su introducción en la línea, es necesario tratarlo con un agente desecante (tamiz molecular de 4 Å) y con una trampa de anhídrido carbónico (perlas de hidróxido sódico). Para tal fin, tanto los tamices como las perlas de hidróxido sódico se disponen en el interior de un tubo desecador (de vidrio o plástico) con entrada y salida para el gas en posición diametralmente opuesta, de modo que el gas atraviese el tubo en su paso desde la bala hacia la línea (Figura 2.17).

Finalmente se conecta otro tubo con gel de sílice indicadora. Su misión es adsorber la humedad residual e indicar la presencia de humedad en la línea. Contiene cantidades mínimas de cloruro de cobalto, un indicador que toma color azul en atmósfera anhidra y color rosa ante la presencia de humedad. Si se observa la pérdida del color azul del indicador, se recomienda reemplazar el *tren* de desecantes.

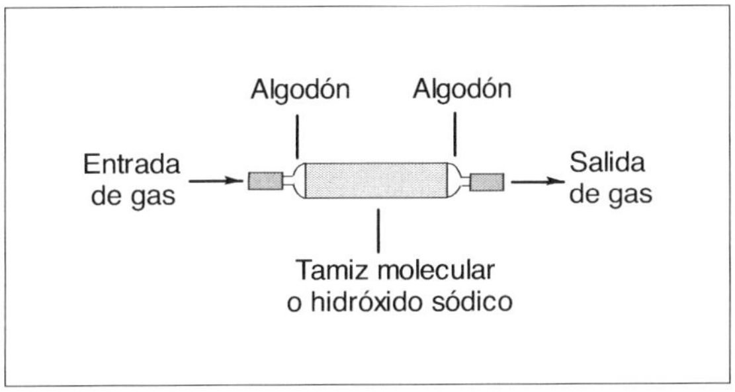

Figura 2.17. Tubo con desecante que se inserta en la línea de gas inerte.

C) Borboteador de aceite mineral

Con el fin de controlar el flujo de gas a la salida del tren de desecantes y a la entrada de la línea, es necesario emplear un borboteador de aceite mineral. Aunque existen varios tipos de borboteadores, el modelo que se recomienda para la línea de gas inerte se representa en la Figura 2.18. Está constituido por un tubo en U invertido, donde cada una de las ramas se introduce en una camisa (tubos A y B). Cada uno de estos tubos tiene una salida para conectar el borboteador a la bala de gas (tubo A) y a la línea (tubo B). El interior del tubo B se llena hasta la mitad con aceite mineral mientras que el tubo A se deja vacío. En su recorrido, el gas entra en el borboteador por el tubo A, asciende por el tubo en U, y pasa al tubo B, donde borbotea y sale al tubo de PVC que lo lleva al resto de la línea.

El borboteo del gas en el aceite mineral del tubo B permite controlar el flujo: un borboteo muy pobre indica un flujo de gas lento, mientras que un borboteo brusco indica un flujo muy rápido. El flujo de gas se debe graduar de modo que se consiga un borboteo moderado y regular. El tubo A vacío actúa a modo de trampa, ya que si se produjera una disminución brusca de presión en la línea, el aceite mineral del tubo B ascendería hacia el tubo A sin contaminar la conexión de PVC.

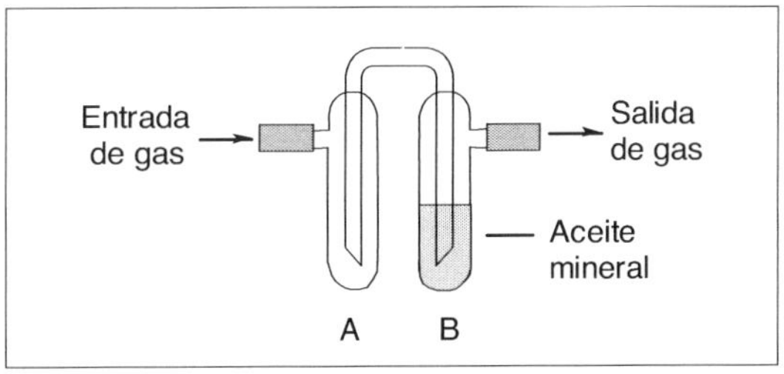

Figura 2.18. Borboteador de aceite mineral.

Como consecuencia de lo anteriormente expuesto, la conexión de la bala con la línea de gas inerte debe realizarse según se muestra en la Figura 2.19, para lo que se recomienda seguir el procedimiento que a continuación se indica.

1. Realizar todas las conexiones con tubo de PVC.
2. Conectar la entrada de gas inerte (bala o sistema centralizado) consecutivamente a un borboteador de mercurio, un tubo con tamices moleculares de 4 Å dispuesto en posición vertical y un tubo con perlas de hidróxido sódico que debe colocarse horizontalmente, ya que el carbonato sódico que se va formando podría aglutinarse y disminuir el paso de gas.
3. Conectar el tubo con hidróxido sódico a un tubo con gel de sílice indicadora y éste a un borboteador de aceite mineral.
4. Unir el borboteador de aceite mineral con la entrada de la línea.
5. Con alguna de las llaves de la línea abierta, abrir la fuente de gas inerte y observar el paso de gas en el borboteador de aceite mineral. Si la presión fuera demasiado elevada, el exceso de gas se eliminaría por la salida del borboteador de mercurio, cuyo contenido se vería burbujear. En ese caso, disminuir el flujo de gas.

2.3.9. *Línea de Schlenk*

La línea de Schlenk permite reemplazar el aire de un sistema cerrado por gas inerte, conectán-

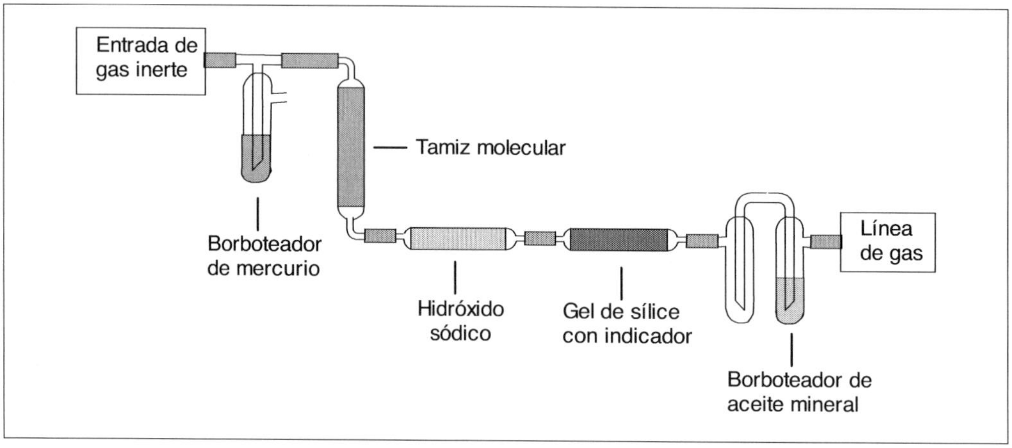

Figura 2.19. Conexión de la línea de gas inerte a la bala de gas.

dolo primero a vacío para evacuar el aire, y permitiendo después la entrada del gas inerte. Consiste en un doble tubo de vidrio, en el que uno de ellos se conecta a una bomba de vacío (tubo A) y el otro a una entrada de gas inerte (tubo B). La línea de Schlenk va provista de una serie de llaves de dos vías paralelas que conectan selectivamente cada salida a uno de los dos tubos. En función de la posición de la llave, la salida de cada una de ellas puede estar cerrada, conectada a la línea de vacío o conectada a la línea de gas inerte (Figura 2.20). La salida de cada llave lleva adaptado un tubo de goma de vacío que permite su conexión a un matraz o a cualquier montaje.

Igual que en el caso de la línea de gas inerte, es necesario tratar el gas con un *tren* de desecantes antes de su incorporación a la línea de Schlenk, así como tomar las correspondientes precauciones para evitar la sobrepresión y controlar el flujo de gas.

2.3.10. Balanza

Existen diferentes tipos de balanzas en función de su capacidad máxima y de la precisión que ofrecen (Cuadro 2.4). La elección de una u otra dependerá, por tanto, de la cantidad que se quiera pesar y de la precisión requerida. Para cantidades del orden de gramos, y cuando no se necesita mucha precisión, puede usarse un granatario. Para cantidades pequeñas, se requiere mayor precisión y se utilizan balanzas analíticas. Las balanzas semi-micro, muy sensibles y de elevada precisión, se reservan para los casos en que se necesita mucha exactitud en la pesada.

Cuadro 2.4. Tipos de balanzas.

Balanza	Precisión	Capacidad máxima aproximada
Granatario	0.1 g	0.5-2.0 kg
Analítica	0.1 mg	100-300 g
Semi-micro	0.01 mg	50-80 g

Es conveniente tener en cuenta las siguientes recomendaciones prácticas a la hora de utilizar una balanza:

1. Colocar la balanza sobre una mesa estable, que no vibre, alejada de corrientes de aire y de variaciones importantes de humedad y temperatura.
2. Nivelarla y comprobar que está perfectamente horizontal. Para ello, la balanza dispone de una burbuja de nivel y de reguladores en los puntos de apoyo.
3. Las sustancias a pesar nunca se colocan directamente en el plato de la balanza. Si

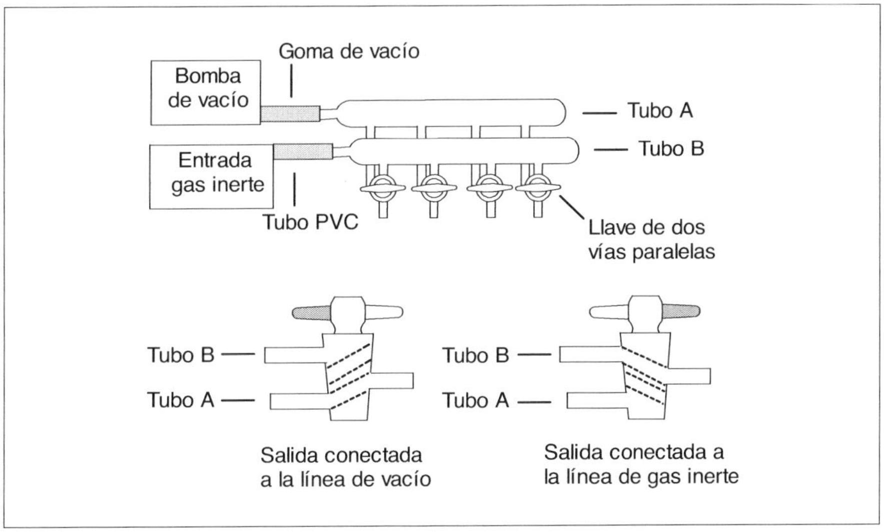

Figura 2.20. Línea de Schlenk y posiciones de las llaves de dos vías paralelas.

son sólidos, en función de la cantidad a pesar, se puede emplear un vial o un recipiente que pueda cerrarse, aunque lo mejor es pesar directamente en el recipiente en el que se va a trabajar a continuación. Los líquidos generalmente se pesan en el recipiente en el que se van a utilizar.

4. La adición de producto al recipiente en el que se está pesando se realiza siempre fuera del plato de la balanza para evitar que se desestabilice.
5. Es imprescindible mantener limpio el plato y los alrededores de la balanza para evitar manchas, contaminación y una posible corrosión.
6. Después de terminar una pesada situar la balanza en cero.

La tara de un recipiente es su peso cuando está vacío. Teniendo en cuenta este concepto, existen dos formas de pesar un reactivo en un recipiente vacío:

a) Pesar el recipiente y anotar su peso (tara). A continuación añadir el reactivo hasta llegar al peso deseado, que se calcula por diferencia.

b) Pesar el recipiente y oprimir el botón de *tara* de la balanza. En ese momento la balanza da a la tara el valor 0, y se añade el reactivo a pesar hasta llegar a la cantidad deseada.

Bibliografía

Coyne, G. S.: *The Laboratory Companion: A Practical Guide to Materials, Equipment and Technique,* Wiley and Sons, New York, 2005.

Durst, H. D. y Gokel, G. W.: *Experimental Organic Chemistry*, McGraw-Hill, New York, 2.ª edición, 1987.

Vogel, A. I.; Tatchell, A. R.; Furnis, B. S.; Hannaford, A. J. y Smith, P. W. G.: *Vogel's Textbook of Practical Organic Chemistry*, Longman, London, 5.ª edición, 1989.

3

DISOLVENTES

3.1. Introducción

En general, las reacciones químicas tienen lugar en fase homogénea ya que para que dos especies entren en contacto deben estar en la misma fase. Las reacciones orgánicas habitualmente transcurren en fase líquida y se llevan a cabo en disolución. Esto implica que todos los reactivos, sean sólidos o líquidos, tienen que estar disueltos en un disolvente, que es el medio que facilita el contacto entre los reactivos y permite que la reacción tenga lugar. En disolución, las especies reactivas (neutras, iónicas o radicálicas) gozan de mayor libertad de movimiento y se difunden en el volumen total del disolvente, aumentando así la probabilidad de colisión entre ellas.

El disolvente debe actuar sobre el soluto solvatándolo y venciendo las fuerzas intermoleculares que lo mantienen unido en la red cristalina o en el líquido, pero sin dar lugar a reacción (formación de enlaces). En función de la naturaleza de soluto y disolvente, las fuerzas de solvatación entre ambos pueden ser de diferentes tipos (enlaces de hidrógeno, interacciones polares, fuerzas de London).

Además de servir como medio de reacción, los disolventes juegan un papel clave en las etapas de aislamiento y purificación, hasta el punto de que de su correcta elección depende el éxito de estos procesos.

Debido a la importancia que los disolventes tienen, es necesario conocer sus propiedades físico-químicas, características, formas de purificación y riesgos potenciales para elegir en cada momento el más adecuado y saber cómo trabajar con cada uno de ellos.

3.2. Constantes físicas de un disolvente

Las constantes físicas de un disolvente permiten caracterizar sus propiedades y establecer diferentes tipos de clasificación en función de la propiedad física que se tome como referencia. A continuación se explica el significado físico de algunas de las más representativas (Cuadro 3.1): punto de ebullición, punto de fusión, punto de inflamación, momento dipolar y constante dieléctrica. Otras propiedades, como viscosidad, tensión superficial, calor de vaporización, polarizabilidad, conductividad específica e índice de refracción, son menos significativas para el trabajo en un laboratorio de Química Orgánica.

a) *Punto de ebullición (p.e.)*. Es la temperatura a la que un líquido pasa a estado de vapor a presión atmosférica. El punto de ebullición de los disolventes con los que se va a trabajar es uno de los datos que es preciso conocer. De modo general, se puede hablar de disolventes de punto de ebullición bajo (< 60 ºC), medio (60-110 ºC) y alto (> 110 ºC).

b) *Punto de fusión (p.f.)*. Es la temperatura a la que un compuesto sólido experimenta un cambio de fase al estado líquido. Dado que los disolventes son líquidos a temperatura ambiente, conocer el dato de su punto de fusión podría parecer poco relevante. Sin embargo, sí es importante, ya que en ocasiones se trabaja a una temperatura inferior a la temperatura ambiente. En ese caso, es necesario elegir un disolvente que a dicha temperatura siga siendo líquido para no encontrarse repentinamente con que el contenido del matraz de reacción ha solidificado.

c) *Punto de inflamación (p.i.)*. Es la temperatura mínima, en grados centígrados y a 1 atmósfera de presión, a la que una sustancia combustible, en contacto con el aire, desprende la suficiente cantidad de vapor para que se produzca la inflamación de la mezcla vapor-aire mediante el aporte a la misma de una energía de activación externa.

d) *Momento dipolar* (μ). El momento dipolar cuantifica el desplazamiento de carga de un enlace covalente polar. De modo global, el momento dipolar de una molécula resulta de sumar todas las polaridades de los enlaces individuales, las cargas formales y las contribuciones de los pares electrónicos no compartidos. En los disolventes orgánicos, el momento dipolar permanente varía

CUADRO 3.1. Disolventes orgánicos y algunas de sus constantes físicas más características.

Disolvente	Fórmula	p.e. (°C)	p.f. (°C)	p.i. (°C)	μ (D)	ε
Acetato de etilo	$CH_3CO_2CH_2CH_3$	76.5-77.5	–84	–3	1.8	6.02
Acetona	CH_3COCH_3	56	–94	–18	2.9	20.7
Acetonitrilo	CH_3CN	81-82	–48	6	3.94	36.2
Ácido acético	CH_3CO_2H	116-117	16	40	1.7	6.2
Ácido fórmico	HCO_2H	100-101	8.5	68	1.41	58.0
Agua	H_2O	100	0	n.i.	1.8	78.5
Anhídrido acético	$(CH_3CO)_2O$	138-140	–73	54	2.8	20.7
Anisol	$C_6H_5OCH_3$	154	–31	51	1.4	4.33
Benceno	C_6H_6	80	5.5	–10	0	2.28
n-Butanol	$CH_3(CH_2)_3OH$	118	–90	35	1.7	17.1
t-Butanol	$(CH_3)_3COH$	83	25-26	11	1.7	10.9
Butanona	$CH_3COCH_2CH_3$	80	–86	–4	2.5	18.5
Ciclohexano	C_6H_{12}	81	6.5	–17	0	2.02
Clorobenceno	C_6H_5Cl	132	–46	23	1.7	5.62
Cloroformo	$CHCl_3$	61	–63	n.i.	1.9	4.70
1,2-Diclorobenceno	$C_6H_4Cl_2$	180	–17	65	2.5	9.93
1,2-Dicloroetano	$ClCH_2CH_2Cl$	83	–35	15	2.1	10.4
Diclorometano	CH_2Cl_2	40	–97	n.i.	1.6	8.9
N,N-Dimetilformamida (DMF)	$HCON(CH_3)_2$	153	–61	57	3.7	36.7
Dimetilsulfóxido (DMSO)	CH_3SOCH_3	189	18	95	3.96	47.0
Dimetoxietano (DME)	$(CH_3OCH_2)_2$	85	–58	0	1.71	7.2
1,4-Dioxano	$C_4H_8O_2$	100-102	12	12	0	2.21
Etanol	CH_3CH_2OH	78	–130	8	1.7	24.3
Éter dietílico	$(CH_3CH_2)_2O$	35	–116	–40	1.14	4.34
Éter diisopropílico	*i*-Pr_2O	68-69	–123	–23	1.3	3.39
Éter dibutílico	Bu_2O	142-143	–98	25	1.17	3.1
Hexametilfosforamida (HMPA)	$[(CH_3)_2N]_3P(O)$	230-232	7	105	5.5	29.6
n-Hexano	$CH_3(CH_2)_4CH_3$	69	–95	–23	0	1.89
Metanol	CH_3OH	65	–98	11	1.7	32.6
Nitrobenceno	$C_6H_5NO_2$	210-211	5-6	87	4.01	35.0
Nitrometano	CH_3NO_2	101	–29	35	3.46	38.6
n-Pentano	$CH_3(CH_2)_3CH_3$	35-36	–130	–49	0	1.84
Piridina	C_5H_5N	115	–42	20	2.19	12.3
i-Propanol	$CH_3CH(OH)CH_3$	82	–90	11	1.7	18.3
n-Propanol	$CH_3CH_2CH_2OH$	97	–127	15	1.7	20.1
Sulfuro de carbono	CS_2	46	–112	–33	0	2.64
Tetracloruro de carbono	CCl_4	76-77	–23	n.i.	0	2.23
Tetrahidrofurano (THF)	C_4H_8O	65-67	–108	–17.5	1.6	7.32
Tolueno	$C_6H_5CH_3$	111	–93	4	0.4	2.38
Xileno (mezcla de isómeros)	$C_6H_4(CH_3)_2$	137-144	-	27	-	-

p.e., punto de ebullición; p.f., punto de fusión; p.i., punto de inflamación; μ, momento dipolar; ε, constante dieléctrica; n.i., no inflamable.

desde 0 a 5.5 debyes, incrementándose desde los hidrocarburos hasta los disolventes que contienen grupos polares.

e) Constante dieléctrica (ε). La polaridad de los disolventes suele expresarse en términos de su constante dieléctrica, que mide la capacidad de un disolvente para aislar una carga y orientar sus dipolos. Su valor varía desde 2 (hidrocarburos) hasta 78.5 (agua).

3.3. Polaridad de un disolvente

La constante dieléctrica y el momento dipolar son propiedades complementarias de una sustancia. Con frecuencia se utilizan ambas constantes físicas para caracterizar su polaridad, aunque el momento dipolar no representa la polaridad de un disolvente. Esta confusión deriva de la doble acepción que puede darse a la palabra *polar* en Química Orgánica. Cuando se dice que una *molécula es polar*, se quiere decir que tiene un elevado momento dipolar (μ). Sin embargo, cuando se dice que un *disolvente es polar,* significa que tiene una elevada constante dieléctrica (ε). En otras palabras, la polaridad de un disolvente o constante dieléctrica es una propiedad macroscópica, mientras que la polaridad molecular o momento dipolar es una propiedad de moléculas aisladas. Ambos tipos de polaridad no tienen que correlacionarse necesariamente. Un ejemplo representativo se da entre el ácido acético y el ácido fórmico (Figura 3.1). Estos dos compuestos contienen el mismo grupo funcional y poseen similar estructura y momento dipolar. Ambos son moléculas polares. Sin embargo, difieren sustancialmente en sus constantes dieléctricas y, por tanto, en sus propiedades como disolventes. El ácido fórmico es un disolvente bastante más polar que el ácido acético.

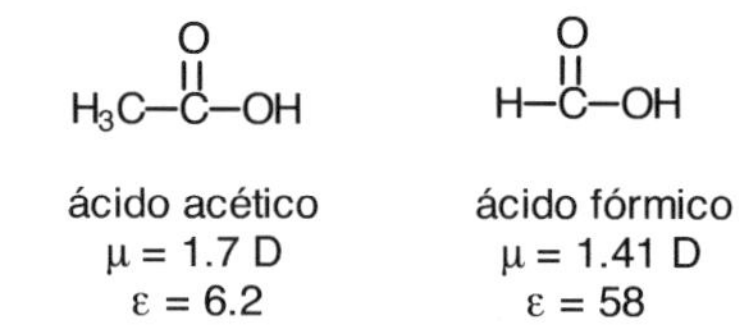

Figura 3.1.

Aunque la polaridad de un disolvente depende de muchos factores, puede definirse como su capacidad para solvatar y estabilizar cargas. Arbitrariamente, y como punto de referencia, empiezan a considerarse polares aquellos disolventes que poseen una constante dieléctrica superior a 15. En el Cuadro 3.2 se establece una cla-

CUADRO 3.2. Clasificación de los disolventes.

Tipos de disolventes	Características
Próticos	- Poseen un grupo funcional capaz de ceder protones (OH, NH, SH). - Capacidad de formar enlaces de hidrógeno. - Polares (ε >15). - Ejemplos: agua, ácidos carboxílicos, alcoholes, aminas.
Apróticos polares	- Carecen de grupos funcionales capaces de ceder protones. - Constante dieléctrica alta (ε > 15). - Ejemplos: DMSO, DMF, HMPA, nitrilos, cetonas, nitrocompuestos.
Apróticos apolares	- Carecen de grupos funcionales capaces de ceder protones. - Constante dieléctrica baja (ε < 15). - Ejemplos: hidrocarburos (alifáticos, aromáticos, halogenados), éteres.

sificación general de los disolventes considerando su carácter polar o apolar y la capacidad para ceder protones y formar enlaces de hidrógeno.

3.4. Solubilidad en un disolvente

El papel de un disolvente es simplemente disolver un compuesto o una mezcla de compuestos con el fin de llevar a cabo un proceso determinado. Algunas veces, encontrar el disolvente idóneo no es sencillo. Aunque el método definitivo es siempre el experimental, que implica probar repetidas veces, hay ciertos principios que deben conocerse y que pueden ayudar a predecir de modo racional qué disolvente podría ser el adecuado.

Indiscutiblemente, la mejor regla a la hora de elegir el disolvente a utilizar es "semejante disuelve a semejante". Esto significa que el disolvente idóneo suele tener unas características químicas y estructurales similares a las del compuesto a disolver. En general, los compuestos polares son más solubles en disolventes polares que en apolares y viceversa. Los compuestos iónicos son solubles en agua e insolubles en disolventes orgánicos. Los compuestos orgánicos no iónicos generalmente no se disuelven en agua a menos que sus moléculas se ionicen en disolución acuosa o formen enlaces de hidrógeno, como ocurre con algunos alcoholes, ácidos carboxílicos y aminas. Los compuestos orgánicos que no pueden formar enlaces de hidrógeno se disuelven con bastante facilidad en disolventes de polaridad media (diclorometano, acetato de etilo) o no polares (hexano, éter, tolueno).

La polaridad y, consecuentemente, la solubilidad de los compuestos orgánicos en disolventes polares, aumenta con la disminución de la longitud de la cadena hidrocarbonada, la presencia de grupos funcionales polares y la capacidad de formación de enlaces de hidrógeno con el disolvente. De esta afirmación se pueden deducir las siguientes conclusiones:

a) A medida que aumenta el número de grupos funcionales polares disminuye la solubilidad en disolventes no polares (Figura 3.2).

CH_3COOH (Ácido acético)
- Soluble en agua, etanol, éter, benceno

HOOC—COOH (Ácido oxálico)
- Soluble en agua y etanol
- Parcialmente soluble en éter
- Insoluble en benceno

Figura 3.2.

b) En una misma serie homóloga de compuestos, la solubilidad en agua decrece al aumentar el tamaño de la cadena hidrocarbonada (Figura 3.3).

CH_3COCH_3 (Acetona)
- Miscible con agua

$CH_3COCH_2CH_3$ (Butanona)
- Parcialmente miscible con agua

$CH_3CH_2COCH_2CH_3$ (3-Pentanona)
- Inmiscible con agua

Figura 3.3.

c) Supongamos dos isómeros con capacidad para formar enlaces de hidrógeno; si uno de ellos los forma intermolecularmente, será menos soluble que el que conduce a enlaces de hidrógeno intramoleculares (Figura 3.4).

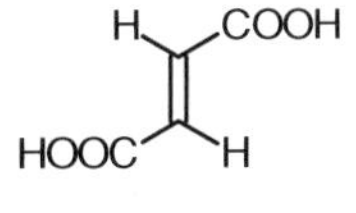

- Ácido fumárico
- Enlaces de hidrógeno intermoleculares
- Insoluble en agua

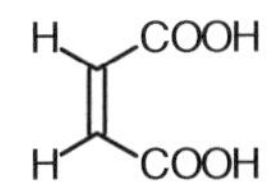

- Ácido maleico
- Enlaces de hidrógeno intramoleculares
- Soluble en agua

Figura 3.4.

3.5. Riesgos de los disolventes

Casi todos los procesos y técnicas que se realizan en el laboratorio requieren el empleo de disolventes. Los riesgos que pueden presentar vienen determinados fundamentalmente por su inflamabilidad y toxicidad. Debido a la frecuencia con que se utilizan, es necesario conocer las características de los disolventes con los que se va a trabajar y tomar ciertas precauciones que contribuyan a disminuir dichos riesgos.

3.5.1. Inflamabilidad

La inflamabilidad de una sustancia se define como su capacidad de arder. El riesgo de inflamabilidad, y por tanto la peligrosidad, depende de una serie de parámetros característicos de cada sustancia, entre los que cabe destacar el punto de inflamación y la presión de vapor (Cuadro 3.3). En el caso de los disolventes, lo que se inflama es el vapor que se desprende, por lo que la producción del mismo es uno de los factores determinantes de la inflamabilidad.

Cuando se trabaja con disolventes extremada o fácilmente inflamables, hay que aumentar las precauciones. La principal es no utilizar fuentes de calefacción con llama para calentar recipientes abiertos al aire, ya que en presencia de una llama próxima los vapores de los disolventes inflamables arden con gran facilidad. Del mismo modo, el trasvase de disolventes inflamables hay que realizarlo en zonas alejadas de focos de calor y chispas eléctricas.

Además del agua, los únicos disolventes habituales no inflamables son el diclorometano, el cloroformo y el tetracloruro de carbono. Sin embargo, como contrapartida, estos últimos poseen una elevada toxicidad.

3.5.2. Toxicidad

En un laboratorio de Química Orgánica sería prácticamente imposible no trabajar con sustancias tóxicas. La mayor parte de los disolventes son tóxicos, en mayor o menor grado, y por ello se recomienda leer las especificaciones de la etiqueta para saber cómo deben manejarse y tomar las medidas oportunas. Las recomendaciones más generales son:

a) Evitar el contacto de los disolventes con la piel mediante la utilización de guantes.
b) Trabajar en vitrina el mayor tiempo posible para evitar la exposición continuada a los vapores de los disolventes.

Todos los disolventes, tóxicos o no, una vez utilizados se consideran residuos y hay que depositarlos en contenedores habilitados para su recogida y eliminación (Apartado 1.6.2).

3.5.3. Presencia de peróxidos

Además de su inflamabilidad, el mayor peligro de los éteres deriva de la posibilidad de que contengan peróxidos. Cualquier éter con un hidrógeno en el carbono contiguo al oxígeno puede for-

CUADRO 3.3. Clasificación de los disolventes inflamables en función de su facilidad para arder.

Extremadamente inflamables	Disolventes que poseen un punto de inflamación inferior a 0 °C y un punto de ebullición igual o inferior a 45 °C. Los ejemplos más representativos son: éter dietílico, pentano y sulfuro de carbono.
Fácilmente inflamables	Disolventes cuyo punto de inflamación es inferior a 20 °C. En este grupo se encuentran la mayor parte de los disolventes orgánicos.
Inflamables	Disolventes con un punto de inflamación entre 20 °C y 55 °C.

mar peróxidos lentamente al permanecer en contacto con el oxígeno atmosférico en presencia de luz. Para evitar que esto suceda, los éteres no se deben almacenar durante tiempos prolongados.

Los peróxidos son peligrosos porque a altas temperaturas pueden descomponerse violentamente y provocar explosiones. Por eso, como medida preventiva, se debería comprobar la ausencia o presencia de peróxidos antes de proceder a la destilación de cualquier éter (Cuadro 3.4). En una destilación, al ser los peróxidos menos volátiles, se concentran en el residuo y al final podrían explotar inesperadamente por un aumento de temperatura. Por este motivo, los éteres nunca deben destilarse hasta sequedad.

Los peróxidos también pueden descomponerse por golpes mecánicos, por la luz del día y en presencia de numerosas sustancias que catalizan su descomposición.

3.6. Calidad de un disolvente

El grado de pureza y sequedad que se requiere en un disolvente depende de la aplicación que se le vaya a dar. En general, un mismo disolvente se comercializa con distintas calidades en función del proceso que se ha seguido para la eliminación de impurezas (Cuadro 3.5). A la hora de decidir qué calidad debe tener el disolvente a utilizar, se recomienda consultar las especificaciones de la etiqueta o del catálogo de venta, para tener información del contenido en impurezas y su composición.

3.7. Disolventes anhidros

A pesar de la elevada pureza que presentan algunas calidades de disolventes, todas contienen una cantidad de agua que oscila entre 0.03-0.2%,

CUADRO 3.4. Procedimiento para la detección y eliminación de peróxidos en éteres.

Detección	Añadir 1 ml del disolvente correspondiente a una disolución de 0.1 g de ioduro sódico en 1 ml de ácido acético. En presencia de peróxidos, el ión ioduro se oxida a iodo. Si la disolución se vuelve marrón, es indicativo de una alta concentración de peróxidos. Una coloración amarilla indica peróxidos en baja concentración.
Eliminación	Tratar el disolvente con un agente reductor adecuado, como por ejemplo una disolución acuosa de sulfato ferroso. Otro procedimiento sencillo consiste en pasar el disolvente por una columna de alúmina activada que no debe secarse en ningun momento. Finalmente lavar la alúmina con una disolución acuosa de sulfato ferroso al 5% antes de desecharla.

CUADRO 3.5. Términos con que se define la calidad de un disolvente.[a]

Reagent grade	Disolventes de pureza en torno al 98-99%, utilizados en procesos de extracción y en reacciones que no precisan condiciones anhidras.
Analytical grade	Disolventes de alta calidad con una pureza en torno al 99.5%, utilizados fundamentalmente en procesos de purificación.
Spectroscopic grade	Disolventes de alta pureza (>99.5%), especialmente recomendados para espectroscopía UV. Se han eliminado las impurezas que absorben en la región ultravioleta.
HPLC grade	Disolventes de alta pureza (>99.8%), aptos para su uso en HPLC, ya que además se han eliminado las impurezas que podrían dañar las columnas.

[a] Esta escala es relativa, ya que no todos los disolventes pueden alcanzar el mismo grado de pureza.

de modo que ninguna de ellas es apta para reacciones que requieran condiciones anhidras. Para esos casos, se comercializan disolventes etiquetados como "anhidros", que contienen una cantidad de agua inferior al 0.005% y se envasan, bajo atmósfera inerte, en botellas cerradas herméticamente. Sin embargo, aunque estos disolventes comerciales son aptos para algunas de las reacciones que precisan exclusión de humedad, todas aquellas en las que se manejan reactivos de Grignard, hidruros metálicos, organolíticos y organometálicos en general, requieren disolventes recién secos para garantizar la eficacia de la reacción.

En función de la cantidad de agua que el disolvente contenga y de la eficacia buscada, se pueden llevar a cabo dos tipos de secado: preliminar o riguroso.

Si el disolvente contiene una cantidad de agua superior al 0.1%, antes de realizar el secado riguroso es necesario realizar un secado preliminar que suele llevarse a cabo adicionando el desecante adecuado y dejándolo actuar entre 12-24 horas. Para este secado previo generalmente se utilizan agentes desecantes como sulfato magnésico anhidro, cloruro cálcico anhidro o tamiz molecular activado que, al eliminar el agua reversiblemente, deben separarse por filtración.

Si la cantidad de agua que el disolvente contiene es inferior al 0.1%, requerimiento que cumplen la mayor parte de los disolventes comerciales, se lleva a cabo un secado riguroso que implica refluir el disolvente sobre el desecante apropiado, aproximadamente 1-3 horas, y finalmente destilar. Para este secado se emplean agentes desecantes como hidruro cálcico o pentóxido de fósforo que, al reaccionar con el agua de forma irreversible, son aptos para utilizarse en reflujos y destilaciones.

Los disolventes que no se usan con frecuencia y aquellos que pueden almacenarse sin deterioro durante un tiempo generalmente se secan utilizando un aparato de destilación sencilla (Apartado 8.5.2). Si previamente hay que refluir sobre un desecante, en el mismo matraz se coloca en primer lugar un refrigerante de reflujo y, finalizado el reflujo, se procede a destilar bajo atmósfera inerte. El disolvente se envasa, generalmente sobre tamiz molecular activado y bajo atmósfera inerte, en una botella de color topacio cerrada con un séptum que permite extraer el disolvente con jeringa sin necesidad de abrir la botella.

Para secar disolventes de uso frecuente, y para aquellas reacciones extremadamente sensibles a la humedad que requieren secar el disolvente previamente a su uso, se han diseñado *destiladores en continuo* (Figura 3.5). Como su nombre indica, son aparatos de destilación que pueden dejarse refluyendo continuamente, aunque también pueden ponerse en marcha solamente cuando se necesita el disolvente.

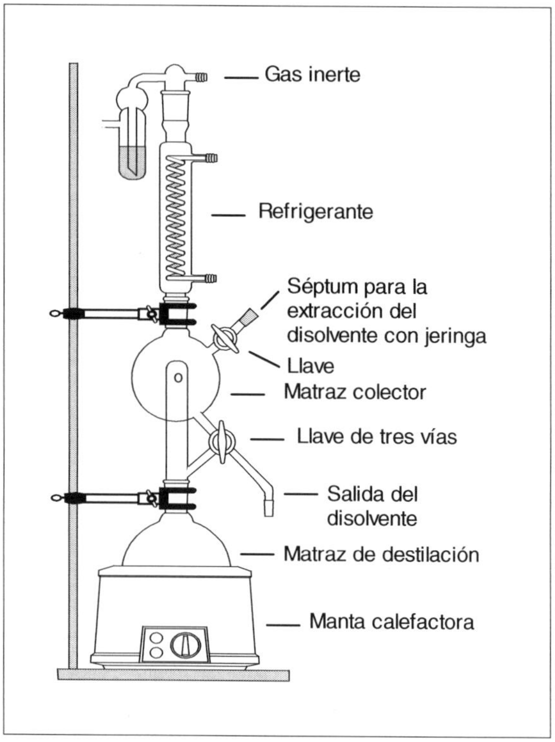

Figura 3.5. Aparato para destilación en continuo de disolventes.

En un destilador en continuo, el disolvente se recoge en el matraz colector situado entre el matraz de destilación y el refrigerante. La ventaja fundamental de este sistema es que con un único aparato, que ocupa poco espacio porque tiene una disposición vertical, y variando simplemente la posición de una llave de tres vías, el disolvente puede refluir al matraz de destilación o recogerse en el matraz colector para utilizarlo posteriormente. Cuando el colector se llena, el disolvente vuelve a caer al matraz de destilación por la parte superior del tubo interno, permitiendo que la destilación sea continua sin que el matraz quede vacío. El tubo de salida al exterior debe ser lo suficientemente largo como para que al abrir o cerrar la llave de tres vías no caiga ninguna gota de disolvente sobre la manta calefactora.

La operación de sacar el disolvente del matraz colector puede realizarse abriendo la llave de tres vías al exterior. El colector tiene además otra salida, cerrada generalmente con una llave y un séptum, que permite la extracción del disolvente con una jeringa para facilitar el trasvase del disolvente a reacciones en atmósfera inerte. Finalmente, el disolvente que sobra en el matraz colector vuelve a recuperarse en el matraz de destilación.

Debido a que muchos de los disolventes tienen un punto de ebullición bajo, se recomienda que el refrigerante sea de doble pared para evitar pérdidas. En la parte superior del refrigerante, el montaje se conecta a una línea de gas inerte para aislar el sistema de la humedad exterior y asegurar que el disolvente se mantiene en condiciones anhidras.

Las bocas esmeriladas que unen las piezas suelen envolverse con una pequeña cantidad de cinta de teflón para que cierren perfectamente, evitar fugas y facilitar su separación después de enfriar. Nunca debe utilizarse grasa en las bocas, ya que el contacto prolongado del disolvente en caliente llega a disolverla, con la consiguiente contaminación del mismo.

CUADRO 3.6. Procedimiento habitual para secar y almacenar los disolventes más comunes.

Disolvente	Secado y almacenamiento
Acetona (p.e. 56 °C)	*Secado preliminar:* sobre $CaSO_4$, K_2CO_3 o tamiz molecular de 3 Å. Decantar y destilar. *Secado riguroso:* refluir sobre P_2O_5 (1% peso/vol) y destilar. Para reacciones de oxidación, refluir añadiendo sucesivas cantidades de $KMnO_4$ hasta que el color violeta se mantenga y destilar. *Almacenamiento:* en atmósfera inerte. *Observaciones:* bastante higroscópica.
Acetonitrilo (p.e. 82 °C)	*Secado preliminar:* sobre K_2CO_3. *Secado riguroso:* refluir sobre P_2O_5 (2% peso/vol) y destilar. *Almacenamiento:* sobre tamiz molecular de 3 Å en atmósfera inerte. *Observaciones:* tóxico.
Benceno (p.e. 80 °C)	*Secado preliminar:* no es necesario. *Secado riguroso:* refluir sobre CaH_2 (3% peso/vol) y destilar. *Almacenamiento:* sobre tamiz molecular de 4 Å en atmósfera inerte. *Observaciones:* cancerígeno.
t-Butanol (p.e. 83 °C)	*Secado preliminar:* sobre CaH_2, CaO, K_2CO_3, $CaSO_4$ o $MgSO_4$. *Secado riguroso:* refluir sobre CaH_2 (5% peso/vol) y destilar. *Almacenamiento:* sobre tamiz molecular de 3 Å. En lugar templado. *Observaciones:* solidifica a 25 °C.
Cloroformo (p.e. 61 °C)	*Secado preliminar:* sobre $CaCl_2$. *Secado riguroso:* refluir sobre P_2O_5 (3% peso/vol) y destilar. *Almacenamiento:* sobre tamiz molecular de 4 Å, en atmósfera inerte y en ausencia de luz para evitar la formación de fosgeno. *Observaciones:* peligro de explosión en contacto con bases fuertes y metales alcalinos. Cancerígeno. Si contiene trazas ácidas, pasarlo por una columna de $NaHCO_3$ sólido.

[...]

CUADRO 3.6. *(continuación)*

Diclorometano (p.e. 40 °C)	*Secado preliminar:* sobre $CaCl_2$. *Secado riguroso:* refluir sobre P_2O_5 (3% peso/vol) o sobre CaH_2 (5% peso/vol) y destilar. *Almacenamiento:* sobre tamiz molecular de 4 Å, en atmósfera inerte y en ausencia de luz. *Observaciones:* peligro de explosión en contacto con bases fuertes y metales alcalinos. Tóxico.
Dimetilformamida (DMF) (p.e. 153 °C)	*Secado preliminar:* sobre $CaSO_4$ o $MgSO_4$. Filtrar y destilar a vacío. *Secado riguroso:* refluir sobre CaH_2 (2% peso/vol) y destilar a vacío. *Almacenamiento:* sobre tamiz molecular de 3 Å en atmósfera inerte. *Observaciones:* al llegar al punto de ebullición se descompone ligeramente a dimetilamina y CO. Destilar a presión reducida.
Dimetilsulfóxido (DMSO) (p.e. 189 °C)	*Secado preliminar:* sobre $CaSO_4$. Filtrar y destilar a vacío. *Secado riguroso:* refluir sobre CaH_2 (2% peso/vol) y destilar a vacío. *Almacenamiento:* sobre tamiz molecular de 4 Å en atmósfera inerte. *Observaciones:* muy higroscópico.
Etanol (p.e. 78 °C)	*Secado preliminar:* refluir sobre CaO y destilar. *Secado riguroso:* a partir de etanol absoluto refluir sobre CaH_2 o Mg/I_2 y destilar. *Almacenamiento:* sobre tamiz molecular de 3 Å en atmósfera inerte. *Observaciones:* higroscópico.
Éter dietílico (p.e. 35 °C)	*Secado preliminar:* sobre $CaCl_2$. *Secado riguroso:* refluir sobre Na (1% peso/volumen) y benzofenona (0.2% peso/vol) hasta coloración azul permanente y destilar. *Almacenamiento:* durante tiempos cortos. En lugar frío. Sobre tamiz molecular de 4 Å, en atmósfera inerte y en ausencia de luz. *Observaciones:* muy inflamable. No destilar a sequedad por peligro de explosión si contiene peróxidos.
Hexametilfosforamida HMPA (p.e. 230 °C)	*Secado preliminar:* sobre CaH_2. *Secado riguroso:* destilar a presión reducida sobre CaH_2 (10% peso/vol). *Almacenamiento:* sobre tamiz molecular de 4 Å en atmósfera inerte. *Observaciones:* cancerígeno. Muy higroscópico.
Metanol (p.e. 65 °C)	*Secado preliminar:* destilación fraccionada. *Secado riguroso:* a partir de metanol absoluto refluir sobre CaH_2 o Mg/I_2 y destilar. *Almacenamiento:* sobre tamiz molecular de 3 Å en atmósfera inerte. *Observaciones:* tóxico.
Piridina (p.e. 115 °C)	*Secado preliminar:* refluir sobre KOH (5% peso/vol) y destilar. *Secado riguroso:* refluir sobre CaH_2 (3% peso/vol) y destilar. *Almacenamiento:* sobre KOH o tamiz molecular de 4 Å en atmósfera inerte. *Observaciones:* tóxica.
Sulfuro de carbono (p.e. 46 °C)	*Secado preliminar:* sobre $CaCl_2$ o $MgSO_4$. *Secado riguroso:* destilar sobre P_2O_5 (2% peso/vol) en baño de agua. *Almacenamiento:* en frío. *Observaciones:* muy inflamable. Tóxico.
Tetracloruro de carbono (p.e. 77 °C)	*Secado preliminar:* sobre $CaCl_2$. *Secado riguroso:* refluir sobre P_2O_5 (3% peso/vol) y destilar. *Almacenamiento:* sobre tamiz molecular de 4 Å, en atmósfera inerte y en ausencia de luz. *Observaciones:* cancerígeno.

[...]

CUADRO 3.6. *(continuación)*

Tetrahidrofurano (THF) (p.e. 66 °C)	*Secado preliminar:* sobre $CaCl_2$. *Secado riguroso:* refluir sobre Na (1% peso/volumen) y benzofenona (0.2% peso/vol) hasta coloración azul permanente y destilar. *Almacenamiento:* durante tiempos cortos. Sobre tamiz molecular de 4 Å, en atmósfera inerte y en ausencia de luz. *Observaciones:* no destilar a sequedad por peligro de explosión si contiene peróxidos.
Tolueno (p.e. 111 °C)	*Secado preliminar:* sobre $CaCl_2$. *Secado riguroso:* refluir sobre CaH_2 (3% peso/vol) y destilar. *Almacenamiento:* sobre tamiz molecular de 4 Å en atmósfera inerte. *Observaciones:* se utiliza en lugar del benceno por su menor toxicidad.

Bibliografía

Perrin, D. D. y Armarego, W. L. F.: *Purification of Laboratory Chemicals*, Pergamon Press, Oxford, 5.ª edición, 2003.

Reichardt, C.: *Solvents and Solvent Effects in Organic Chemistry*, Wiley-VCH, Weinheim, 3.ª edición, 2003.

4

REACTIVOS

4.1. Introducción

Antes de abrir el recipiente de cualquier reactivo se debe leer atentamente su etiqueta, prestando especial atención a los siguientes detalles:

a) Símbolos de peligrosidad (Apartado 1.5.2).
b) Frases de riesgos específicos y consejos de prudencia (Apartado 1.5.3).
c) Grado de pureza y composición de las impurezas, en especial el contenido en agua.

Nunca debe manejarse un reactivo sin conocer exactamente su modo de empleo, así como la manera de eliminar los residuos correspondientes y cómo actuar en caso de vertido accidental.

4.2. Purificación de reactivos

Los recipientes de los reactivos comerciales llevan una etiqueta que indica su pureza expresada en porcentaje en peso. También puede encontrarse el análisis cuantitativo de algunas de las impurezas, en especial el contenido en agua. En función de la reacción a llevar a cabo, algunas de estas impurezas, incluso en cantidades muy pequeñas, pueden ser perjudiciales para la misma, siendo necesaria su eliminación.

Cuando un reactivo no presenta el grado de pureza requerido, se debe purificar previamente a su uso. Antes de llevar a cabo la purificación de un reactivo, se recomienda la consulta de manuales especializados con objeto de escoger el procedimiento más adecuado y garantizar la obtención de la máxima pureza. En procesos de purificación de reactivos, hay que destacar las siguientes pautas de actuación:

a) Por lo general, es necesario tratar el reactivo con un desecante adecuado previamente a cualquier intento de purificación.
b) Los reactivos líquidos se purifican mediante destilación (Capítulo 8).
c) Los reactivos sólidos se purifican mediante cristalización (Apartado 9.1), sublimación (Apartado 9.3) o cromatografía (Capítulo 10). No obstante, algunos sólidos de puntos de fusión relativamente bajos y que no descomponen al fundir, pueden purificarse mediante destilación a presión reducida (Apartado 8.5.5). Para ello, el sólido a purificar se funde en el matraz de destilación, y a continuación se procede a destilar el líquido, teniendo la precaución de desconectar el agua del refrigerante puesto que, de lo contrario, el compuesto solidificaría en él y lo obturaría.

Aquellos reactivos que sean sensibles a la humedad deberán purificarse bajo atmósfera inerte. Siempre que un reactivo cualquiera, sea sensible a la humedad o no, se vaya a utilizar en reacciones que exijan condiciones anhidras, tendrá que purificarse previamente bajo atmósfera inerte.

El agua constituye una impureza común de los reactivos. La presencia de agua en un reactivo, incluso en cantidades inferiores al 0.1%, puede inhibir algunos tipos de reacciones, por ejemplo aquellas en las que se utilizan compuestos organometálicos o hidruros metálicos. Todos los reactivos líquidos o sólidos que presenten un grado de humedad superior al requerido deberán someterse a un proceso de secado previo (Apartado 7.1).

4.3. Almacenamiento de reactivos

El modo de almacenar un reactivo en el laboratorio varía en función de su naturaleza y de su sensibilidad al aire y a la humedad ambiental.

4.3.1. Reactivos líquidos o sólidos

A) Reactivos insensibles al aire y a la humedad

Los reactivos líquidos o sólidos estables al aire y a la humedad atmosférica se almacenan en recipientes de vidrio de color ámbar, dentro de un armario ignífugo. En caso de que los reactivos sean tóxicos o presenten olores desagradables, dichos armarios deben estar conectados a un extractor.

Los reactivos de bajo punto de ebullición, los que se comercializan en disolución y aquellos que descomponen con facilidad deben guardarse en frío.

B) Reactivos sensibles al aire y a la humedad

Los reactivos sensibles al aire y a la humedad atmosférica, o los que vayan a emplearse en reacciones que exijan una rigurosa exclusión de la humedad, deben almacenarse en recipientes especiales, bajo atmósfera inerte, y manejarse con las técnicas que se describen en los Apartados 4.4.2 y 4.4.4. En el Cuadro 4.1 se recogen los ejemplos más significativos de reactivos sensibles al aire y a la humedad.

Los reactivos líquidos y las disoluciones sensibles al aire o a la humedad se suministran envasados, bajo atmósfera inerte, en botellas herméticas de vidrio ámbar que generalmente requieren guardarse en frío. El cierre de estas botellas está provisto de un revestimiento interior que actúa a modo de séptum, generalmente de teflón o goma, y una tapa de corona metálica que fija el revestimiento dejando el séptum al descubierto por su parte central. Finalmente, la botella se protege con un tapón de plástico con rosca que actúa a modo de sello sobre el revestimiento interior. Con este tipo de envase, los reactivos se pueden manipular sin exposición al aire utilizando jeringas o cánulas. Después de retirar la aguja del séptum queda un pequeño agujero, que al principio es prácticamente inapreciable, y por este motivo se recomienda proteger adicionalmente el séptum envolviéndolo con una pequeña cantidad de papel parafilm® antes de colocar el tapón de rosca. También es conveniente rodear con papel parafilm® la junta entre el tapón y la botella.

Los reactivos sólidos y algunos líquidos, sensibles a la humedad, se envasan bajo atmósfera inerte en recipientes cerrados con tapón de rosca. Si no se dispone de una cámara seca para manejar estos reactivos, el tapón de rosca debe reemplazarse por un séptum para poder llenar de argón el recipiente cada vez que se utiliza.

La atmósfera inerte, en un recipiente cerrado, se consigue reemplazando el aire por un gas inerte seco. Una vez purificado un reactivo bajo atmósfera inerte, el recipiente que lo contiene, por lo general un matraz, se cierra con un séptum de goma del tamaño adecuado a su boca, de manera que las paredes externas del séptum se adapten bien al interior de la boca esmerilada. Las aletas laterales del séptum se pliegan sobre la parte externa de la boca del matraz (Figura 4.1).

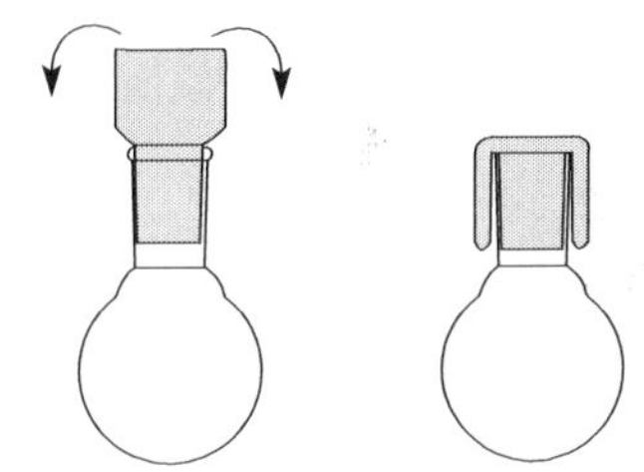

Figura 4.1. Colocación de un séptum en un matraz.

CUADRO 4.1. Reactivos sensibles al aire y a la humedad.

Tipos de reactivos	Ejemplos
Sólidos	Hidruros metálicos, metales alcalinos, ácidos de Lewis.
En suspensión	Hidruros metálicos.
Líquidos	Ácidos de Lewis, hidruros de estaño.
En disolución	Ácidos de Lewis, hidruros metálicos, organolíticos, reactivos de Grignard, organoboranos, organoalumínicos, organozíncicos y otros reactivos organometálicos.

Si el almacenamiento se prevé prolongado o si se trata de reactivos que corroen los séptums de goma (por ejemplo, determinados ácidos de Lewis), se recomienda intercalar una llave de teflón entre el matraz y el séptum (Figura 4.2). De este modo, el sistema se puede purgar a través del séptum manteniendo abierta la llave, ya sea haciendo uso de una línea de Schlenk o pasando una corriente de gas inerte. Una vez acabada la operación la llave se cierra, con lo cual el séptum queda aislado del reactivo.

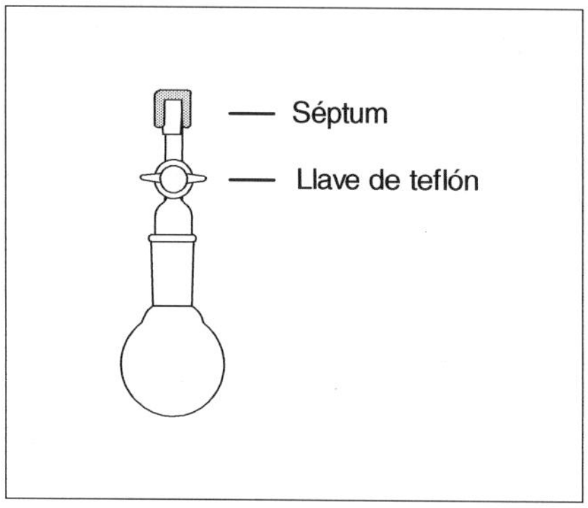

Figura 4.2. Almacenamiento de un compuesto que corroe el séptum de goma.

Adicionalmente, se recomienda cubrir el séptum y su borde de unión a la boca esmerilada con papel parafilm®. Si el reactivo es fotosensible, el matraz deberá envolverse en papel de aluminio para protegerlo de la luz.

Los séptums de goma deben reemplazarse por otros nuevos después de un uso prolongado o cuando se muestren visiblemente deteriorados. Si un reactivo se utiliza frecuentemente, el séptum se deteriorará con facilidad en poco tiempo. Como protección adicional, se puede colocar sobre el séptum otro séptum invertido (Figura 4.3). Este segundo séptum se quita cada vez que se necesita extraer reactivo y finalizada la operación, se vuelve a colocar. De esta manera, al permanecer sin agujerear, preserva el primer séptum y el reactivo se mantiene mejor protegido. El borde del segundo séptum se debe cubrir con papel parafilm® para ajustarlo a la boca del matraz y evitar que quede holgado.

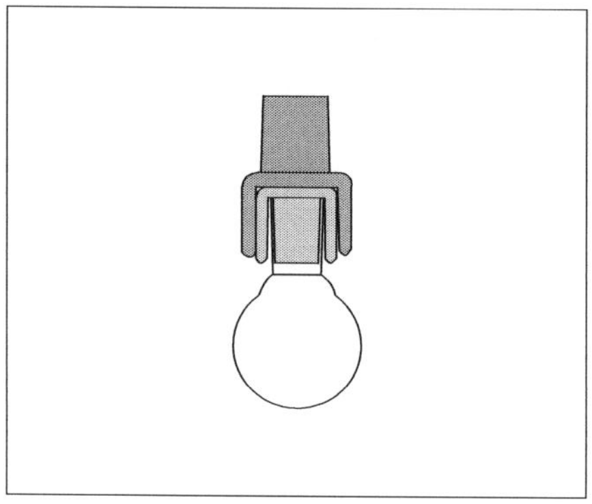

Figura 4.3. Cierre de un matraz con doble séptum.

Una vez que el recipiente se ha cerrado convenientemente, se procede a purgarlo a través del séptum, operación que consiste en evacuar el aire de su interior y reemplazarlo por un gas inerte, generalmente argón.

a) Procedimiento de purga empleando una línea de Schlenk

Se requiere una aguja hipodérmica corta que se conecta a la línea de Schlenk (Apartado 2.3.9) colocando en el tubo de goma de vacío un adaptador con cierre Luer o, en su defecto, la parte frontal del pistón de una jeringa de plástico (Figura 4.4). Con el fin de evitar pérdidas de gas, la unión entre el tubo de goma y el adaptador se cubre con papel parafilm®.

Para purgar un matraz empleando la línea de Schlenk, se debe seguir el procedimiento que se indica a continuación:

1. Atravesar el séptum con la aguja conectada a la línea de Schlenk.
2. Poner la llave de tres vías de la línea de Schlenk en posición de vacío. De esta manera se evacua el aire del interior del matraz. Hacer vacío durante 20-30 segundos.

3. Girar lentamente la llave de tres vías de la línea de Schlenk a la posición de entrada de gas inerte.
4. Repetir los pasos 2 y 3 al menos tres veces.
5. Cerrar la llave de la línea de Schlenk y retirar la aguja del séptum. El matraz quedará lleno de argón, a la presión positiva dada por la línea.

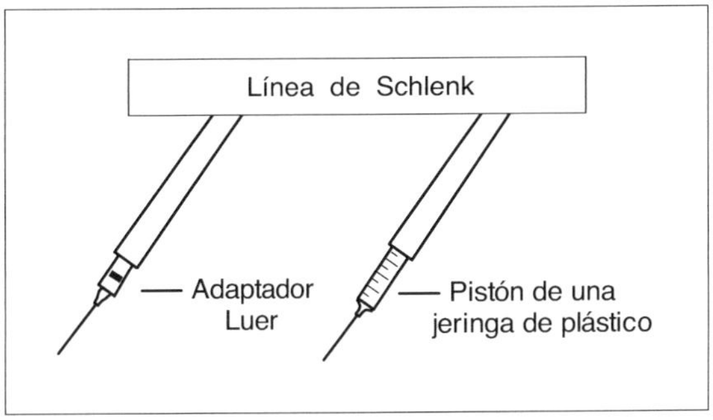

Figura 4.4. Formas de conectar una aguja a la línea de Schlenk.

La línea de Schlenk se utiliza para purgar recipientes vacíos o que contengan reactivos sólidos, aceites o líquidos de alto punto de ebullición. No debe emplearse para purgar recipientes con reactivos líquidos volátiles, ni disoluciones valoradas, ya que se favorecería la evaporación del líquido o del disolvente.

b) Procedimiento de purga pasando una corriente de argón

Se requieren dos agujas hipodérmicas cortas: *Aguja A* (entrada de argón), conectada mediante un tubo de PVC a la línea de argón (Apartado 2.3.8), y *aguja B* (salida de argón), conectada a un borboteador con aceite mineral (Figura 4.5). El borboteador permite observar el flujo de gas y garantizar que el matraz está en todo momento a una presión ligeramente superior a la externa. El diseño del borboteador es tal que, en caso de producirse una disminución de presión, el aceite quede retenido en el ensanchamiento superior y no pueda succionarse al interior del matraz.

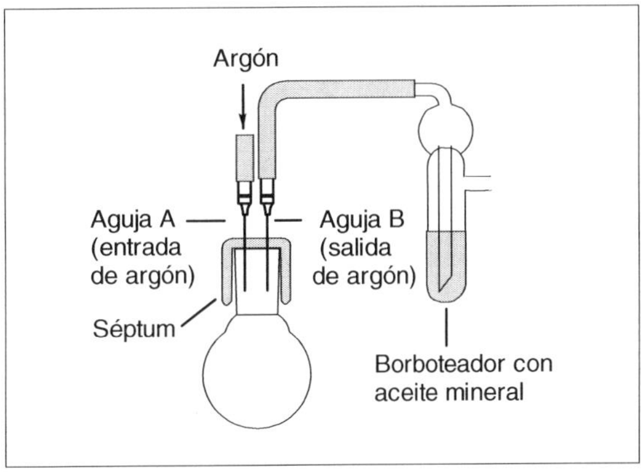

Figura 4.5. Purga de un matraz con entrada y salida de argón.

Para purgar el matraz pasando una corriente de argón, seguir los pasos que a continuación se indican:

1. Introducir ambas agujas en el séptum. Debido a la presión del gas de la línea, el argón se introduce en el matraz desplazando al aire, que es menos denso. El paso de argón se comprueba gracias al burbujeo del aceite mineral en el borboteador.
2. Continuar pasando argón durante unos minutos con objeto de asegurar el desplazamiento total del aire del interior del matraz.
3. Retirar la aguja de salida (aguja B).
4. Retirar la aguja de entrada (aguja A).

De este modo, el matraz queda a una presión ligeramente superior a la externa, lo cual minimiza la posibilidad de entrada de aire, sobre todo si a continuación se va a guardar el reactivo en frío.

Este procedimiento puede utilizarse para purgar tanto recipientes vacíos como recipientes que contengan reactivos líquidos o sólidos. La única precaución a tener en cuenta es que, cuando se purgan recipientes con reactivos líquidos de bajo punto de ebullición o disolventes volátiles, la corriente de argón no debe ser demasiado intensa, ya que en ese caso se favorecería la evaporación del líquido o del disolvente.

4.3.2. Reactivos gaseosos

Muchos de los gases que se emplean como reactivos no se almacenan, ya que se generan en el momento de utilizarse. Los gases comerciales se suministran embotellados en cilindros metálicos *(balas)* de diferentes tamaños. Con frecuencia se emplean balas de gran tamaño (25 cm de diámetro y 1.5 m de altura, aproximadamente) que son pesadas y difíciles de manejar. En caso de ser necesario moverlas, no deben transportarse rodándolas o arrastrándolas, sino en carretillas adecuadas. Una vez depositadas en su emplazamiento, deben almacenarse en posición vertical y permanecer sujetas a la pared mediante una abrazadera o una cadena. La caída accidental de una bala puede provocar un grave accidente, ya que una fisura en la válvula de salida daría lugar al escape incontrolado del gas que se encuentra a elevada presión. Además de la toxicidad del gas, la bala podría salir despedida a gran velocidad.

4.4. Manejo de reactivos

Al igual que su almacenamiento, el manejo de los reactivos es diferente en función de su sensibilidad a la humedad ambiental y en función de que se trate de sólidos, líquidos o gases.

Para utilizar un reactivo almacenado en frío, se debe dejar que alcance la temperatura ambiente antes de usarlo, y eliminar cualquier resto de agua de condensación en la superficie externa del recipiente secándolo con un paño.

Se recomienda manejar los reactivos trasvasándolos directamente del recipiente en el que se encuentran al matraz de reacción o, en su defecto, a un vial que pueda cerrarse. Se desaconseja pesar los reactivos en vidrios de reloj, vasos de precipitados o cualquier otro tipo de recipiente que no se pueda cerrar.

Siempre que sea necesario transferir un reactivo de un recipiente a otro, se aconseja enjuagar el primero con el disolvente que va a emplearse en la reacción o en la preparación de la disolución, con objeto de minimizar las posibles pérdidas de reactivo.

El material de vidrio siempre debe estar bien seco. Cuando se van a manipular reactivos sensibles a la humedad o reactivos que se van a utilizar en reacciones que requieren condiciones anhidras, el grado de sequedad debe ser total. Después de mantener el material en la estufa a 120 ºC durante varias horas, el montaje se efectúa cuando el material aún está caliente, y se enfría pasando una corriente de argón para evitar la condensación de la humedad ambiental en la superficie del vidrio durante el período de enfriamiento.

4.4.1. Reactivos sólidos insensibles al aire y a la humedad

Los reactivos sólidos deben medirse pesándolos en una balanza, empleando para ello directamente el matraz de reacción o, en su defecto, un vial con tapa. A continuación se indica el procedimiento a seguir:

1. Tarar el recipiente vacío en la balanza.
2. Retirar el recipiente del plato de la balanza y añadir una cantidad de reactivo con ayuda de una espátula. Para evitar pérdidas, es conveniente realizar la adición colocando un embudo de sólidos en la boca del recipiente.
3. Volver a poner el recipiente en el plato de la balanza y comprobar su peso.
4. Repetir las operaciones 2 y 3 hasta alcanzar el peso requerido.
5. Retirar el recipiente y taparlo.

4.4.2. Reactivos sólidos sensibles al aire y a la humedad

En función de la manera de presentarse y de su reactividad, pueden distinguirse tres tipos de reactivos sólidos diferentes:

A) Sólidos pulverulentos

Son aquellos reactivos sólidos anhidros que se presentan en polvo o muy finamente divididos. Deben manejarse por pesada, siguiendo la misma técnica anteriormente descrita para los sólidos insensibles a la humedad (Apartado 4.4.1) con la salvedad de que todas las operaciones se deben llevar a cabo bajo atmósfera inerte. Si el sólido es extremadamente sensible al aire o a la humedad, la única manera de manejarlo en atmósfera inerte es utilizar una cámara seca. Afortunadamente, algunos de estos sólidos no son tan sensibles y pueden manejarse en una campana de argón, y la mayor parte de ellos son suficientemente estables si se envasan bajo atmósfera inerte y se manejan con rapidez.

- *Cámara seca*

En su versión más sencilla, consiste en una bolsa de plástico transparente (Atmosbag®), provista de entrada para cables eléctricos y conexión a gas inerte y vacío (Figura 4.6).

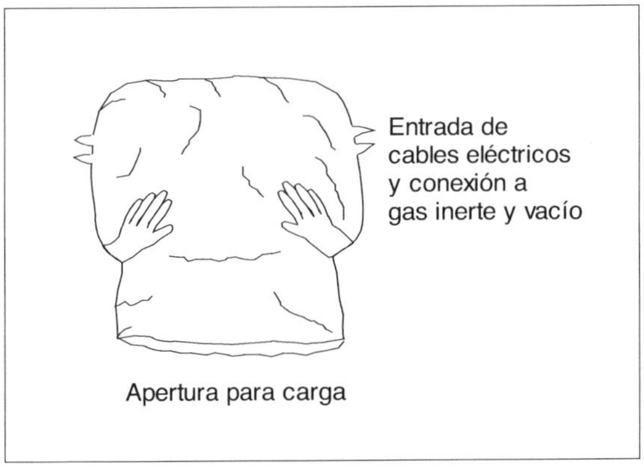

Figura 4.6. Bolsa de plástico Atmosbag®.

La forma más operativa de sustituir el aire interior por gas inerte es conectar la bolsa a una línea de Schlenk. La bolsa lleva incorporada unos guantes, de manera que el contenido del interior puede manipularse desde el exterior, y para utilizarla se deben seguir los siguientes pasos:

1. Introducir en la bolsa el material necesario para llevar a cabo la pesada y la transferencia de reactivo: balanza, recipiente de reactivo, matraz donde se va a pesar la sustancia, embudo de sólidos, séptum y espátula.
2. Cerrar la bolsa y sellarla con cinta adhesiva.
3. Eliminar el aire conectando la bolsa a vacío.
4. Llenar con gas inerte el interior de la bolsa.
5. Repetir las operaciones 3 y 4 dos veces más y dejar el interior de la bolsa a una presión de argón ligeramente superior a la externa.
6. Llevar a cabo la operación de pesada en el interior de la bolsa, actuando desde el exterior con ayuda de los guantes incorporados a la pared de la bolsa. Para pesar, seguir el procedimiento descrito en el Apartado 4.4.1.
7. Una vez finalizada la pesada, cerrar todos los recipientes en el interior de la bolsa bajo presión de argón y, por último, abrir la bolsa y sacar el contenido de su interior.

En versión más sofisticada, cuando el manejo de sólidos sensibles a la humedad se lleva a cabo con mucha frecuencia, en lugar de la bolsa Atmosbag® algunos laboratorios de investigación disponen de una cámara seca con forma de urna sellada que está siempre bajo atmósfera inerte (Figura 4.7). En primer lugar, el material y los reactivos se introducen en una antecámara que se cierra herméticamente para eliminar el aire e introducir gas inerte. Desde el interior de la cámara, utilizando los guantes, se abre la puerta que conecta la cámara con la antecámara y se pasa el material y los reactivos. Después de transferir y pesar el sólido, el material y los reactivos cerrados bajo atmósfera inerte se sacan a la antecámara y la cámara se vuelve a cerrar herméticamente.

El argón es más pesado que el aire, de modo que si un recipiente cerrado con un séptum se pesa en el exterior y, posteriormente, se introduce en una cámara seca donde el aire se sustituye por argón, el recipiente pesará más. Se estima que la diferencia es aproximadamente 0.5 mg por mililitro de volumen del recipiente.

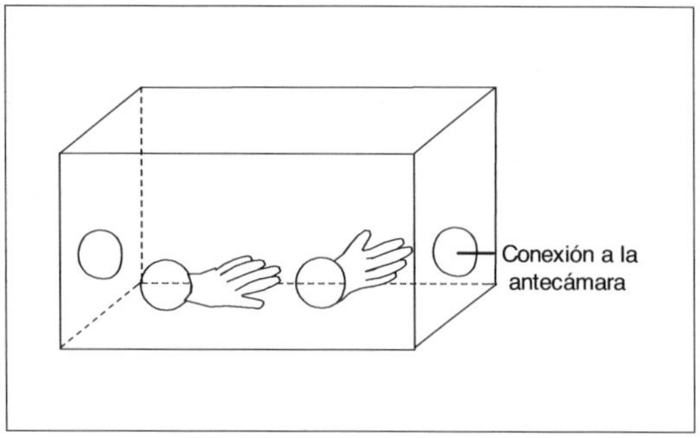

Figura 4.7. Cámara seca.

- *Campana de argón*

En la mayor parte de los casos, los sólidos no son tan inestables como para necesitar una cámara seca, y suele ser suficiente con realizar la pesada bajo una campana de argón (Figura 4.8). A tal efecto puede emplearse un embudo cónico grande (20 cm de diámetro, aproximadamente) conectado por su vástago a una línea de argón. Este sistema reduce el contacto del sólido con el aire, disminuyendo su probabilidad de deterioro.

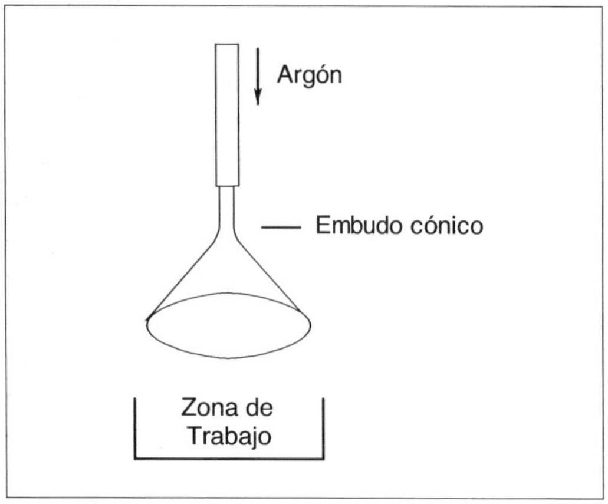

Figura 4.8. Campana de argón.

Para utilizar esta técnica, llevar a cabo el siguiente proceso:

1. Tarar el matraz en el que se va a realizar la pesada, incluyendo el séptum que lo cierra.
2. Colocar tanto el matraz como el recipiente que contiene el reactivo bajo la campana de argón.
3. Destapar ambos recipientes y transferir una cantidad de sólido al matraz. Volver a cerrar rápidamente ambos recipientes.
4. Pesar el matraz tapado.
5. Repetir las operaciones 2-4 hasta alcanzar la cantidad que se necesite.
6. Purgar el recipiente de reactivo y el matraz que contiene el sólido pasando una corriente de argón.

B) Metales alcalinos

Debido a su elevada reactividad con el oxígeno y la humedad ambiental (formación de óxidos e hidróxidos sobre su superficie), los metales alcalinos se presentan en piezas más o menos grandes (cubos, barras, cilindros, etc.) sumergidas en aceite mineral o en un hidrocarburo anhidro (tolueno, xileno o hexano). Antes de pesarlos, es necesario retirar la capa de hidróxido que los recubre e impedir que ésta vuelva a formarse antes de introducirlos en el matraz de reacción. Para minimizar la oxidación, se recomienda pesar los metales directamente en el matraz de reacción.

Los metales alcalinos más utilizados en Química Orgánica son: litio, sodio y potasio. Los tres son inflamables y reaccionan violentamente con el agua. Deben tratarse con extremada precaución y manipularse con pinzas. El litio es el que se maneja con más facilidad, ya que es muy dúctil, y no se oxida instantáneamente. El sodio se corta con relativa facilidad, pero requiere manejo rápido ya que se oxida muy fácilmente. El potasio es el que presenta más riesgo de los tres, ya que reacciona muy rápidamente con el oxígeno y la humedad ambiental, llegando incluso a incendiarse espontáneamente, por lo que se recomienda manejarlo en atmósfera inerte. Es bastante duro y se cubre rápidamente de una capa de hidróxido potásico que es difícil de eliminar.

A modo de ejemplo, se indica el procedimiento a seguir para manejar y pesar sodio:

1. Colocar un papel de filtro sobre una mesa o una vitrina, lejos de cualquier entrada de agua.
2. Poner sobre el papel de filtro el recipiente que contiene el sodio, un vaso de precipitados con pentano anhidro, otro con una pequeña cantidad de hexano y un frasco lavador con etanol o 2-propanol.
3. Tarar en la balanza un posamatraces y un matraz con pentano anhidro tapado con un séptum.
4. Con ayuda de unas pinzas metálicas, coger un trozo de sodio y con un cuchillo o unas tijeras retirar la capa de hidróxido que lo recubre. Esta operación se lleva a cabo sobre el papel de filtro.
5. Introducir la pieza de sodio, desprovista de hidróxido, en el vaso de precipitados con pentano anhidro. De este modo se eliminan las trazas de aceite mineral o hidrocarburos de elevado punto de ebullición, mientras se mantiene el metal fuera del contacto con el aire.
6. Para destruir las virutas (pequeños restos de sodio cubiertos de hidróxido), introducirlas en un vaso de precipitados con un volumen pequeño de hexano y añadir etanol o 2-propanol. La reacción es vigorosa y exotérmica.
7. Quitar el séptum del matraz. Sacar la pieza de sodio del vaso con pentano y cortarla inmediatamente en trozos pequeños con unas tijeras sobre el matraz tarado. El pentano, de bajo punto de ebullición, se evaporará rápidamente. Conviene utilizar un embudo de sólidos, con objeto de evitar la caída del sodio fuera del matraz.
8. Pesar el sodio añadido y repetir la operación anterior hasta alcanzar la cantidad requerida. Devolver el resto de la pieza metálica al recipiente original.
9. Cerrar todos los recipientes y lavar las tijeras, el cuchillo y las pinzas con etanol.
10. Lavar el papel de filtro con etanol para destruir cualquier traza de sodio que haya podido desprenderse accidentalmente.
11. Bajo presión de argón, retirar con una jeringa el pentano que cubre al sodio. Evaporar los restos de pentano que no se hayan retirado con la jeringa conectando el matraz al vacío de una línea de Schlenk o, alternativamente, pasando una corriente de argón.
12. Añadir el disolvente en el que se vaya a realizar la reacción.

C) Suspensiones

Algunos compuestos organometálicos (p. ej., hidruro sódico e hidruro potásico) se presentan en forma de suspensión en un aceite mineral, con objeto de evitar que dichas sustancias entren en contacto con la humedad ambiental. Para tomar la cantidad de reactivo necesaria, hay que tener en cuenta el porcentaje en peso de reactivo en la suspensión. Este dato se encuentra en la etiqueta del reactivo comercial.

El hidruro potásico se inflama espontáneamente en contacto con el aire. Por esta razón se comercializa suspendido en aceite mineral líquido y su trasvase debe hacerse, bajo campana de argón, mediante una pipeta de boca ancha. El hidruro sódico es menos pirofórico y se suele utilizar en dispersión sólida ya que así puede pesarse al aire siempre que la operación se realice rápidamente.

Aunque en algunos casos las suspensiones pueden emplearse como tales, sin retirar el aceite mineral, por lo general es necesario disponer de los reactivos exentos de aceite, y para ello se recomienda el siguiente procedimiento:

1. Tarar el matraz donde se va a realizar la pesada incluyendo el séptum que lo cierra.
2. Con una espátula en el caso del hidruro sódico, o una pipeta de boca ancha en el caso del hidruro potásico, introducir una cantidad de dispersión en el matraz tarado y pesar la cantidad deseada.

3. Tapar el matraz con el séptum y pasar una corriente de argón.
4. Añadir pentano anhidro mediante una jeringa. Agitar bien el conjunto y dejarlo decantar; de este modo el aceite mineral quedará disuelto en pentano.
5. Bajo presión de argón, retirar con una jeringa el líquido sobrenadante y pasarlo a un vaso de precipitados con etanol, con objeto de destruir las trazas de reactivo que inevitablemente se habrán arrastrado.
6. Repetir el lavado del sólido con pentano dos veces más.
7. Conectar el matraz a vacío para evaporar el pentano residual o, alternativamente, pasar una corriente de argón. Se recomienda hacer vacío lentamente o pasar un flujo moderado de argón ya que los sólidos finos pulverulentos de baja densidad pueden ser succionados al hacer vacío o arrastrados por la corriente de gas inerte.
8. Pesar de nuevo el matraz para determinar la cantidad exacta de reactivo transferido.
9. Añadir el disolvente en el que vaya a realizarse la reacción.

4.4.3. Reactivos líquidos insensibles al aire y a la humedad

Se entiende por reactivos líquidos, tanto los compuestos que son líquidos a temperatura ambiente, como las disoluciones de compuestos sólidos o líquidos en disolventes orgánicos. Ambos pueden manejarse midiendo su volumen o su peso.

A) Medida por volumen

En el caso de cantidades pequeñas, los líquidos pueden medirse empleando pipetas graduadas o jeringas. Con ellas se añade el reactivo directamente al matraz de reacción o, en su defecto, a un vial que pueda cerrarse. Estas operaciones deben realizarse siempre en vitrina siguiendo el procedimiento que a continuación se indica:

1. Tomar en la pipeta o jeringa un volumen ligeramente superior al requerido. En el caso de emplear pipetas, utilizar un aspirapipetas o una pera de goma y no succionar nunca con la boca. En el caso de emplear jeringas, utilizar una de un volumen un 30% superior al que se necesita.
2. Trasvasar la cantidad exacta que se requiera.
3. Descartar el exceso de reactivo que queda en la jeringa o en la pipeta.

En el caso de volúmenes mayores deberán emplearse probetas. El contenido del recipiente de reactivo puede trasvasarse directamente a la probeta con ayuda de un embudo cónico, y enrasar al volumen deseado empleando una pipeta Pasteur. Los vasos de precipitados y erlenmeyers no sirven como recipientes para medir.

B) Medida por peso

En el caso de requerir cantidades muy exactas de líquidos, en especial de reactivos que sean líquidos a temperatura ambiente (no es corriente pesar disoluciones), éstos pueden pesarse directamente en un matraz, preferentemente aquel en el que se va a llevar a cabo la reacción o disolución, con objeto de minimizar las posibles pérdidas en las operaciones de trasvase. Se recomienda el siguiente procedimiento:

1. Tarar el matraz vacío en la balanza.
2. Retirar el matraz del plato de la balanza y añadir una cantidad de reactivo con ayuda de una pipeta Pasteur.
3. Volver a poner el matraz en el plato de la balanza y comprobar su peso.
4. Repetir las operaciones 2 y 3 hasta alcanzar el peso requerido.
5. Retirar el matraz y taparlo.

4.4.4. Reactivos líquidos sensibles al aire y a la humedad

Los reactivos líquidos sensibles al aire y a la humedad deberán manejarse siempre bajo atmósfera inerte, en recipientes sellados con un séptum de goma del tamaño adecuado a la boca del matraz.

En general, las operaciones de trasvase se llevan a cabo empleando jeringas, para cantidades inferiores a 50 ml, y cánulas para cantidades mayores.

A) Manejo de reactivos con jeringas y agujas

Se recomienda el uso de jeringas de vidrio. Las jeringas de plástico, aunque pueden utilizarse para medir volúmenes de reactivos inertes al plástico e insensibles a la humedad, no son aptas para el manejo de reactivos que requieran condiciones anhidras, ya que al no poderse introducir en la estufa no se garantiza la exclusión de humedad.

Se deben escoger jeringas de volumen un 30% superior, aproximadamente, a la cantidad de líquido a trasvasar (desde 10 μl a 50 ml). En todos los casos, antes de usar la jeringa, se debe comprobar que el émbolo y el pistón ajustan perfectamente. Se desaconseja utilizar jeringas en las que ambas piezas no sean intercambiables.

Las microjeringas (10-500 μl) requieren una limpieza exhaustiva ya que se atascan con facilidad. Se utilizan para la adición de volúmenes de líquidos muy pequeños. En función del volumen, las más pequeñas llevan la aguja incorporada al pistón, con una guía interna. Para el manejo de reactivos, se recomiendan las que llevan la aguja desmontable con rosca, ya que al ser la aguja hueca y más gruesa no se atasca tan fácilmente. Los émbolos son de metal o teflón.

Las agujas deben ser largas (10-20 cm), para evitar tener que inclinar las botellas de reactivos. Su grosor puede variar desde pequeño (calibre 22), para cantidades menores a 1 ml, a mediano (calibre 20), para cantidades entre 1 y 10 ml, y grueso (calibre 18), para volúmenes superiores. El grosor de la aguja viene indicado en la parte del enganche. Asimismo, se recomienda el uso de agujas de punta biselada, que deterioran menos los séptums de goma.

La unión entre jeringa y aguja debe ser segura, con objeto de poder manejar el conjunto con una sola mano sin riesgo de apertura en el transcurso de una adición. Se recomiendan los cierres de seguridad tipo *Luer* (Figura 4.9). En ellos, la aguja se conecta a la jeringa y se gira un cuarto de vuelta, quedando perfectamente enganchada.

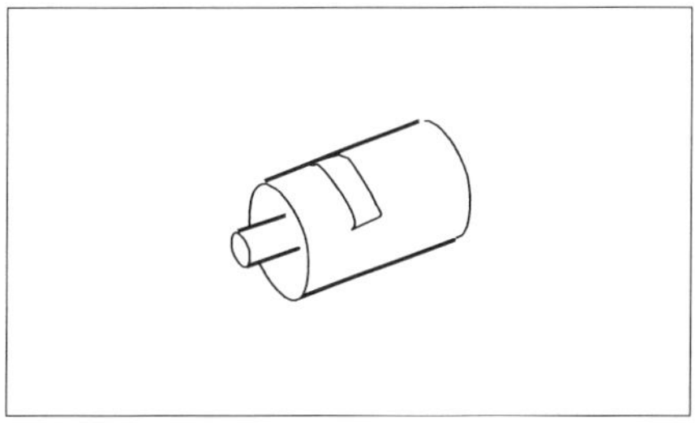

Figura 4.9. Cierre Luer.

Antes de proceder al trasvase, es necesario garantizar que la jeringa y la aguja estén completamente secas. Para ello, una vez limpias, deben introducirse, desmontadas, en una estufa, y dejarse enfriar a continuación en un desecador con cloruro cálcico como desecante. Deberán permanecer en el desecador hasta el momento de su uso. Algunas jeringas pueden perder su graduación debido al calentamiento y enfriamiento. Sólo se recomiendan aquellas que puedan calentarse sin problemas de pérdida de fiabilidad.

A continuación, se detalla el procedimiento a seguir para trasvasar, con una jeringa, un reactivo líquido sensible a la humedad:

1. Asegurar a un soporte, utilizando unas pinzas metálicas o un aro, tanto el recipiente de reactivo (botella comercial o matraz) como el matraz sobre el que se va a realizar el trasvase de líquido.
2. Conectar el recipiente de reactivo a la línea de argón (Figura 4.10). El recipiente tiene que estar a presión positiva de argón, de manera que el volumen de reactivo que se desaloje se sustituya por argón. La presión de entrada de argón debe ser moderada.

3. Purgar el matraz de destino utilizando una línea de Schlenk o pasando una corriente de argón (Figura 4.10).

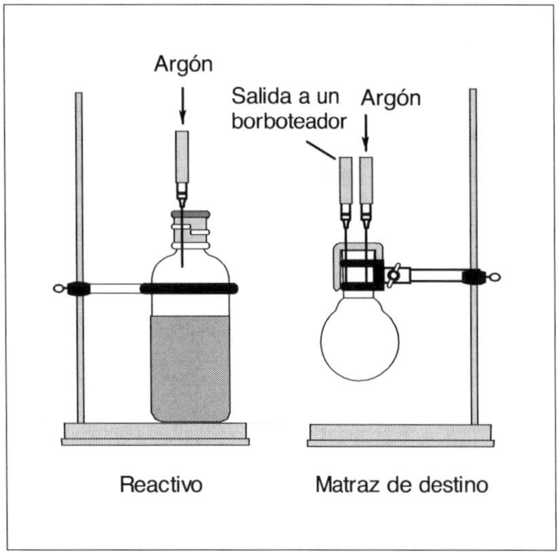

Figura 4.10. Recipientes para el trasvase de un reactivo líquido sensible a la humedad.

4. Sacar la jeringa y la aguja del desecador y ensamblar el conjunto.
5. Purgar la jeringa y la aguja con argón, empleando para ello una toma de gas inerte sellada con un séptum (Figura 4.11). Tomar y expulsar argón 4 o 5 veces, manteniendo la aguja atravesando el séptum y la toma de argón abierta.

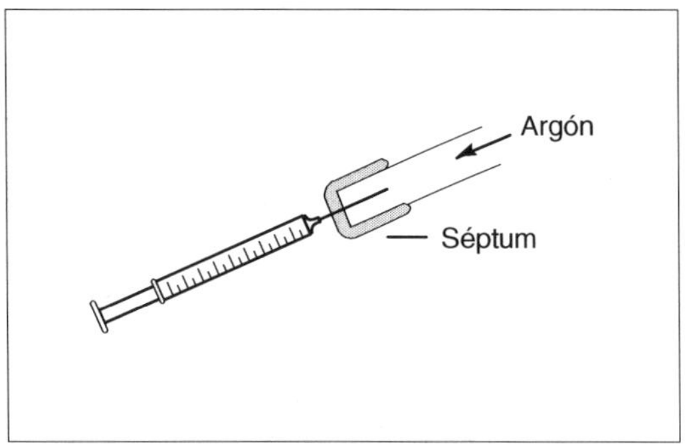

Figura 4.11. Manera de purgar una jeringa con argón.

6. Introducir la jeringa en el recipiente que contiene el reactivo en posición vertical (Figura 4.12.a), y sujetar el émbolo con la mano para evitar que se salga debido a la sobrepresión en el interior del recipiente.
7. Succionar tirando del émbolo lentamente, con la precaución de no llevarlo hasta el final para evitar que se salga del pistón. Tomar una cantidad de reactivo mayor de la que se necesite trasvasar (Figura 4.12.b).
8. Retirar la aguja hasta que quede por encima del líquido, sin sacarla del recipiente (Figura 4.12.c).
9. Curvar la aguja por su parte central (curvarla cerca del cuello provoca su ruptura tras un corto tiempo de uso) poniendo la jeringa en posición vertical e invertida (Figura 4.12.d).
10. Presionar el émbolo para eliminar las burbujas de gas, si las hubiera, y el exceso de reactivo al interior del recipiente (Figura 4.12.e). De cara a facilitar la salida de las burbujas resulta muy útil golpear ligeramente la jeringa con el dedo para acumular las burbujas en la parte superior. Dejar en la jeringa solamente la cantidad de líquido a trasvasar. Hay que advertir que la aguja está totalmente llena de reactivo.
11. Con una mano retirar la aguja del recipiente original mientras con la otra se sujetan simultáneamente el émbolo y el pistón. Introducir rápidamente la aguja en el matraz de destino. Presionar el émbolo hasta el final descargando todo el contenido de la jeringa, pero no de la aguja (Figura 4.12.f). La aguja habrá quedado totalmente llena de reactivo y éste no debe trasvasarse.
12. Retirar la aguja y la jeringa del matraz de destino.
13. Destruir el exceso de reactivo que permanece en la aguja.
14. Desmontar inmediatamente émbolo, pistón y aguja, y lavar el conjunto con acetona. En el caso de reactivos organometálicos básicos (p. ej., alquillitios, hidruros),

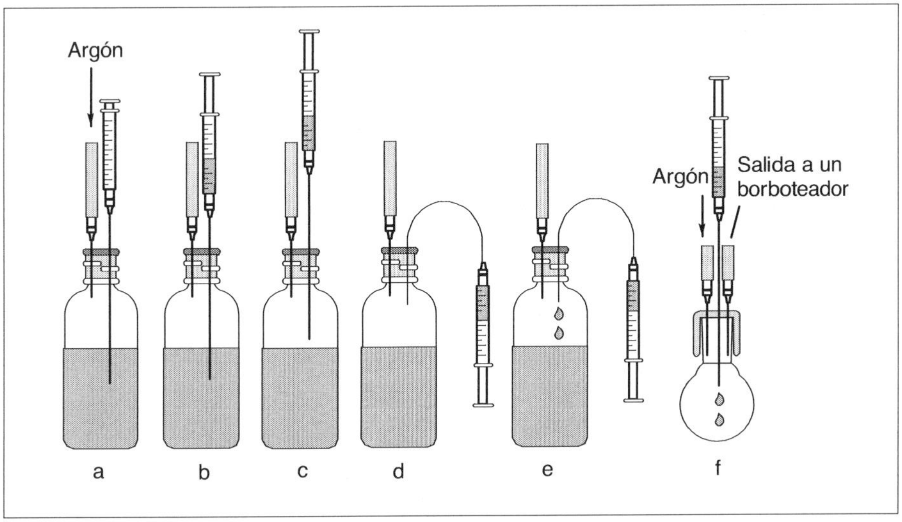

Figura 4.12. Trasvase de un reactivo líquido sensible a la humedad utilizando una jeringa.

debe lavarse con disolución de ácido clorhídrico al 5%, agua y acetona. En el caso de reactivos organometálicos ácidos (p. ej., determinados ácidos de Lewis), debe lavarse con disolución de hidróxido sódico al 5%, agua y acetona. La hidrólisis de algunos compuestos genera sales que atascan las agujas y bloquean el émbolo y el pistón de la jeringa. Si esto sucede, se recomienda emplear un baño de ultrasonidos para desatascarlos, sumergiendo secuencialmente las piezas atascadas en ácido clorhídrico al 10%, agua, hidróxido sódico al 5%, agua, acetona, metanol y diclorometano.

Con frecuencia se preparan en un matraz disoluciones que deben transferirse *en su totalidad* a un segundo matraz. En estas ocasiones, es necesario descargar *también* el volumen que queda retenido en la aguja, contrariamente a lo señalado en el punto 11. Para ello, una vez vaciada la jeringa en el matraz de destino, se vuelve a tirar del émbolo para que la jeringa se llene con el gas contenido en el interior del matraz, de modo que, al vaciarlo de nuevo, el gas empuje al líquido de la aguja y el trasvase sea total. Esta operación se repite 2-3 veces.

B) Manejo de reactivos con cánulas

El trasvase de volúmenes superiores a 50 ml se lleva a cabo mediante cánulas (agujas de doble punta), empleando una probeta purgada con argón para medir el volumen de reactivo requerido. Para ello, se puede seguir el procedimiento que se detalla a continuación:

1. Conectar el recipiente de reactivo a la línea de argón (Figura 4.13).
2. Purgar la probeta y el matraz de destino pasando una corriente de argón (Figura 4.13).
3. Quitar la entrada de argón de la probeta. Para que exista trasvase de líquido, la presión en el recipiente de reactivo debe ser mayor que en el recipiente de destino. Por ello, el recipiente de reactivo tiene que estar conectado a una toma de argón presurizada sin salida, mientras que el recipiente de destino tiene que estar conectado a un borboteador de salida.
4. Introducir el extremo A de la cánula en el recipiente que contiene el reactivo sin llegar al líquido. Al estar conectado a una toma de argón, éste fluirá por la cánula

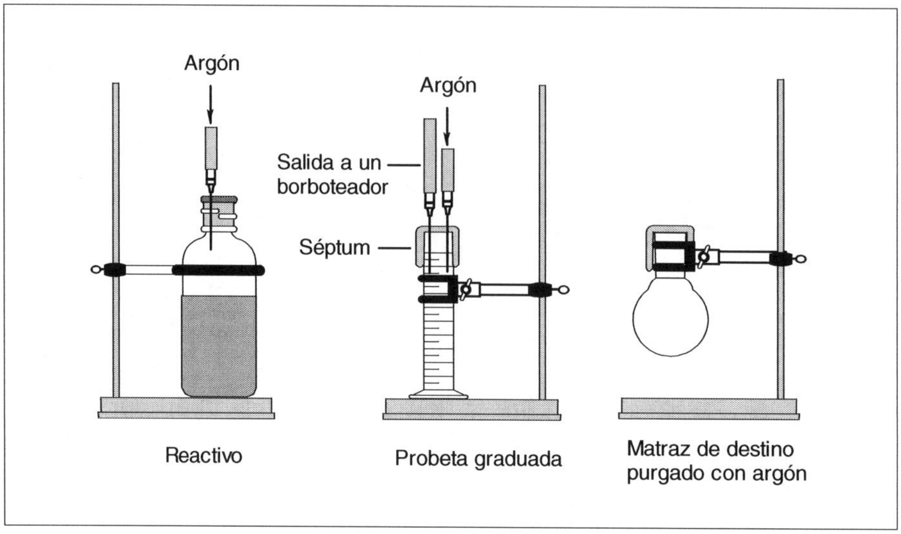

Figura 4.13. Recipientes para el trasvase con cánula de un volumen exacto de un reactivo líquido sensible a la humedad.

saliendo por su extremo libre B, sin correr el riesgo de entrada de aire (Figura 4.14.a).

5. Introducir el extremo B de la cánula en la probeta (Figura 4.14.b).
6. Sumergir el extremo A de la cánula en el líquido a transferir. Por diferencia de presiones, el líquido comenzará a fluir desde el recipiente que lo contiene a la probeta (Figura 4.14.c). La velocidad de flujo de líquido está controlada por la presión de la línea de argón.
7. Una vez alcanzado un volumen ligeramente inferior al requerido, disminuir la presión de gas con objeto de que la transferencia se produzca gota a gota, y enrasar al volumen deseado.
8. Subir el extremo A de la cánula por encima del líquido, sin sacarlo del recipiente, permitiendo que salgan de la cánula las últimas gotas de reactivo contenidas en su interior. Retirar el borboteador de la probeta (Figura 4.14.d).
9 Retirar la entrada de argón del recipiente original de reactivo y conectarla a la probeta.
10. Retirar el extremo A de la cánula de la botella original de reactivo e introducirlo en el matraz de destino (Figura 4.14.e).
11. Colocar el borboteador de salida en el matraz de destino, y sumergir el extremo B de la cánula hasta el fondo de la probeta. La totalidad del contenido de ésta se transferirá al matraz (Figura 4.14.f).
12. Retirar el borboteador y el extremo A de la cánula del matraz de destino.
13. Retirar el extremo B de la cánula de la probeta.
14. Limpiar la cánula como si se tratara de una aguja.

El trasvase de líquidos con cánula se utiliza frecuentemente en reacciones en las que hay que trasvasar, bajo atmósfera inerte, un reactivo disuelto, desde el matraz donde ha sido preparado, al matraz de reacción que contiene al resto de los reactivos.

4.4.5. Reactivos gaseosos

Los reactivos gaseosos pueden prepararse en el laboratorio, y manejarse a partir del montaje

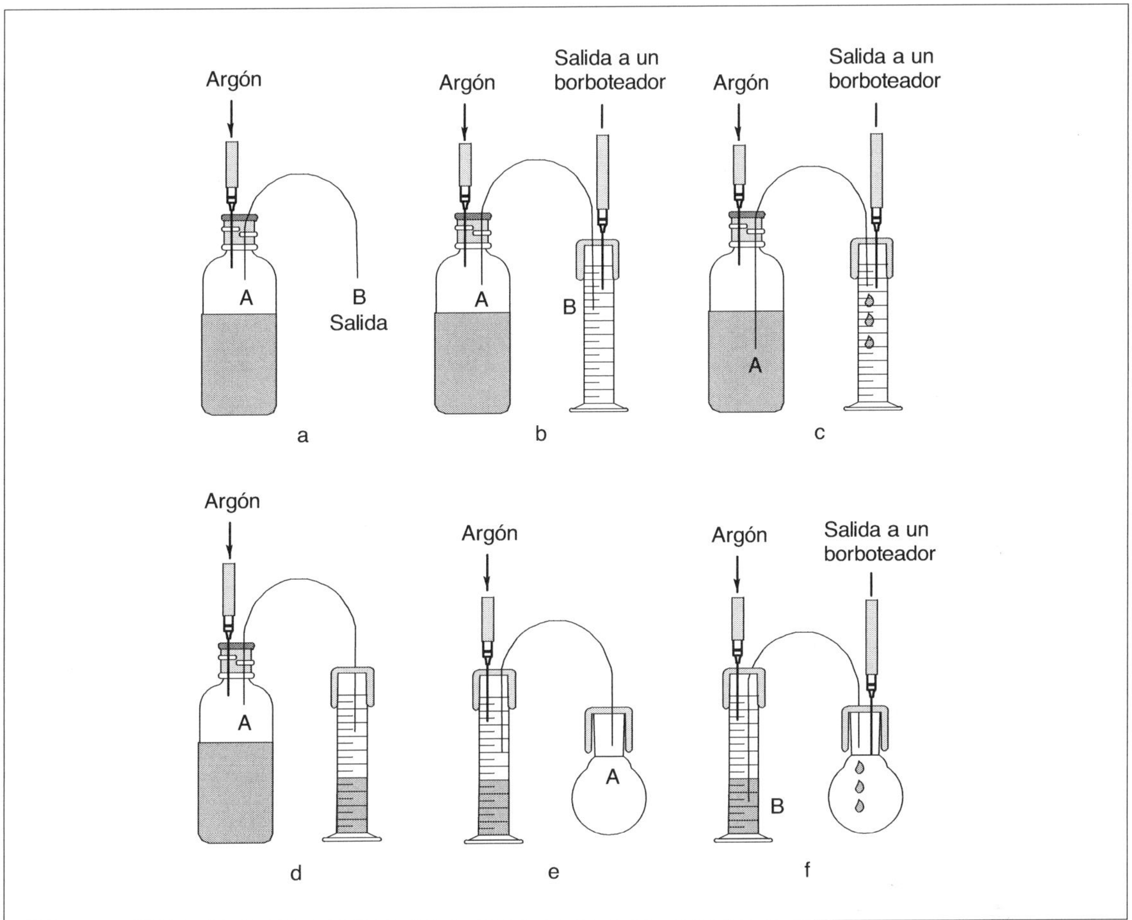

Figura 4.14. Trasvase de un volumen exacto de un reactivo líquido sensible a la humedad utilizando una cánula.

donde se generan, o bien obtenerse de las balas en las que se envasan, en el caso de gases comerciales. En este último caso, será necesario tomar precauciones especiales debido a la elevada presión del gas en la bala, y utilizar un manorreductor para controlar tanto la presión, como el flujo de salida (Apartado 2.3.7).

Todas las manipulaciones que supongan el empleo de gases tóxicos deben llevarse a cabo en vitrina, y será necesario tomar precauciones especiales para eliminar el exceso de gas, si lo hubiera.

La conducción de los gases, desde el montaje donde se generan o la bala comercial al matraz de reacción, debe llevarse a cabo con tubos de goma o plástico, en función de la naturaleza del gas. En algunos casos es necesario el empleo de tubos de vidrio. En el Cuadro 4.2 se especifican los tipos de material más utilizados en los tubos de conducción de gases. Para cada gas se debe emplear el tipo de conducción indicada por el fabricante.

A) Generación de gases

La generación de los gases empleados con más frecuencia se lleva a cabo mediante reacción de dos compuestos líquidos, un líquido y un sólido, o sus disoluciones (Cuadro 4.3). En esta reacción, que debe ser sencilla y rápida, se libera el gas correspondiente, que se borbotea en el matraz de reacción.

CUADRO 4.2. Conducciones para gases.

Material	Observaciones
PVC	Flexible y de baja permeabilidad. Baja resistencia a vapores orgánicos y gases ácidos.
Polietileno y polipropileno	Buena resistencia a vapores orgánicos y gases ácidos. No son aptos para el manejo de halógenos.
Teflón	Excelente resistencia química. Poca flexibilidad.
Goma natural	Permeable a los gases y de baja resistencia química. No se recomienda para el manejo de gases.
Neopreno	Resistencia moderada a vapores orgánicos y gases ácidos.

CUADRO 4.3. Generación de algunos de los gases de uso más frecuente.

Gas	Preparación, observaciones y eliminación
Acetileno (C_2H_2)	*Preparación:* adición de agua sobre carburo cálcico. Pasarlo por un tubo con tamiz molecular para secarlo. *Observaciones:* puede explotar espontáneamente, en especial cuando se encuentra a elevada presión. Enfriar el matraz generador y añadir agua muy lentamente. *Eliminación:* a través del tiro de la vitrina.
Dióxido de carbono (CO_2)	*Preparación:* a) evaporación de dióxido de carbono sólido; b) adición de ácido clorhídrico diluido sobre carbonato cálcico. *Observaciones:* pasarlo por un tubo con tamiz molecular para secarlo. *Eliminación:* no es tóxico.
Monóxido de carbono (CO)	*Preparación:* adición de ácido fórmico anhidro sobre ácido sulfúrico concentrado a 90-100 °C. 1 ml de ácido fórmico genera 26.6 mmol de gas. *Observaciones:* muy tóxico. Eliminar el CO_2 y SO_2 que lo acompañan pasándolo por un tubo con perlas de hidróxido potásico. *Eliminación:* a través del tiro de la vitrina. Garantizar previamente su correcto funcionamiento.
Cloro (Cl_2)	*Preparación:* adición de ácido clorhídrico concentrado sobre permanganato potásico (6.2 ml de ácido por gramo de $KMnO_4$) o dióxido de manganeso, con agitación. *Observaciones:* tóxico. Puede almacenarse en disolución de tetracloruro de carbono. *Eliminación:* disolver en agua.
Bromuro de hidrógeno (HBr)	Preparación: adición lenta de bromo sobre tetralina, con agitación. *Observaciones:* corrosivo y tóxico. Absorber los vapores de bromo que lo acompañan pasándolo por una trampa con tetralina. *Eliminación:* disolver en agua.
Cloruro de hidrógeno (HCl)	Preparación: a) adición de ácido sulfúrico concentrado sobre cloruro sódico, cloruro cálcico o cloruro amónico anhidro; b) adición de ácido sulfúrico concentrado sobre ácido clorhídrico concentrado. *Observaciones:* corrosivo y tóxico. Pasarlo por un tubo con tamiz molecular para secarlo. *Eliminación:* disolver en agua.

Para la generación del gas, se utiliza un montaje formado por un embudo de adición de presión compensada y un matraz de dos bocas (Figura 4.15). El contenido del embudo de adición se añade lentamente, y variando el grado de apertura de la llave se regula la velocidad de generación del gas y, por tanto, la presión del sistema. Una vez generado, se procede al secado del gas pasándolo por un tubo con el desecante adecuado. A continuación se conecta una trampa de seguridad para que, en caso de pérdida de presión, el contenido del matraz de reacción se succione hacia la trampa vacía, de donde podría recuperarse sin contaminar. El gas borbotea en el matraz de reacción y el exceso pasa por un borboteador de aceite mineral y se elimina por una salida dirigida al interior de la vitrina.

El procedimiento que se recomienda para generar un gas se indica a continuación:

1. Escoger un matraz de dos bocas y sujetarlo a un soporte metálico mediante una pinza.
2. Introducir en el matraz el reactivo sólido, o, en su caso, líquido o en disolución.
3. Colocar un embudo de adición de presión compensada en la boca central del matraz.
4. Introducir en el embudo de adición el segundo reactivo, líquido o en disolución, y taparlo.
5. Realizar todas las conexiones con tubuladura adecuada al gas (Cuadro 4.2).
6. Colocar un macho guía en la boca lateral del matraz y a continuación conectar un tubo con el agente desecante apropiado.
7. Intercalar una trampa de seguridad entre el tubo con desecante y el matraz de reacción. La trampa debe disponerse con el tubo interior hacia el matraz de reacción. De este modo, la succión llevaría el contenido del matraz al fondo de la trampa, pero no podría pasar al resto de la línea, a no ser que la trampa se llenara completamente.
8. Conectar el tubo interior de la trampa al tubo de entrada de gas al matraz, que debe llegar casi hasta el fondo, pero sin tocarlo.
9. En la segunda boca del matraz, adaptar una salida a un borboteador de aceite mineral para observar el flujo del gas que no ha reaccionado. Si la reacción precisa refrigerante, el borboteador se conecta por la parte de arriba del refrigerante. Si

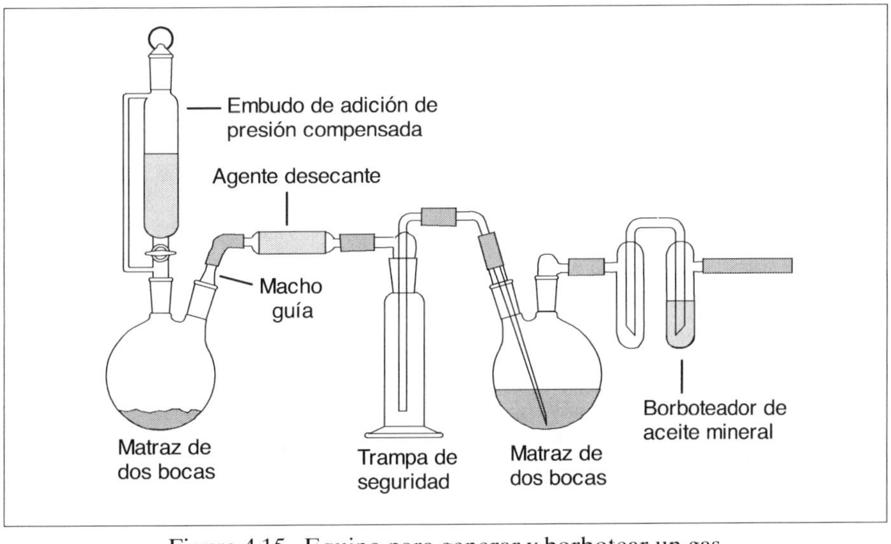

Figura 4.15. Equipo para generar y borbotear un gas.

se precisa embudo de adición (necesariamente de presión compensada), el matraz deberá ser de tres bocas.

10. Conectar a la salida del borboteador un tubo dirigido al desagüe o al interior de la vitrina. Con determinados gases, entre el borboteador y el tubo de salida del gas, se conecta una trampa de seguridad vacía y otra con la disolución adecuada para recoger el exceso de gas. En la Figura 4.16 se observa la disposición adecuada de ambas trampas, que deben conectarse por el tubo interior. De esta forma el gas burbujea en la disolución sin peligro de succión de ésta hacia el matraz de reacción, en caso de pérdida de presión.

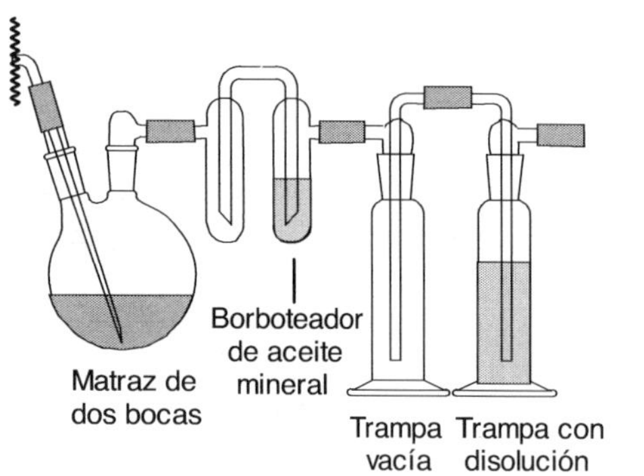

Figura 4.16. Sistema de trampas para recoger un gas con una disolución.

B) Gases comerciales

Cuando el gas que se requiere en una reacción es tóxico, irritante, peligroso o difícil de preparar, en lugar de generarlo se prefiere adquirirlo embotellado en un cilindro metálico *(bala)*. Para el manejo de balas de gases consultar el Apartado 2.3.7.

De acuerdo a sus propiedades, se establece una clasificación de los gases comerciales en diferentes categorías, que pueden identificarse por el color del cuerpo de la bala (Cuadro 4.4).

CUADRO 4.4. Clasificación de los gases comerciales según sus propiedades y modo de identificación.

Tipo de gas	Color de la bala
Combustible	Rojo
Oxidante	Negro
Inerte	Negro
Corrosivo	Amarillo
Tóxico	Verde

La mayoría de los gases son tóxicos, corrosivos o inflamables (Cuadro 4.5). Aunque algunos gases no sean tóxicos, pueden provocar asfixia por desplazamiento del aire en un recinto cerrado.

A la hora de utilizar un gas embotellado para una reacción, puede emplearse un montaje similar al indicado en la Figura 4.15, sustituyendo el sistema generador de gas por la bala comercial. Sin embargo, se

CUADRO 4.5. Peligrosidad de los gases más utilizados.

Gases	Tóxico	Inflamable	Corrosivo	Inerte
Acetileno, butano, etileno, hidrógeno, metano, propileno	NO	SÍ	NO	NO
Amoniaco	SÍ	SÍ	SÍ	NO
Argón, helio, kriptón, neón, nitrógeno, xenón	NO	NO	NO	SÍ
Arsina, diclorosilano, fosfina, óxido de carbono, óxido de etileno, silano, sulfuro de hidrógeno	SÍ	SÍ	NO	NO
Bromuro de hidrógeno, cloruro de hidrógeno, cloro, dióxido de azufre, flúor, tricloruro de boro	SÍ	NO	SÍ	NO
Dióxido de carbono, oxígeno	NO	NO	NO	NO

recomienda intercalar un borboteador de mercurio, con objeto de detectar si hay sobrepresión en el montaje, y una llave de tres vías (Figura 4.17).

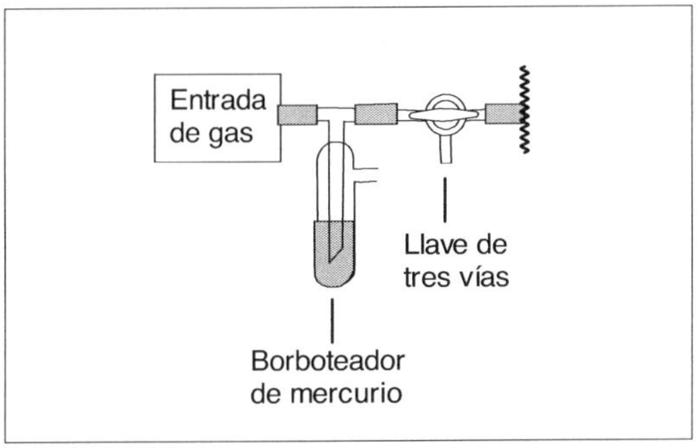

Figura 4.17. Montaje adicional para el manejo de gases comerciales.

Para introducir el gas en la línea:

1. Colocar la llave de tres vías en la posición que une la entrada de gas con el resto del sistema (Figura 4.18).

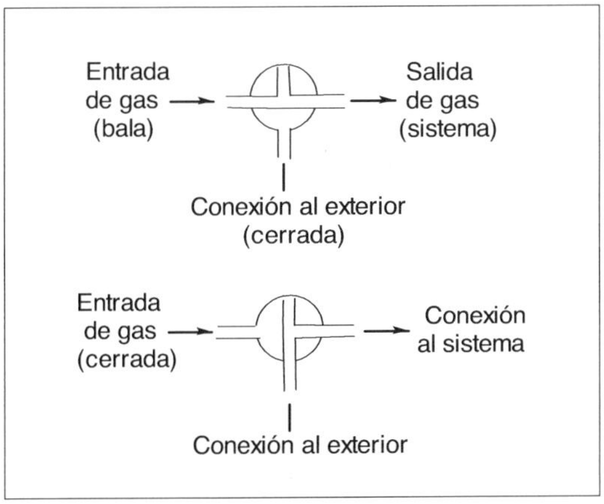

Figura 4.18. Posiciones de la llave de tres vías.

2. Abrir la llave de la bala, la válvula de presión y la llave de aguja del manorreductor, según se describe en el Apartado 2.3.7.
3. Regular el flujo de gas observando el borboteo del aceite mineral. Si existe sobrepresión, se observará borbotear el mercurio. Si esto ocurre, disminuir el flujo de gas.
4. Para desconectar el gas, poner la llave de tres vías en la posición que conecta el montaje con el exterior (Figura 4.18). De esta manera se igualarán las presiones sin producirse succión.
5. Cerrar la llave de aguja, la válvula de presión y la llave de la bala.
6. Si en algún momento se produjera succión, colocar la llave de tres vías conectando el montaje con el exterior.

C) Medida de gases

Los gases pueden medirse por volumen. Sin embargo, para la mayor parte de las reacciones, no es necesaria una medida exacta de la cantidad de gas introducido, y se borbotea un exceso de gas sobre la disolución que contiene el resto de los reactivos.

En aquellas reacciones en las que sea necesario añadir una cantidad precisa de gas, el método de medida utilizado con más frecuencia requiere el uso de una jeringa para gases.

• *Jeringas para gases*

Las jeringas para gases (jeringas *gas-tight)* están formadas por un pistón de vidrio acabado en un cierre Luer con llave (Figura 4.19). El émbolo puede ser de metal, recubierto de teflón en su extremo superior, o totalmente de teflón. El émbolo encaja perfectamente en el pistón, impidiendo el escape del gas por su junta.

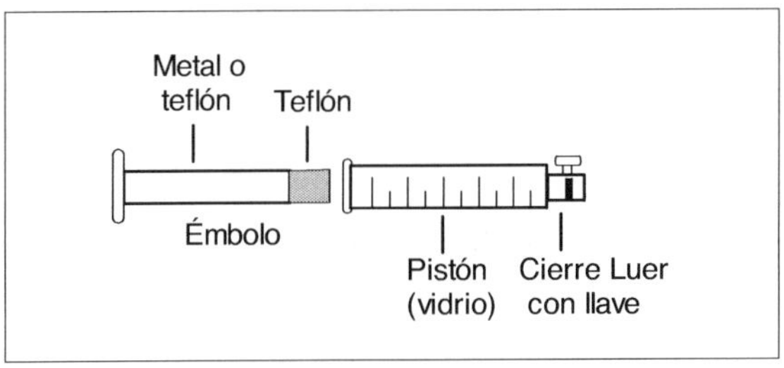

Figura 4.19. Jeringa para gases.

Para medir un gas con una jeringa *gas-tight*, llevar a cabo el siguiente procedimiento en una vitrina:

1. Ensamblar la jeringa y adaptar la aguja al cierre Luer, dejando la llave abierta.
2. Introducir la aguja en el recipiente que contiene el gas, el cual estará cerrado con un séptum de goma. El gas tambien puede tomarse directamente de una conducción de plástico, cerrándola previamente con un séptum (Figura 4.20).

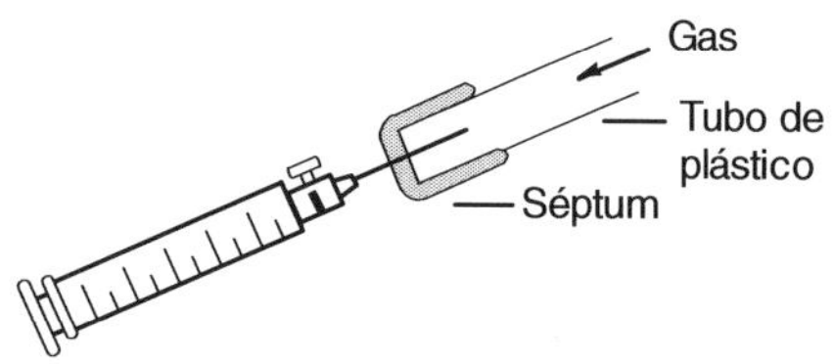

Figura 4.20. Llenado de una jeringa para gases.

3. Retraer el émbolo lentamente hasta el final del pistón.
4. Retirar el conjunto del séptum y vaciar la jeringa en el interior de la vitrina para eliminar el gas.
5. Repetir las operaciones 2-4 dos veces más.
6. Volver a llenar la jeringa con gas, tomando un exceso respecto de la cantidad que se requiere.
7. Sin sacar la aguja del recipiente que contiene el gas, vaciarla hasta ajustar el volumen que se necesite. En este momento, cerrar la llave del cierre Luer.
8. Retirar la aguja de la fuente de gas.
9. Introducir la aguja en el matraz de reacción cerrado con un séptum.
10. Abrir la llave del cierre Luer y descargar lentamente el contenido de la jeringa.

- *Disoluciones*

Muchos gases son solubles en disolventes orgánicos. En este caso, puede borbotearse el gas en el disolvente y posteriormente valorar la disolución obtenida. Por ejemplo, la concentración de disoluciones de HCl y HBr en varios disolventes orgánicos puede conocerse mediante una valoración ácido-base, y la concentración de cloro en una disolución de tetracloruro de carbono puede determinarse añadiendo un exceso (cantidad exactamente conocida) de yoduro potásico y valorando el remanente con una disolución de tiosulfato sódico de concentración conocida.

Una vez que se conoce la concentración de la disolución, puede añadirse a la reacción el volumen de la misma que contenga la cantidad de gas requerida.

Bibliografía

Fieser, L. F. y Fieser, M.: *Reagents for Organic Synthesis,* Wiley, New York, 17 volúmenes, 1967-1994.

Kramer, G. W.; Levy, A. B.; Midland, M. M. y Brown, H. C.: *Organic Synthesis via Boranes,* Capítulo 9, Wiley, New York, 1975.

Perrin, D. D. y Armarego, W. L. F.: *Purification of Laboratory Chemicals,* Pergamon Press, Oxford, 5.ª edición, 2003.

Shriver, D. F. y Drezdzon, M. A.: *The Manipulation of Air-Sensitive Compounds,* Wiley and Sons, New York, 2.ª edición, 1986.

5

REACCIONES

5.1. Consideraciones generales

Las reacciones generalmente se llevan a cabo en disolución, empleando como reactor un matraz de fondo redondo de una, dos o tres bocas. Se debe elegir un matraz de tamaño adecuado al volumen final de la reacción una vez que se hayan añadido los reactivos y el disolvente, teniendo en cuenta además que muchas reacciones requieren la adición de una disolución acuosa (neutra, ácida o básica) una vez que han finalizado. El matraz nunca debe llenarse más de la mitad de su capacidad.

La primera parte del proceso consiste en la adición de los reactivos y su mezcla en un medio homogéneo e inerte en el que la reacción transcurra de manera controlada.

Las reacciones que son demasiado lentas o no progresan a temperatura ambiente requieren calefacción, mientras que las que son demasiado rápidas o poco selectivas, se realizan a baja temperatura. En cualquier caso, hay que buscar las condiciones que minimicen la formación de productos secundarios.

Las condiciones experimentales dependerán de la sensibilidad de los reactivos a la humedad. Hay reacciones que, aunque no requieren atmósfera inerte, se protegen de la humedad ambiental utilizando un agente desecante, generalmente cloruro cálcico escoriforme. El desecante se introduce en un tubo con boca esmerilada, y se sujeta entre algodón (Figura 5.1). En reacciones a reflujo, por ejemplo, la humedad atmosférica tiende a condensarse en el interior del refrigerante frío. Para evitar que esto suceda, se coloca sobre el refrigerante un tubo de cloruro cálcico que actúa a modo de protección. Al mismo tiempo, al no ser un sistema cerrado, permite equilibrar la sobrepresión que pudiera generarse al calentar.

El tiempo de vida del desecante depende de la humedad relativa y de si en la reacción se desprenden vapores que lo hidraten o contaminen. Cuando se observa que el desecante está hidratado (generalmente se apelmaza) hay que reemplazarlo.

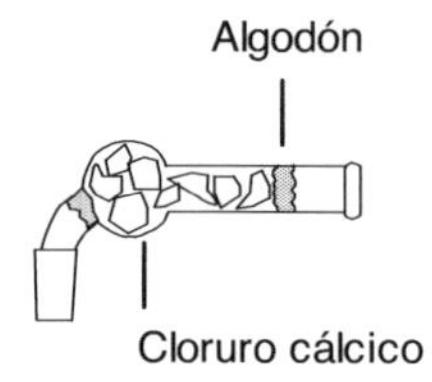

Figura 5.1. Tubo de cloruro cálcico.

5.1.1. Agitación

La mezcla de reacción debe agitarse desde el principio, para disolver los reactivos, hasta el final del proceso, con objeto de garantizar la máxima homogeneidad posible. Para ello pueden emplearse dos procedimientos diferentes:

A) Agitador magnético

El agitador magnético consiste en una barra de metal imantado recubierta de teflón, material inerte que evita la contaminación de la mezcla de reacción. Para que la agitación tenga lugar, el agitador se introduce en el matraz, y éste se coloca centrado sobre una placa de agitación (Figura 5.2).

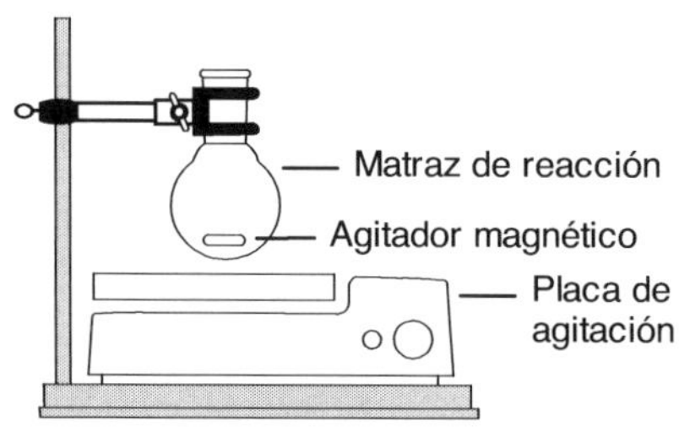

Figura 5.2. Agitación magnética.

La placa de agitación está constituida por un motor giratorio, con velocidad de giro regulable, acoplado a un imán que provoca el giro del agitador magnético situado en el matraz. La velocidad de giro del motor debe graduarse para que el agitador gire de manera continua y uniforme. Si la velocidad fuera excesiva, el agitador podría comenzar a girar de manera incontrolada, golpeando bruscamente el matraz. Las placas más utilizadas son las que combinan agitación y calefacción, ya que permiten realizar ambas funciones simultáneamente.

El tamaño del agitador magnético debe adecuarse al tamaño del matraz y al volumen que se pretende agitar. En el caso de mezclas de reacción muy viscosas el agitador debe ser grande, ya que si el imán no puede seguir la velocidad de giro impuesta por el motor, acaba parándose.

Finalizada la reacción, el matraz se separa de la placa de agitación y el agitador magnético se retira con ayuda de una varilla de teflón que lleva dentro otro imán. Ambos imanes se lavan en el interior del matraz con el mismo disolvente que se ha utilizado en la reacción, a fin de minimizar las pérdidas de producto.

Este tipo de agitación es adecuado para reacciones a pequeña y mediana escala, perdiendo su efectividad con volúmenes grandes (generalmente superiores a 1 litro) o mezclas altamente viscosas.

B) Agitador mecánico

Consiste en un motor giratorio unido a unas aspas mediante una varilla maciza, de vidrio o teflón, que se adapta a la boca del matraz mediante un cierre esmerilado (Figura 5.3). El motor lleva incorporado una pinza por la que se sujeta a un soporte metálico. Las aspas se introducen dentro del matraz, se ajusta el cierre añadiendo un lubricante para evitar la fricción, y se introduce el extremo libre de la varilla en el eje de rotación del motor.

Es necesario tener la precaución de que las aspas no toquen el fondo del matraz, graduando convenientemente la altura de sujeción del motor al soporte. Con objeto de evitar fricción entre la varilla y el cierre, hay que ajustar muy bien la colocación del motor, de manera que la varilla pueda girar libremente en el eje del cierre sin tocar sus paredes.

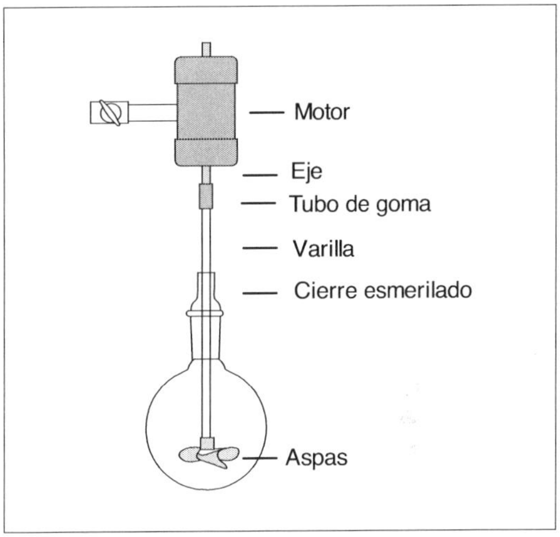

Figura 5.3. Agitador mecánico.

Este sistema solamente se utiliza para la agitación de grandes volúmenes de reacción o de medios muy viscosos.

5.1.2. Adición de reactivos

De manera general, a la hora de llevar a cabo una reacción, el método que más se aplica consiste en introducir en el matraz uno de los reactivos, disolverlo y a continuación añadir el resto de los reactivos. En muchos casos hay que seguir un orden concreto en la adición de los reactivos, pero nunca deben añadirse uno sobre otro sin la presencia de un disolvente que homogeneice la mezcla, excepto cuando uno de ellos actúe a su vez como disolvente.

Se recomienda introducir en el matraz el primero de los reactivos pesándolo o midiendo su volumen (Apartado 4.4), añadir el volumen de disolvente necesario y poner en marcha el agitador magnético hasta conseguir la disolución del reactivo o una fina suspensión en el caso de sólidos insolubles. A continuación se añaden los reactivos restantes:

Cuando se utilizan reactivos sólidos y la reacción no requiere atmósfera inerte, se recomienda transferirlos en pequeñas porciones con ayuda de una espátula y un embudo de sólidos, a fin de evitar pérdidas de producto y de no manchar la boca esmerilada del matraz. Entre cada adición deberá esperarse a la disolución del sólido o a su dispersión en el medio si se trata de compuestos insolubles. Si la reacción requiere atmósfera inerte, generalmente se disuelve el sólido, bajo argón, en el mismo disolvente y la disolución se introduce con jeringa. En este caso, hay que considerar esa cantidad de disolvente en el volumen total de disolvente utilizado. Otra posibilidad es quitar momentáneamente uno de los séptums del matraz y añadir rápidamente el sólido mientras se pasa una corriente intensa de argón para minimizar la entrada de aire del exterior.

En el caso de reactivos líquidos o disoluciones, se recomienda su adición gota a gota. Para volúmenes pequeños, la adición puede hacerse utilizando pipetas (reacciones insensibles a la humedad) o jeringas (reacciones sensibles o insensibles a la humedad). En caso de que se necesite añadir gota a gota un volumen grande de líquido, se utiliza un embudo de adición que se coloca en una de las bocas del matraz. Con objeto de que el líquido se transfiera al matraz, es necesario que las presiones en el interior del mismo y en el embudo sean iguales. Para conseguir este efecto, pueden emplearse dos tipos diferentes de embudos, y la elección de uno u otro dependerá de la reacción que se lleve a cabo:

a) En reacciones que no requieren atmósfera inerte, para que la presión en el interior del embudo no disminuya a medida que se realiza la adición, éste no deberá cerrarse a no ser que se utilice un tapón acanalado, de manera que el sistema quede en contacto con el exterior al hacer coincidir el canal con el orificio de la boca del embudo (Figura 5.4). Alternativamente puede taparse con un tubo de cloruro cálcico, sobre todo en el caso de reactivos ligeramente sensibles a la humedad.

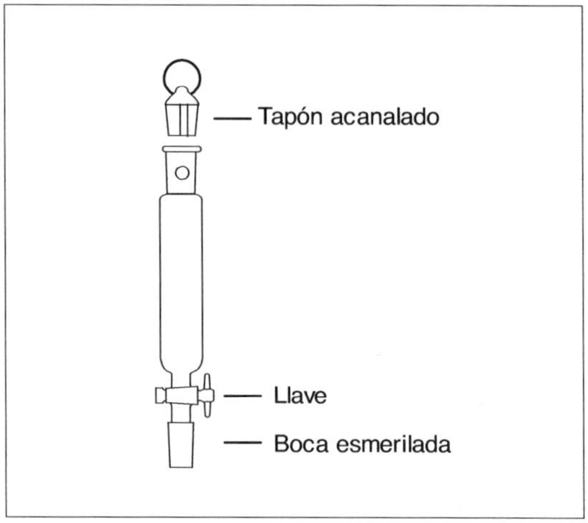

Figura 5.4. Embudo de adición.

b) En reacciones que requieren atmósfera inerte, es necesario cerrar el embudo herméticamente con un séptum. En este caso se emplean *embudos de adición de presión compensada,* en los que la tubuladura lateral permite que las presiones a ambos lados de la llave se igualen (Figura 5.5).

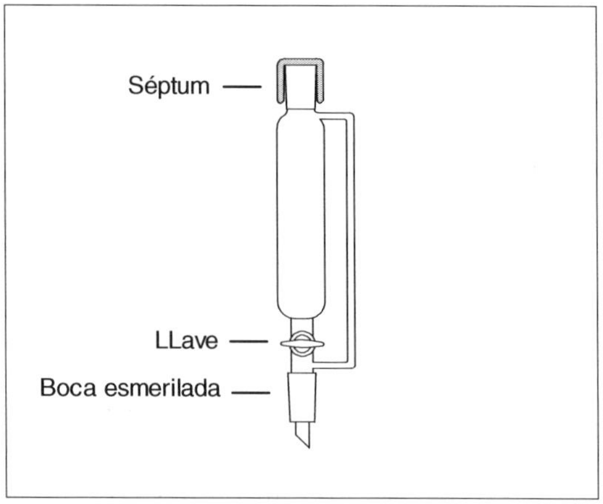

Figura 5.5. Embudo de adición de presión compensada.

5.1.3. Calefacción

En el caso de que la reacción requiera calefacción, se utiliza una placa de agitación-calefacción. Un proceso de calefacción requiere siempre agitación para evitar que el líquido hierva a saltos formando grandes burbujas de vapor en su superficie. Cuando no sea posible utilizar agitación magnética, se introducen en el matraz un par de trozos pequeños de porcelana porosa. El aire ocluido en los poros de la porcelana se desprende al calentar en forma de burbujas, proporcionando una ebullición controlada.

Para que el calentamiento del matraz sea eficaz y uniforme, se introduce hasta la mitad en un baño que transfiere el calor desde la placa (Figura 5.6). Para calentar por debajo de 100 °C, se puede emplear un baño de agua, aunque debido a la elevada humedad que genera en torno a la reacción, no se recomienda si se requieren condiciones anhidras. Para temperaturas superiores, se emplean baños de aceite mineral o de grafito, en recipientes de vidrio, cerámica o aluminio. En general, los baños de aceite mineral se pueden utilizar para calentar hasta 200 °C, aunque hay algunos tipos de aceite de silicona que resisten temperaturas superiores. Los baños de grafito son muy eficaces, pero dan lugar a un calentamiento menos uniforme que los de silicona ya que, al ser el grafito un conductor moderado, genera un gradiente térmico significativo entre el fondo del baño y la superficie.

También se pueden emplear mantas de calefacción, aunque esto dificulta la posibilidad de emplear agitación magnética y en ese caso es necesario introducir en el matraz un par de trozos pequeños de porcelana porosa. La agitación provocada por la ebullición del disolvente suele ser suficiente para garantizar la homogeneidad de la mezcla de reacción. El inconveniente que presentan las mantas es que dificultan el control de la temperatura de la reacción, ya que se suprime el baño externo y la calefacción es directa.

La temperatura de la reacción se debe controlar introduciendo un termómetro en el baño (Figura 5.6) y no guiándose por el regulador de temperatura de la placa. La diferencia entre la temperatura del baño y la interior del matraz suele ser de unos 10 °C. Cuando la reacción se vaya a calentar durante un período largo de tiempo o fuera de las horas de trabajo, se recomienda adaptar a la placa un *termómetro de contacto,* con objeto de mantener la temperatura constante y minimizar el riesgo de un aumento accidental de la misma por pérdida de control del termostato de la placa. El termómetro de contacto se compone de un sensor, un regulador de temperatura y un cable que lo conecta a la placa. El sensor se introduce en el baño, se selecciona con el regulador la temperatura deseada y se conecta el cable al termostato de la placa calefactora. Cuando la temperatura del baño, medida con el sensor, se iguala a la seleccionada con el regulador, la calefacción de la placa se detiene automáticamente.

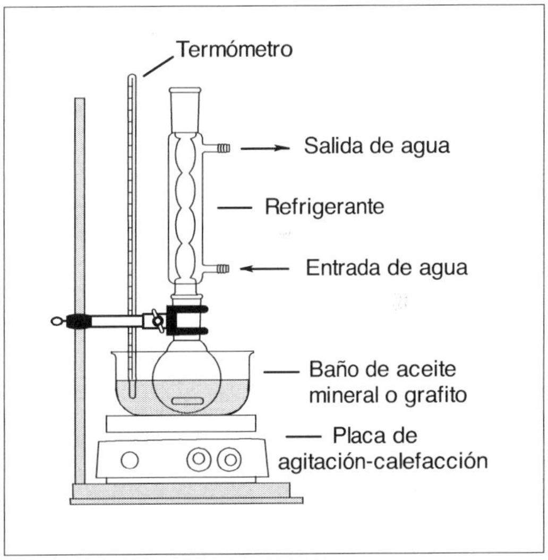

Figura 5.6. Reacción con calefacción.

Nunca se debe calentar una reacción en un matraz cerrado, ya que la sobrepresión que se genera podría hacerlo estallar. Por el contrario, si el matraz se dejara abierto, el disolvente acabaría evaporándose, y su contenido quedaría sometido a una calefacción excesiva que podría provocar su descomposición. Para evitarlo, en las reacciones que se realizan a temperatura superior a la ambiente, es necesario colocar un *refrigerante de reflujo* en una de las bocas del matraz (Figura 5.7). A medida que aumenta la temperatura, los vapores del disolvente ascienden al interior del refrigerante, donde se condensan por acción del líquido refrigerante que se hace circular por la camisa exterior, y vuelven al matraz estableciéndose un *reflujo* continuo de disolvente, de modo que el volumen de la reacción se mantiene constante. Por tanto, se denomina reflujo al proceso de evaporación y condensación continua del disolvente en el refrigerante. La mayor parte de las reacciones que requieren calefacción se llevan a cabo a *reflujo,* es decir a la temperatura de ebullición normal del disolvente, aunque realmente la temperatura de una mezcla a reflujo está ligeramente por encima del punto de ebullición del disolvente.

Con objeto de garantizar la máxima capacidad de enfriado del refrigerante, el líquido refrigerante (por lo general agua) debe entrar por la toma inferior y salir por la superior, manteniendo un flujo moderado pero continuo, de modo que la camisa del refrigerante esté siempre llena de líquido frío. Para vaciar el agua de la camisa del refrigerante, apagar el recirculador y retirar la goma de entrada de líquido refrigerante conectada a la salida del recirculador.

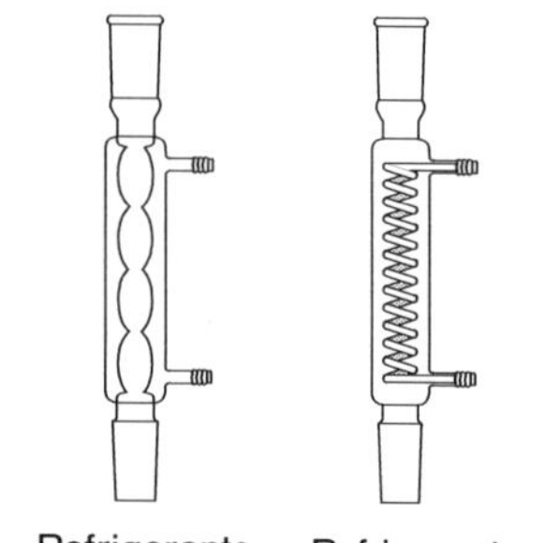

Figura 5.7. Refrigerantes de reflujo.

El refrigerante de reflujo más utilizado es el de tipo *bolas* (Figura 5.7). Sin embargo, con disolventes de punto de ebullición muy bajo (p. ej., éter etílico, pentano, diclorometano) es conveniente utilizar un refrigerante de tipo *serpentín,* que proporciona un enfriamiento más eficaz.

En el caso de que una reacción se vaya a dejar calentando fuera de las horas de trabajo, es necesario asegurar con una abrazadera las conexiones de entrada y salida de agua al refrigerante, para evitar que se suelte alguna de las gomas. El flujo de agua en el interior del refrigerante debe ser moderado. En ocasiones, es necesario realizar varias reacciones a reflujo simultáneamente. En estos casos, con objeto de amortizar al máximo el uso del recirculador de líquido refrigerante (por lo general agua), se recomienda unir mediante una goma la salida de un refrigerante a la entrada del siguiente. De este modo se pueden conectar varios refrigerantes en serie. La salida del último refrigerante habrá de estar conectada mediante una goma a la entrada del recirculador.

5.1.4. Enfriamiento

Con frecuencia se llevan a cabo reacciones a temperatura inferior a la ambiente. El enfriamiento de la mezcla de reacción se consigue introduciendo el matraz en un baño frigorífico colocado sobre la placa de agitación. Para asegurar que toda la mezcla de reacción se encuentra a la misma temperatura, el contenido del matraz debe quedar inmerso en el baño, por debajo del nivel de la mezcla frigorífica.

En función de la temperatura que se quiera alcanzar, se emplean diferentes mezclas frigoríficas preparadas a base de hielo o nieve carbónica (Cuadro 5.1). Hay que tener en cuenta que la temperatura real de la mezcla de reacción será del orden de 10 °C superior a la mínima alcanzable. En el caso de necesitar enfriar a 0 °C, se deberá utilizar mezcla hielo-agua en lugar de hielo solo, ya que el contacto del matraz con el hielo sin agua no es eficaz. Con las mezclas frigoríficas compuestas por hielo picado y una sal, donde no existe apenas líquido, la temperatura que adquiere el matraz es bastante superior a la teórica, ya que la superficie de contacto entre el matraz y la mezcla es pequeña y, en consecuencia, el enfriamiento no es tan eficaz.

La mezcla hielo-agua se utiliza con frecuencia para controlar la temperatura en reacciones exotérmicas en las que, al adicionar los reactivos, se produce un aumento considerable de temperatura que puede desembocar, incluso, en la ebullición del disolvente. Si se observa que la reacción es exotérmica, además de introducir el matraz en un baño a 0 °C, debe disminuirse la velocidad de adición de uno de los reactivos.

Cuadro 5.1. Mezclas frigoríficas más utilizadas.

Mezcla frigorífica	Temperatura mínima (°C)
Hielo / Agua (1:1)	0
Hielo / Acetona (1:1)	–10
Hielo (100 g) / KCl (30 g)	–10
Nieve carbónica /Etilenglicol	–10
Hielo (100 g) / NH_4Cl (25 g)	–15
Nieve carbónica / n-Octanol	–16
Hielo (100 g) / NaCl (33 g) / Agua	–21
Nieve carbónica / CCl_4	–23
Hielo (100 g) / $CaCl_2$ $6H_2O$ (123 g)	–39
Nieve carbónica / Acetonitrilo	–42
Hielo (100 g) / $CaCl_2$ $6H_2O$ (143 g)	–54
Nieve carbónica / n-Octano	–56
Nieve carbónica / Éter isopropílico	–60
Nieve carbónica / Cloroformo	–61
Nieve carbónica / Etanol	–72
Nieve carbónica / Acetona	–78
Nieve carbónica / Isopropanol	–78
Nitrógeno líquido / Hexano	–94
Nitrógeno líquido / Metanol	–98

Con objeto de mantener la baja temperatura durante un tiempo prolongado sin tener que ir añadiendo continuamente nueva mezcla frigorífica, se recomienda utilizar un *vaso Dewar*. Éste debe ser de poca altura, ya que de lo contrario el matraz quedaría alejado de la placa de agitación, y ésta no se produciría. En lugar de vasos Dewar, si bien con mucha menor eficacia en el mantenimiento de la temperatura, pueden emplearse baños termostatizados preparados en el laboratorio a partir de dos cristalizadores de vidrio de diferente tamaño, introducidos uno dentro de otro. El aislamiento se consigue rellenando el espacio que queda entre ambos con espuma de poliuretano o cualquier otro tipo de aislante disponible. Para evitar que el aislante se salga, conviene sellar con silicona el espacio entre ambos recipientes.

A modo de ejemplo se indica a continuación la manera de preparar un baño de acetona y nieve carbónica (–78 °C):

1. Colocar el recipiente vacío sobre la placa de agitación.
2. Cubrir el fondo del baño con trozos de nieve carbónica.
3. Añadir acetona en pequeñas cantidades. Una adición demasiado rápida provocará el desbordamiento del líquido.
4. Continuar añadiendo acetona hasta alcanzar el volumen requerido.
5. Controlar la temperatura con ayuda de un termómetro de baja temperatura (termómetro de alcohol con escala de 30 °C a –100 °C, aproximadamente).
6. Añadir más nieve carbónica hasta alcanzar la temperatura deseada.
7. Mantener la temperatura del baño mediante sucesivas adiciones de nieve carbónica a medida que ésta se va consumiendo. La temperatura mínima (–78 °C) permanecerá constante siempre que haya exceso de nieve carbónica en el fondo del vaso Dewar.

Cuando se tenga que mantener una reacción a baja temperatura durante un período largo, se recomienda utilizar un criostato e introducir la reacción en un vaso Dewar con acetona (Figura 5.8).

Los criostatos van provistos de una sonda que se enfría mediante un compresor, y de un termopar conectado a un termostato que controla la temperatura. A continuación se detalla el procedimiento a seguir para utilizar un criostato:

1. Colocar el vaso Dewar vacío sobre la placa de agitación.
2. Llenarlo con acetona.

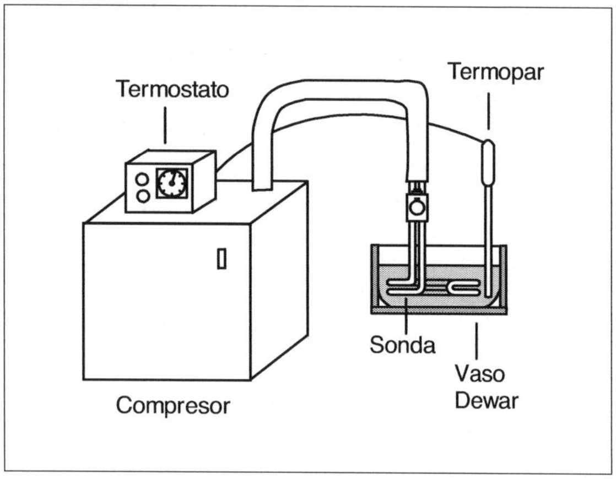

Figura 5.8. Criostato y vaso Dewar.

3. En todo momento la temperatura del baño debe ser homogénea. En caso necesario, se puede introducir un agitador magnético en el vaso Dewar para homogeneizar el baño.
4. Sumergir en el vaso Dewar la sonda del criostato enrollada, dejando en el centro espacio suficiente para colocar el matraz de reacción. Doblar la sonda con cuidado y no forzarla, ya que su ruptura provocaría la pérdida del gas refrigerante y, por consiguiente, la inutilización definitiva del criostato.
5. Introducir el extremo del termopar en el baño de acetona.
6. Poner en marcha la agitación magnética.
7. Graduar en el termostato la temperatura deseada.
8. Poner en marcha el compresor del criostato.
9. Controlar la temperatura con ayuda de un termómetro de baja temperatura en lugar de guiarse por el regulador del termostato.

5.2. Montajes experimentales

En cada tipo de reacción, el montaje experimental varía según la temperatura necesaria, la forma en la que se van a añadir los reactivos y si la reacción requiere atmósfera inerte o no.

5.2.1. Reacciones que no requieren atmósfera inerte

A) Reacciones a temperatura ambiente

1. Colocar la placa de agitación sobre un soporte metálico (Figura 5.9).

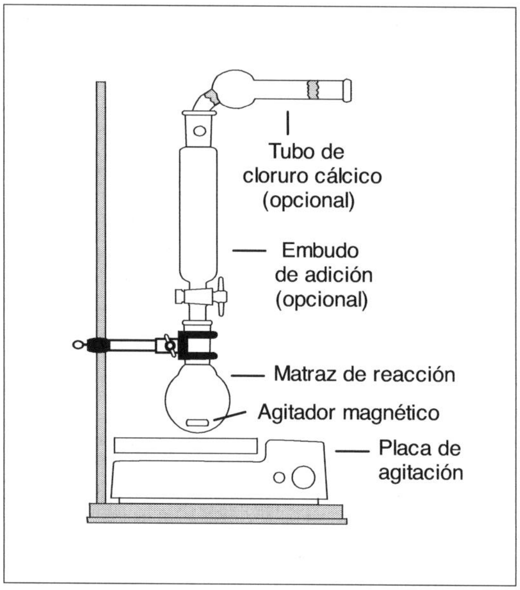

Figura 5.9. Reacción a temperatura ambiente con embudo de adición y tubo de cloruro cálcico.

2. Escoger un matraz de una boca, de tamaño adecuado al volumen final de la reacción. En el caso de necesitar agitador mecánico, el matraz tendrá que ser de dos bocas y el agitador se colocará en la central.
3. Introducir el primer reactivo en el matraz. Siempre que sea posible, pesarlo directamente en el matraz de reacción.
4. Sujetar el matraz al soporte mediante una pinza. Regular su altura, de manera que esté próximo a la placa de agitación pero sin apoyarse en ella.
5. Introducir el agitador magnético y el disolvente.

6. Poner en marcha la agitación y disolver el contenido del matraz. En el caso de sólidos insolubles, agitar hasta obtener una fina suspensión.
7. Añadir el resto de los reactivos con una pipeta, jeringa o espátula, dependiendo de que sean líquidos o sólidos. Si hubiera que adicionar gota a gota un volumen grande de un líquido o una disolución, adaptar un embudo de adición a la boca del matraz (Figura 5.9). En el caso de añadir una disolución, ésta se preparará previamente en un erlenmeyer o en un matraz.
8. Tapar el matraz (o el embudo de adición) con un tapón (acanalado en el caso del embudo) o con un tubo de cloruro cálcico, en función de la sensibilidad de los reactivos a la humedad ambiental. El matraz también puede taparse con un séptum, siempre y cuando se introduzca en el séptum una aguja corta que actúe a modo de salida para eliminar la sobrepresión que pueda generarse.
9. Controlar la temperatura y la velocidad de agitación a lo largo de la reacción.

En muchos casos, las reacciones son inicialmente exotérmicas aunque se lleven a cabo a temperatura ambiente, por lo que la adición del segundo reactivo puede hacer que el disolvente comience a hervir de manera violenta. Por tanto, es necesario controlar la velocidad de adición, mantener una buena agitación y en ocasiones prever la necesidad de un refrigerante o un baño de agua/hielo para enfriar el matraz durante la adición.

B) Reacciones a baja temperatura

El procedimiento experimental es similar al que se lleva a cabo en reacciones a temperatura ambiente. La diferencia fundamental estriba en que una vez que el primer reactivo se ha disuelto a temperatura ambiente, hay que introducir el matraz de reacción en un baño frigorífico (Figura 5.10) y dejar pasar unos minutos para que la temperatura del interior del matraz se estabilice. A continuación se realiza la adición del segundo reactivo.

En general, las reacciones a baja temperatura deberían realizarse bajo atmósfera inerte para evitar la condensación de la humedad atmosférica en el interior del matraz.

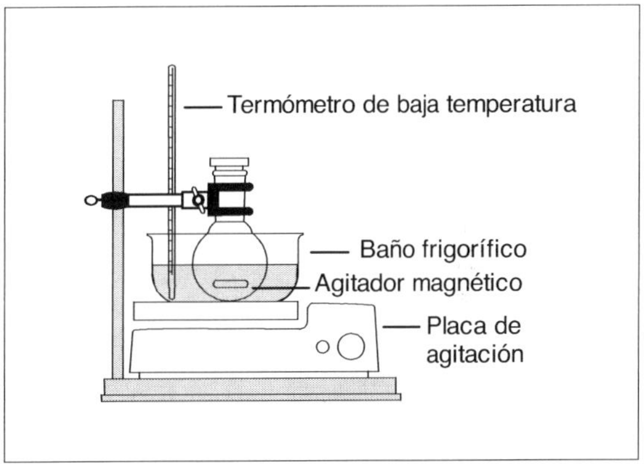

Figura 5.10. Reacción a baja temperatura.

Como norma general, en las reacciones a baja temperatura hay que comprobar previamente que el punto de fusión del disolvente sea inferior a la temperatura a la que se va a enfriar, para no encontrarse inesperadamente con una mezcla de reacción congelada. Conviene introducir en el baño un termómetro de baja temperatura. A medida que la temperatura aumente, añadir más hielo o nieve carbónica, dependiendo de la mezcla frigorífica utilizada (Cuadro 5.1).

C) Reacciones con calefacción

1. Escoger un matraz de dos bocas de tamaño adecuado al volumen final de reacción.
2. Introducir en el matraz el primer reactivo, el disolvente y un agitador magnético o, en su defecto, un par de trozos pequeños de porcelana porosa (Figura 5.11).

3. Sujetar el matraz a un soporte metálico mediante una pinza.
4. Colocar el refrigerante de reflujo y conectar el agua.
5. En la parte superior del refrigerante adaptar un tubo de cloruro cálcico para evitar la condensación de la humedad ambiental.
6. Colocar bajo el matraz la placa de agitación-calefacción y el baño de agua, aceite mineral o grafito (Apartado 5.1.3).

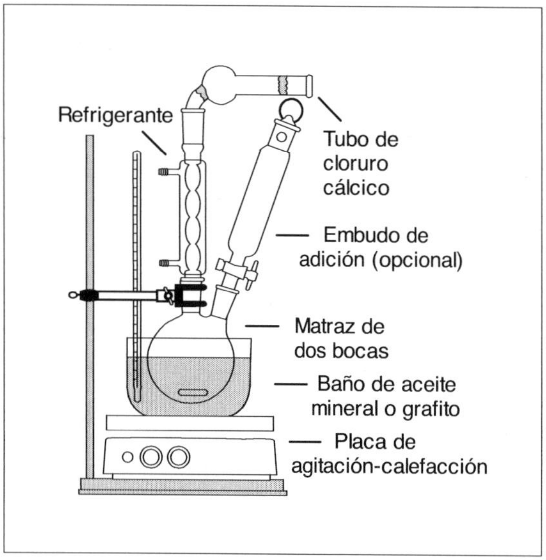

Figura 5.11. Reacción con calefacción.

7. Introducir el matraz en el baño y regular su altura de manera que lo cubra hasta la mitad sin llegar a tocar el fondo.
8. Poner en marcha la agitación para disolver el contenido del matraz.
9. Añadir el resto de reactivos por la boca libre del matraz con pipeta, jeringa o espátula, dependiendo de que sean líquidos o sólidos. Si hubiera que adicionar gota a gota un volumen grande de un líquido o una disolución, adaptar un embudo de adición. En el caso de añadir una disolución, ésta se prepara previamente en un erlenmeyer o en un matraz.
10. Tapar la boca del matraz o del embudo de adición con un tapón (acanalado en el caso del embudo). Aunque habitualmente se utiliza un séptum para cerrar la segunda boca del matraz, los vapores de algunos disolventes a reflujo acaban destruyéndolo. Debido a la sobrepresión que se genera al calentar, el montaje no debe estar cerrado.
11. Conectar la calefacción y aumentarla gradualmente hasta conseguir la temperatura deseada. En caso de reacciones a reflujo, el disolvente debe refluir en el tercio inferior del refrigerante. Si los vapores del disolvente ascienden por el refrigerante y sobrepasan su mitad, detener momentáneamente la calefacción hasta que los vapores condensen sólo a un tercio de su altura y graduar de nuevo la calefacción.
12. Controlar la temperatura y la velocidad de agitación a lo largo de la reacción.

5.2.2. Reacciones bajo atmósfera inerte

Se diferencian de las anteriores en la necesidad de reemplazar el aire del interior del montaje por un gas inerte (argón). Las condiciones de atmósfera inerte deben asegurarse desde el principio de la reacción y mantenerse, no sólo durante el período de adición de los reactivos, sino a lo largo de todo el proceso.

Todo el material debe estar bien seco, tanto por el exterior como por el interior. Para ello, se recomienda dejar el material en una estufa a 120 °C durante varias horas, y no enfriarlo hasta el momento de llevar a cabo el montaje, que deberá hacerse cuando el material aún está caliente, con objeto de dejarlo enfriar pasando una corriente de argón. De esta forma, se excluye la condensación de humedad en el período de enfriamiento. Todas las bocas deberán cerrarse con llaves de vidrio o teflón, o bien con séptum de goma.

La sustitución del aire por argón *(purgado)* puede llevarse a cabo empleando una línea de Schlenk o pasando una corriente de argón con entrada y salida de gas, de la manera indicada anteriormente para el purgado de un matraz (Apartado 4.3.1).

Antes de iniciar la purga, se recomienda *flamear* el sistema. Para ello, conectar el montaje a vacío (línea de Schlenk), y calentarlo simultáneamente con una pistola de aire caliente, con objeto de evacuar el aire y eliminar la posible humedad residual existente en la superficie interna del vidrio. Una vez caliente, dejar enfriar el montaje bajo presión de argón. Cuando el sistema se halle de nuevo a temperatura ambiente, puede iniciarse el procedimiento de purga de la manera anteriormente descrita. Tanto la evacuación de aire como su reemplazamiento por argón deben hacerse por la boca que ocupe la posición más alta de todo el montaje (el argón es más denso que el aire).

La atmósfera inerte debe mantenerse durante todo el tiempo de reacción. Para ello pueden utilizarse varios procedimientos:

a) Conectar el matraz a la línea de argón utilizando una aguja como entrada y un borboteador de salida (Figura 5.12.a). Como salida al exterior podría colocarse simplemente una aguja. Sin embargo, la función del borboteador es doble: permite observar el paso de argón y sella la entrada de aire en caso de que se produzca una disminución de presión en el interior del matraz (procesos de enfriamiento).

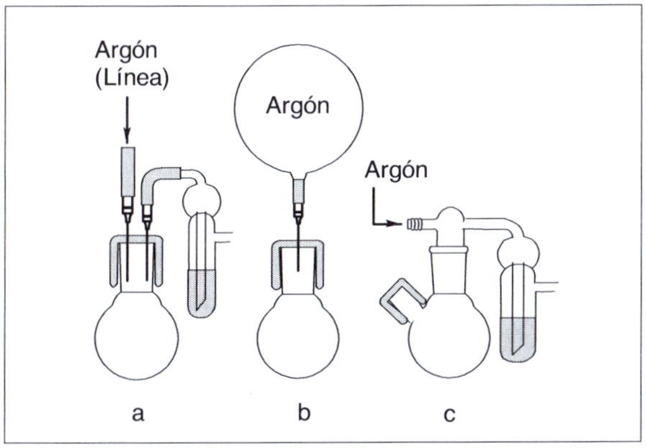

Figura 5.12. Formas de mantener la atmósfera inerte en una reacción.

b) Conectar el matraz a un globo inflado con argón (Figura 5.12.b). Este procedimiento sólo se recomienda para pequeña escala y para tiempos cortos ya que, en general, las paredes del globo son algo permeables y podría producirse entrada de oxígeno o vapor de agua. El globo debe ir acoplado, mediante un tubo de goma, al pistón de una jeringa o a un adaptador Luer. Una vez inflado, se coloca una aguja que permite la entrada de argón a la reacción.

c) Conectar el matraz a la línea de argón utilizando un borboteador con entrada y salida (Figura 5.12.c). Para este montaje se requiere un matraz de dos bocas.

Para llevar a cabo una reacción bajo atmósfera inerte, seguir el procedimiento general que a continuación se indica:

1. Secar y preparar el material para llevar a cabo la reacción en condiciones anhidras. En el caso de tener que cerrar alguna boca del matraz con un séptum y tener que calentar, es preferible colocar una llave con boca esmerilada entre el matraz y el séptum, para evitar que los vapores de los disolventes lo destruyan.
2. Después de purgar el montaje con argón, introducir el primero de los reactivos (Apartado 5.1.2) y el disolvente anhidro.
3. Poner en marcha la agitación y disolver el contenido del matraz. En el caso de sólidos insolubles, agitar hasta obtener una fina suspensión.
4. Añadir el resto de reactivos. Todas las operaciones deberán realizarse bajo atmósfera inerte (Apartado 4.4.4), generalmente mediante el empleo de jeringas o cánulas.
5. Si la reacción se va a llevar a cabo a temperatura distinta de la ambiente, introducir el montaje en el baño correspondiente.
6. Controlar la temperatura y la velocidad de agitación a lo largo de la reacción.
7. Si la reacción se lleva a cabo con calefacción, una vez finalizada, enfriar el montaje bajo presión de argón.

5.3. Reacciones específicas

5.3.1. Eliminación azeotrópica de agua

Algunas reacciones de equilibrio (p. ej., esterificación de ácidos carboxílicos, formación de acetales) pueden desplazarse hacia la formación de productos mediante la eliminación del agua formada en el medio de reacción. La manera más frecuente de eliminar el agua es su codestilación en presencia de exceso de un disolvente inmiscible y menos denso que ella, con el que forma un azeótropo de punto de ebullición mínimo (Apartado 8.4.2). Los disolventes más utilizados para tal fin son benceno (desaconsejado por su toxicidad) y tolueno. Para ello se emplea una trampa tipo Dean-Stark (Figura 5.13).

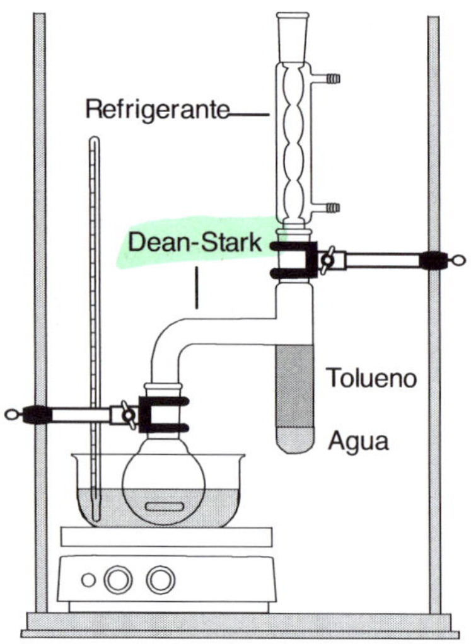

Figura 5.13. Eliminación azeotrópica del agua en un Dean-Stark.

1. Escoger un matraz de tamaño adecuado al volumen de reacción, de modo que no se llene más de la mitad (benceno y tolueno tienden a formar espumas al refluir) y sujetarlo a un soporte mediante una pinza.
2. Introducir en el matraz de reacción los reactivos, el disolvente y un agitador magnético, o en su defecto, un par de trozos pequeños de porcelana porosa.
3. Colocar la placa de agitación-calefacción y el baño debajo del matraz, y regular la altura de éste.
4. Colocar sobre el matraz el Dean-Stark y sujetarlo a un soporte mediante una pinza.
5. Llenar la trampa del Dean-Stark con tolueno hasta su tubuladura lateral.
6. Acoplar un refrigerante de reflujo sobre el Dean-Stark y conectar el agua.
7. Calentar el matraz de reacción. Regular la calefacción de modo que el azeótropo tolueno-agua destile pasando por la tubuladura lateral del Dean-Stark hacia el refrigerante, donde deberá refluir.

Puede ser necesario cubrir la tubuladura lateral del Dean-Stark con papel de aluminio para evitar la pérdida de calor y conseguir que el azeótropo refluya en el refrigerante.

Se observará que, al condensar en el refrigerante, el azeótropo se desdobla en sus dos componentes, que gotean en la trampa. El agua, más densa, va a parar al fondo de la trampa, mientras que el tolueno, menos denso, queda en la parte superior, rebosa y retorna por la tubuladura lateral al matraz. El efecto global es la eliminación del agua del matraz de reacción y su reemplazamiento por tolueno.

5.3.2. Hidrogenación catalítica

A) Hidrogenaciones a media presión

Se llevan a cabo en autoclaves de acero inoxidable (30 a 500 ml de capacidad, 125 atmósferas) provistos de agitación magnética y posibilidad de calefacción controlada (Figura 5.14). El aparato queda aislado del exterior mediante dos válvulas de acero inoxidable: *válvula A,* conectada a una bala de hidrógeno mediante tubuladura de cobre, y *válvula B,* conectada a vacío. La presión interna puede controlarse con ayuda de un indicador de presión.

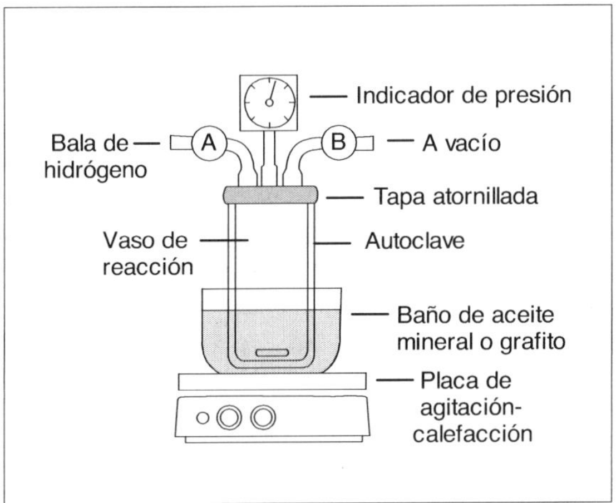

Figura 5.14. Hidrogenación a media presión en autoclave de acero inoxidable.

1. Introducir en el vaso del hidrogenador el reactivo, el disolvente, un agitador magnético y finalmente el catalizador.
2. Acoplar el vaso en el autoclave.
3. Cerrar herméticamente la tapa del sistema accionando los tornillos provistos al efecto. No conviene apretar firmemente el primero y a continuación los sucesivos uno a uno, sino que es preferible irlos apretando de manera cíclica, alternando pares e impares. Comprobar que el autoclave está cerrado herméticamente.
4. Abrir la válvula B y evacuar el aire del hidrogenador conectándolo a vacío.
5. Cerrar la válvula B de conexión a vacío.
6. Abrir la llave de la bala de hidrógeno y la válvula de presión del manorreductor.
7. Abrir la válvula A y presurizar el aparato con hidrógeno hasta 50-100 atm. Cerrar la válvula A.
8. Si se observa disminución de presión que continúa tras unos minutos, es indicativo de que el sistema presenta fugas que deben ser encontradas y solucionadas. Inicialmente es normal observar una ligera disminución de presión, debida a la adsorción de hidrógeno por el catalizador. Ésta no debe persistir tras 1-2 min.
9. Abrir la válvula B y evacuar el sistema a vacío.
10. Cerrar la válvula B.
11. Abrir la válvula A e introducir hidrógeno hasta alcanzar la presión deseada, momento en que debe cerrarse nuevamente. La presión final debe ser como máximo de 90 atm para un hidrogenador con capacidad hasta 125 atm, debido al aumento de presión que puede producirse en hidrogenaciones exotérmicas o que requieran calefacción. Esta precaución es particularmente importante cuando el vaso del hidrogenador esté muy lleno.
12. Cerrar la llave de la bala de hidrógeno.
13. Poner en marcha la agitación magnética y la calefacción, en caso necesario. La agitación debe ser enérgica, por tratarse de un medio heterogéneo.
14. El progreso de la reacción puede monitorizarse observando la pérdida de presión: la hidrogenación total de un sustrato acaba cuando se observa que la presión ya no disminuye. En el caso de hidrogenaciones parciales, deberá detenerse antes.
15. Apagar la calefacción y la agitación, y alejar cualquier posible fuente de contacto eléctrico.
16. Abrir la válvula B al aire para eliminar el exceso de hidrógeno y dejar el sistema a presión atmosférica.
17. Desenroscar los tornillos de la tapa del sistema y retirar el vaso que contiene el crudo de reacción.
18. Eliminar el catalizador filtrándolo sobre celita (Apartado 7.3.3). Lavar el catalizador con el disolvente empleado en la reacción y no dejar que se seque para evitar que se inflame.

B) Hidrogenaciones a presión atmosférica

1. Introducir en el matraz el reactivo, el disolvente, un agitador magnético y finalmente el catalizador (Figura 5.15).
2. Cerrar el matraz con un séptum de goma.
3. Hacer vacío conectando el matraz a una línea de vacío.

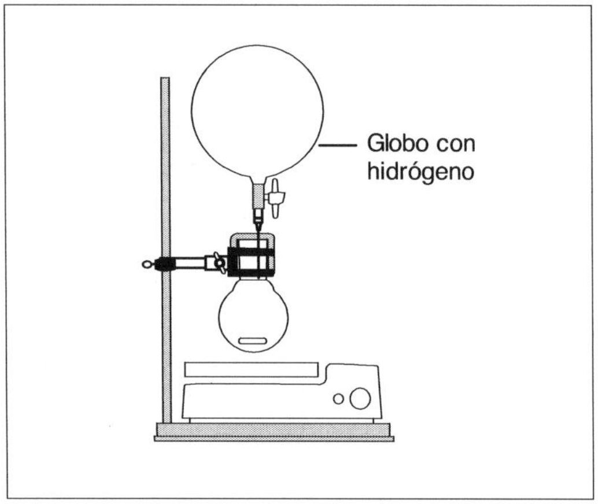

Figura 5.15. Hidrogenación a presión atmosférica.

4. Desconectar el vacío e introducir en el séptum una aguja conectada, mediante un tubo de goma, a un globo lleno de hidrógeno. El globo que se emplee para las hidrogenaciones debe ser de paredes gruesas, preferiblemente de goma. En su defecto, pueden emplearse dos globos de plástico, uno dentro del otro. Para evitar la pérdida de gas, entre el globo y la aguja debe intercalarse una llave de vidrio o teflón. Dicho globo debe llenarse con hidrógeno, vaciarse en la vitrina y volverse a llenar por segunda vez (purgado).
5. Iniciar la agitación y mantenerla lo más fuerte posible durante toda la reacción.
6. Acabada la reacción, retirar el globo de hidrógeno.
7. Conectar el matraz a vacío para eliminar el hidrógeno y, acabada la operación, dejar el sistema a presión atmosférica.
8. Quitar el séptum y eliminar el catalizador filtrándolo sobre celita (Apartado 7.3.3). Lavar el catalizador con el disolvente empleado en la reacción y no dejar que se seque para evitar que se inflame.

5.3.3. Reacciones con amoniaco líquido

1. Escoger un matraz de dos bocas de tamaño adecuado al volumen final de reacción (Figura 5.16).
2. Introducir los reactivos y el agitador magnético.

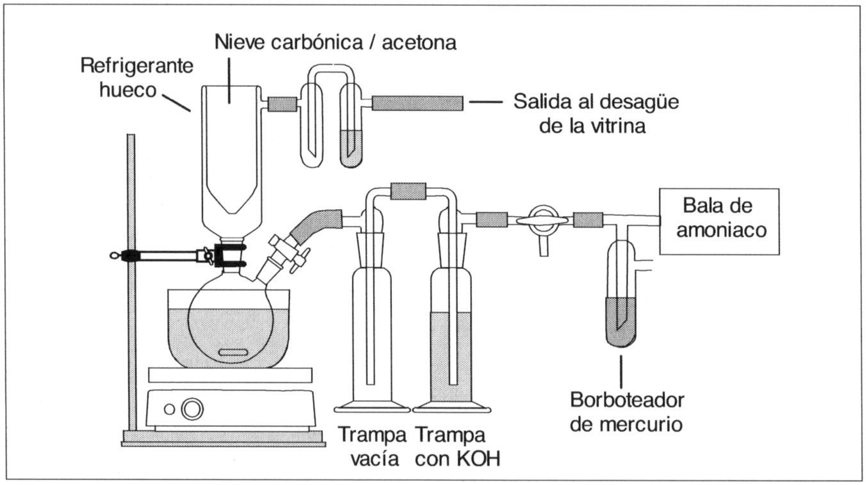

Figura 5.16. Reacción con amoniaco líquido.

3. Colocar en la boca central del matraz un refrigerante hueco.
4. En la segunda boca del matraz, adaptar un macho guía con una llave de vidrio o teflón.
5. Conectar el macho con llave a una trampa de seguridad vacía, y ésta a una trampa con perlas de hidróxido sódico o potásico que actúa como desecante.
6. Conectar la trampa con desecante a un borboteador de mercurio, intercalando entre ambos una llave de tres vías que deberá estar en la posición que conecta la trampa con el borboteador.
7. Conectar el borboteador de mercurio a la bala de amoniaco.
8. En la salida del refrigerante hueco colocar un borboteador de aceite mineral con un tubo de goma dirigido al desagüe de la vitrina.
9. Llenar el hueco del refrigerante con nieve carbónica y añadir acetona hasta obtener un baño a –78 ºC.
10. Introducir el matraz de reacción en un baño de nieve carbónica-acetona (–78 ºC).
11. Con la llave del macho guía abierta, abrir la bala de amoniaco y regular el flujo. El gas pasará a través de las trampas y condensará en el matraz (p. e. NH_3 = –33 ºC).
12. Una vez obtenido en el matraz el volumen de amoniaco líquido deseado, cerrar la llave del matraz y colocar la llave de tres vías en la posición que conecta la reacción con el exterior.
13. Cerrar la bala de amoniaco.
14. Acabada la reacción, retirar el refrigerante y el baño de baja temperatura, dejando que el exceso de amoniaco se evapore en la vitrina cerrada.

5.3.4. Reacciones en tubo cerrado

Los tubos cerrados se utilizan para reacciones que requieren presión moderada, donde no sea necesario el empleo de autoclaves. Deben ser tubos cilíndricos de vidrio con paredes gruesas, que puedan cerrarse herméticamente mediante tapones de rosca o llaves de teflón (Figura 5.17). La presión máxima admisible depende del tipo de vidrio.

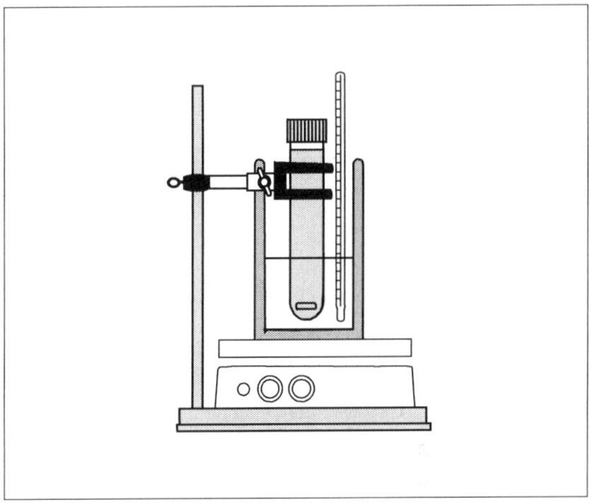

Figura 5.17. Reacción en tubo cerrado.

1. Introducir en el tubo los reactivos, el disolvente y el agitador magnético teniendo la precaución de no llenarlo más de 1/3 de su volumen total.
2. Cerrar el tubo herméticamente.
3. Envolver el tubo con una red metálica tupida, incluyendo el tapón, y dejar sin cubrir sólo la base del cilindro. De este modo, en caso de explosión, el vidrio se proyectará en vertical minimizando el riesgo de impacto sobre el operador.
4. Sujetar el tubo a un soporte con unas pinzas, a la altura adecuada respecto de la placa de agitación-calefacción provista de un baño de aceite mineral. Introducir un tercio del tubo en dicho baño. No emplear mantas calefactoras, ya que en caso de ruptura del tubo se produciría un incendio.
5. Colocar una pantalla protectora.
6. Poner en marcha la agitación y la calefacción. Controlar la temperatura del baño con un termómetro.
7. Acabada la reacción, dejar alcanzar la temperatura ambiente.

8. Enfriar el tubo en un baño de acetona-nieve carbónica (–78 ºC) o nitrógeno líquido (–196 ºC).
9. Una vez frío, abrir el tubo con cuidado.

5.3.5. Reacciones con diazometano

El diazometano es un gas (p. e. –24 ºC) tóxico (carcinógeno) y explosivo cuando se encuentra sin disolver o en disoluciones concentradas. Los iniciadores de la explosión son: superficies rugosas, metales alcalinos, algunos agentes desecantes y la luz intensa. El diazometano se genera siempre en el momento de llevar a cabo la reacción (por lo general, por descomposición de la *N*-metil-*N*-nitroso-*p*-toluensulfonamida –Diazald®–), y se maneja siempre en vitrina, con pantalla protectora, en disolución diluida de éter etílico, y sin exposición a la luz. La preparación de dichas disoluciones requiere un material especial, exento de superficies rugosas y extremadamente limpio. No se recomienda el empleo de montajes con bocas esmeriladas, siendo preferible un equipo de una sola pieza. El vidrio no debe limpiarse con escobillas que puedan arañarlo. Cualquier esquirla puede provocar la acumulación del gas y por consiguiente una explosión. El material que se use para la preparación de diazometano (Figura 5.18) no se debe utilizar para otros fines. El diazometano no debe almacenarse. Cualquier exceso de reactivo debe neutralizarse con ácido acético.

Desde hace unos años se comercializa trimetilsilildiazometano, que es una alternativa menos tóxica y peligrosa que el diazometano. Sin embargo, incluimos el procedimiento de preparación de diazometano por si su preparación pudiera resultar de interés.

1. Preparar el material necesario para el montaje. Observar que esté exento de estrellas, residuos, ralladuras o cualquier tipo de esquirla.
2. Ensamblar el montaje. No poner agitador magnético ni porcelana porosa.

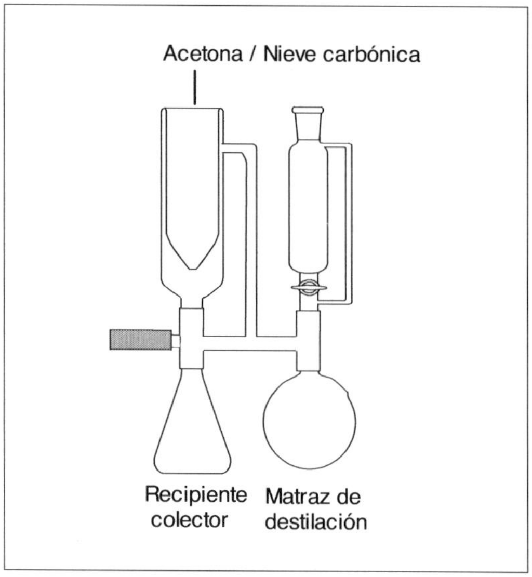

Figura 5.18. Montaje para la generación de diazometano.

3. Colocar un tubo de goma a la salida del montaje y dirigirlo hacia el interior de la vitrina.
4. Cargar el recipiente colector con éter e introducirlo en un baño de hielo-sal.
5. Cargar el matraz de destilación con una disolución de hidróxido potásico en etanol e introducirlo en un baño de aceite mineral.
6. Cargar el refrigerante hueco con acetona-nieve carbónica (–78 ºC).
7. Introducir una disolución de Diazald® en éter en el embudo de adición que deberá tener la llave de teflón.
8. Colocar una pantalla protectora.
9. Calentar el baño del matraz de destilación a 60-65 ºC.
10. Añadir gota a gota la disolución de Diazald®. La mezcla de diazometano en éter irá destilando y se recogerá en el matraz colector.
11. Finalizada la adición del contenido del embudo, introducir en éste una cantidad adicional de éter y añadirlo gota a gota.
12. Continuar la destilación hasta que se observe que el destilado es incoloro.

13. La disolución de diazometano en éter así obtenida, debe secarse con hidróxido potásico.
14. Valorar la disolución frente a un exceso de ácido benzoico: disolver una cantidad, conocida con exactitud, de ácido benzoico en éter etílico anhidro, y añadir una porción de la disolución de diazometano. La disolución obtenida debe estar incolora, con objeto de garantizar que el ácido benzoico se encuentra en exceso. Diluir con agua y valorar frente a una disolución de hidróxido sódico 0.1 N, empleando fenolftaleína como indicador.

5.3.6. Ozonolisis

El ozono es un gas tóxico y los ozónidos que se generan en la reacción son potencialmente explosivos.

La generación de ozono requiere el uso de un *ozonizador* conectado a una bala de oxígeno. El ozonizador transforma el oxígeno de entrada en ozono. La salida del ozonizador debe estar conectada al matraz de reacción (Figura 5.19).

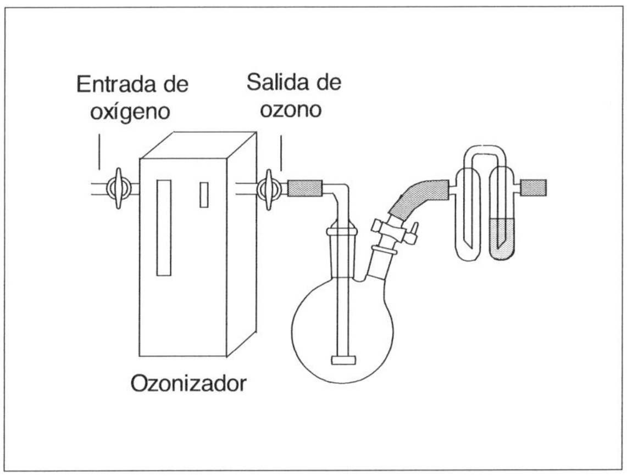

Figura 5.19. Reacción de ozonolisis.

1. Escoger un matraz de dos bocas de tamaño adecuado al volumen final de reacción.
2. Sujetar el matraz de reacción a un soporte metálico mediante una pinza.
3. Introducir en el matraz la disolución a ozonizar.
4. Enfriar el matraz con un baño frigorífico a la temperatura deseada.
5. Adaptar a la boca central del matraz una varilla borboteadora acabada en una placa difusora de vidrio poroso. La varilla debe permanecer introducida en la disolución sin tocar el fondo del matraz.
6. Adaptar a la segunda boca del matraz un macho con oliva y colocar un tubo de PVC dirigido hacia el interior de la vitrina, intercalando un borboteador de aceite mineral.
7. Unir la salida del ozonizador a la varilla borboteadora mediante un tubo de PVC.
8. Conectar la bala de oxígeno a la entrada del ozonizador mediante un tubo de goma o PVC.
9. Con la válvula de salida del ozonizador cerrada, abrir la bala de oxígeno y suministrar una presión moderada (2-5 bar).
10. Encender el ozonizador, abrir la válvula de salida y regular el flujo aproximadamente a 2 l/min. Graduar el voltaje en función del flujo siguiendo las especificaciones del fabricante.
11. Acabada la reacción, retirar la varilla borboteadora, apagar el ozonizador, cerrar la bala de oxígeno y, por último, la válvula de salida del ozonizador.
12. Añadir un reactivo adecuado para la transformación del ozónido antes de comenzar el aislamiento del producto. Los ozónidos son potencialmente explosivos y se debe garantizar su eliminación total antes de intentar el aislamiento de los productos de reacción.

5.3.7. Reacciones fotoquímicas

Las reacciones fotoquímicas se llevan a cabo irradiando una disolución que contiene los correspondientes reactivos. Para ello se utilizan fuentes luminosas de distintos tipos, si bien las más frecuentes son las lámparas de presión de arco de mercurio. Este tipo de lámparas operan a gran voltaje y elevadas temperaturas, por lo que deberán tomarse las medidas de seguridad oportunas antes de su uso. La radiación ultravioleta es perjudicial para los ojos y la piel, por lo que deben utilizarse gafas, máscara protectora y guantes. El montaje debe realizarse en una zona protegida y bien ventilada, puesto que la radiación ultravioleta de onda corta reacciona con el oxígeno atmosférico formando ozono.

Con objeto de minimizar las reacciones secundarias que se producirían en presencia de una concentración elevada de especies excitadas, las reacciones fotoquímicas se llevan a cabo en disoluciones diluidas (5×10^{-3} M a 10^{-3} M). Los disolventes deben ser ópticamente transparentes en la región espectral que se esté usando y no deben tener estados excitados de baja energía que puedan interferir con la reacción del soluto, ni átomos de hidrógeno fácilmente abstraibles por vía fotoquímica.

La longitud de onda de la irradiación debe seleccionarse de modo que la cantidad de energía absorbida por los reactivos sea máxima y la de los productos de reacción mínima. En el caso de las reacciones sensibilizadas, es preciso seleccionar un sensibilizador que tenga la energía triplete suficiente, que absorba en una zona donde no lo hagan los reactivos y que sea fácilmente separable del crudo de reacción. Se utilizará una cantidad de sensibilizador que garantice que, en la zona del espectro en que se está trabajando, toda la luz será absorbida por el sensibilizador. Por tanto, es necesario disponer de los espectros ultravioleta de todos los componentes y considerar sus absorbancias a la concentración a la que se va a trabajar.

Las lámparas de arco de mercurio pueden operar a frecuencias que cubren todo el espectro ultravioleta y visible. Pueden ser de tres tipos:

a) Lámparas de baja presión (5×10^{-3} a 0.1 Torr), que operan a temperaturas ligeramente superiores a la ambiente y emiten mayoritariamente a 185 y 254 nm. Puede lograrse la emisión a longitudes de onda mayores recubriendo su superficie interna con fósforo.

b) Lámparas de media presión (1 a 10 atm), que operan a temperaturas elevadas (600 a 800 °C) y emiten una serie de frecuencias intensas superpuestas a una señal de fondo débil a lo largo de todo el espectro, entre las cuales destacan las de 265, 310 y 365 nm. Pueden doparse con haluros metálicos, con lo que se consiguen líneas adicionales características del haluro que se esté empleando.

c) Lámparas de alta presión (10 a 200 atm), que se encuentran llenas de mercurio y un gas noble, por lo general xenón. Emiten un espectro prácticamente continuo. No suelen emplearse con fines preparativos, sino en bancos ópticos.

Con objeto de eliminar la radiación de longitudes de onda no deseadas, se emplean filtros de vidrio que se colocan rodeando la lámpara. Los más frecuentes son los Vycor, Corex y Pyrex, que eliminan la radiación de longitud de onda inferior a 220, 290 y 300 nm, respectivamente. Para el trabajo a longitudes de onda más bajas se debe utilizar material de cuarzo. También pueden emplearse disoluciones filtrantes. Entre las más utilizadas se encuentran las de sulfato de cobre en ácido sulfúrico al 5% (300 a 320 nm, en función de la concentración) y las disoluciones acuosas de metavanadato sódico (320 a 360 nm, en función de la concentración).

Con fines preparativos, las reacciones fotoquímicas suelen llevarse a cabo empleando *reactores de inmersión* (Figura 5.20). Están constituidos por un reactor de vidrio o cuarzo donde se aloja la lámpara y al que se acopla un matraz de reacción cilíndrico de tres bocas. El reactor va provisto de una doble camisa que permite la circulación de una corriente de agua de refrigeración o, alternativamente, una disolución filtrante, impulsada por un recirculador que actúa simultáneamente como fluido de refrigeración y como filtro. Con este montaje se consigue que la lámpara esté totalmente rodeada por la disolución que se quiere irradiar, y se puede trabajar bajo atmósfera inerte y a baja temperatura. El conjunto debe introducirse en el interior de una cámara oscura para su operación.

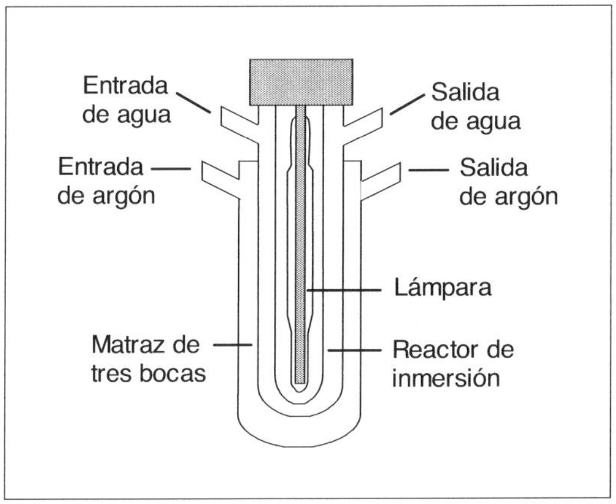

Figura 5.20. Reactor fotoquímico de inmersión.

Para realizar una reacción fotoquímica en un reactor de inmersión, se recomienda seguir el procedimiento que se indica a continuación:

1. Escoger un matraz cilíndrido de tres bocas de capacidad adecuada a la disolución que se vaya a irradiar, teniendo en cuenta que, una vez ensamblado el montaje, la lámpara deberá quedar totalmente cubierta por la disolución. Sujetar el matraz a un soporte sobre una placa de agitación.
2. Introducir en el matraz la disolución a irradiar y un agitador magnético.
3. Adaptar a una de las bocas del matraz un tubo de teflón (1 mm de diámetro interno) que llegue hasta el fondo, con objeto de borbotear argón. En la otra boca, colocar una salida conectada a un borboteador de aceite mineral.
4. Introducir el reactor y la lámpara en su emplazamiento.
5. Si fuese preciso, colocar un filtro cilíndrico de vidrio entre el reactor y la lámpara.
6. Borbotear argón en la disolución para eliminar el oxígeno disuelto en el disolvente. Esta operación deberá comenzarse 1 h antes de la irradiación y mantenerse a lo largo de toda la reacción.
7. Conectar una corriente de agua de refrigeración a la camisa del reactor. La entrada de agua va provista de un tubo de teflón que la dirige al fondo, de modo que ésta fluya desde abajo. En caso necesario, en lugar de la corriente de agua, conectar una corriente de la disolución filtrante adecuada, empleando un recirculador.
8. Introducir el conjunto en una cámara oscura.
9. Encender la lámpara. Ésta necesita unos segundos hasta alcanzar la temperatura de operación.

En caso de tener que trabajar a baja temperatura, es necesario emplear como reactor un vaso Dewar transparente con objeto de aislar la lámpara, puesto que la descarga del arco no se produce a bajas temperaturas. El matraz de reacción deberá sumergirse en otro Dewar que contenga la mezcla frigorífica adecuada (Cuadro 5.1).

Otro equipo utilizado con frecuencia a la hora de llevar a cabo reacciones fotoquímicas es el *reactor Rayonet,* que consiste en una serie de lámparas de mercurio de media presión, dispuestas alrededor de un tubo de cuarzo o borosilicato que contiene la disolución a irradiar. Dicho tubo puede introducirse en el interior de un vaso que contenga la disolución filtrante, o un vaso Dewar, de material transparente a la irradiación, para trabajos a baja temperatura. El conjunto se encuentra rodeado de un material reflector dentro de una cámara oscura (Figura 5.21). La refrigeración de las lámparas se consigue con un ventilador instalado en la parte inferior del aparato. Pueden irradiarse varias muestras al mismo tiempo montando los tubos de irradiación en un carrusel giratorio.

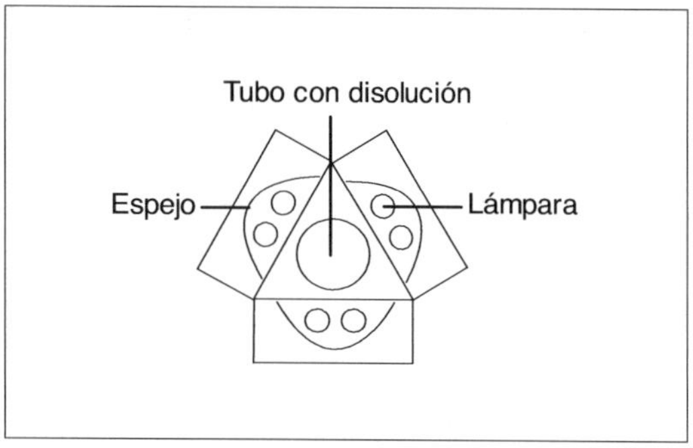

Figura 5.21. Vista superior de un reactor Rayonet con tres módulos de lámparas.

5.3.8. Reacciones radicálicas

Los radicales libres adicionan oxígeno triplete a velocidad comparable al límite de control por difusión. Por ello, se debe excluir el oxígeno atmosférico evacuando el aire del matraz de reacción y reemplazándolo por argón. Además, es necesario eliminar el oxígeno disuelto en los disolventes borboteando una corriente de argón durante unos minutos. Siguiendo este método de desgasificación, la concentración de oxígeno es lo suficientemente baja como para que no interfiera con la mayoría de las cadenas radicálicas. Se recomienda el empleo de disolventes anhidros.

A continuación se indica el procedimiento a seguir para desgasificar un disolvente (Figura 5.22):

1. Escoger un matraz de una boca de tamaño adecuado al volumen de disolvente a desgasificar y cerrarlo con un séptum de goma.
2. Purgar el sistema con argón.
3. Introducir el disolvente con jeringa o cánula.
4. Conectar el matraz a la línea de argón empleando una aguja larga que debe llegar hasta el fondo del matraz.
5. Colocar en el matraz una salida a un borboteador de aceite mineral.
6. Pasar argón a un flujo moderado durante 5-10 min. Se observará que éste burbujea en el disolvente.
7. Desconectar la salida del borboteador.
8. Retirar la aguja de entrada de argón.

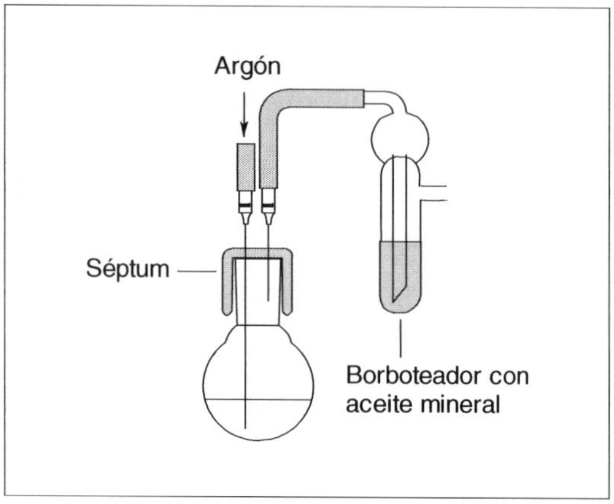

Figura 5.22. Desgasificación de un disolvente con argón.

Las reacciones radicálicas son procesos en cadena. Uno de los procedimientos más habituales para llevar a cabo estas reacciones es la iniciación de la cadena a partir de un precursor radicálico, mediante abstracción de un átomo o grupo funcional adecuado con hidruro de tributilestaño. A partir de este radical se produce la reacción y se propaga la cadena. Cuando se emplea este método, la concentración de hidruro en el matraz debe mantenerse muy baja para evitar la terminación de la cadena radicálica antes de tiempo por abstracción de hidrógeno del hidruro de tributilestaño. Por ello, las reacciones se realizan empleando disoluciones diluidas (10^{-2}-10^{-3} M) y el hidruro se adiciona lentamente durante varias horas utilizando un inyector automático (Figura 5.23).

Para llevar a cabo una reacción radicálica utilizando un inyector automático, seguir el procedimiento que se indica a continuación:

1. Colocar sobre un soporte una placa de agitación-calefacción con un baño de aceite mineral o grafito.
2. Escoger un matraz de dos bocas adecuado al volumen total de reacción.
3. Sujetar el matraz al soporte e introducir un agitador magnético.

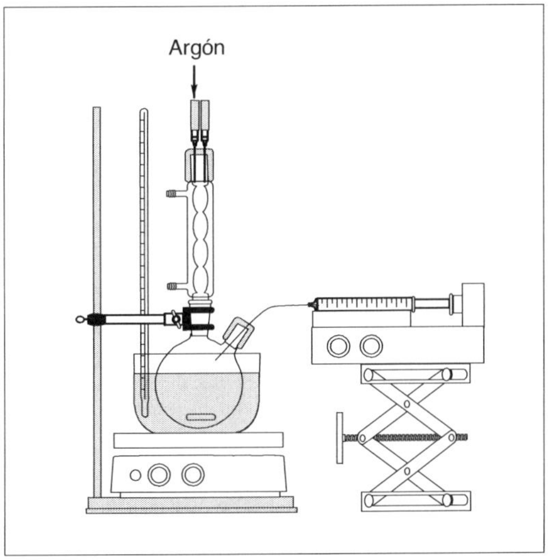

Figura 5.23. Adición con un inyector automático.

4. Tapar la boca lateral del matraz con un séptum.
5. Colocar un refrigerante en la boca central del matraz.
6. Purgar el sistema con argón.
7. Introducir en el matraz el disolvente desgasificado, utilizando jeringa o cánula, y los reactivos. Agitar para conseguir una disolución homogénea.
8. Introducir el matraz en el baño de calefacción y calentar a la temperatura requerida.
9. Programar el inyector automático. Para ello hay que tener en cuenta el volumen que se va a adicionar, el tiempo total que se quiere emplear y el volumen de la jeringa que se va a utilizar. En función de estos parámetros, seleccionar la velocidad de adición deseada. Consultar el manual para las especificaciones concretas de cada equipo.
10. Colocar el inyector sobre un gato para ajustar su altura con respecto a la boca lateral del matraz.
11. Cargar en la jeringa el volumen total de la disolución que se va a añadir. Utilizar una aguja larga, ligeramente doblada para no generar tensión.
12. Introducir la aguja en el séptum del matraz y fijar el pistón de la jeringa en el inyector. Acoplar el émbolo del inyector al émbolo de la jeringa.
13. Encender el inyector. Si durante la adición se quiere modificar la velocidad de la misma, previamente habrá que apagar el inyector.
14. Finalizada la adición, apagar el inyector y sacar la jeringa del matraz.

5.3.9. Reacciones con organolíticos

Las reacciones con organolíticos se llevan a cabo bajo atmósfera inerte empleando disolventes anhidros recién destilados antes de su uso. Algunos de estos compuestos se sintetizan en el laboratorio y sus disoluciones deben valorarse. Otros se manejan a partir de disoluciones comerciales valoradas en éteres o hidrocarburos como disolvente. En cualquier caso, la concentración de las disoluciones de organolíticos varía significativamente tras períodos medios de almacenamiento, como consecuencia de su hidrólisis parcial, con formación de hidróxido de litio, de su oxidación, o del ataque a los disolventes etéreos, con formación de alcóxidos de litio. Por este motivo, es conveniente valorar las disoluciones comerciales de los reactivos organolíticos antes de su empleo en síntesis.

El método más utilizado para la determinación de la concentración de los compuestos organolíticos consiste en una doble valoración ácido-base (método de Gilman). En la primera de ellas, una alícuota de la disolución del reactivo se hidroliza con agua y la fase acuosa se valora con una disolución de ácido clorhídrico 0.1 N utilizando fenolftaleína como indicador. De este modo se determina la cantidad total de base presente en el medio. A continuación, se hace reaccionar el organolítico con un exceso de 1,2-dibromoetano. La reacción da lugar, en función del compuesto en cuestión, al intercambio halógeno-metal, con formación de un haluro de alquilo y eliminación de etileno, o bien a la reacción ácido-base, con formación de bromuro de vinilo y un alcano. La adición de 1,2-dibromoetano no afecta al hidróxido de litio ni a los alcóxidos de litio presentes en el medio. Tras la adición de agua, se lleva a cabo una segunda valoración con ácido clorhídrico 0.1 N y fenolftaleína. La diferencia entre la basicidad total y la residual corresponde a la concentración de organolíticos presentes en la disolución.

La valoración por el método de Gilman implica los siguientes pasos:

1. Con una jeringa, tomar una alícuota (3 ml) de la disolución del organolítico y transferirla a un matraz con hexano.
2. Enfriar la disolución en un baño de hielo-agua.
3. Añadir agua (35 ml), gota a gota y con agitación.
4. Valorar la mezcla frente a una disolución de ácido clohídrico 0.1 N, empleando fenolftaleína como indicador. El volumen de ácido gastado (V_1) valora la basicidad total.
5. En un matraz, preparar una disolución de 1,2-dibromoetano (3 ml) en éter etílico (10 ml) bajo atmósfera inerte.
6. Añadir una alícuota (3 ml) de la disolución de organolítico, gota a gota y con agitación.
7. Agitar durante 1 minuto a temperatura ambiente.
8. Añadir agua al contenido del matraz (30 ml).
9. Valorar la mezcla frente a ácido clorhídrico 0.1 N, empleando fenolftaleína como indicador. El volumen de ácido gastado (V_2) valora la basicidad residual.
10. Determinar la concentración de organolítico: $N = 0.1\ (V_1\text{-}V_2) / 3$, siendo V_1 y V_2 los volúmenes de ácido clorhídrico 0.1 N consumidos en cada una de las valoraciones.

En algunos casos, resulta de interés probar la presencia de un compuesto organolítico en un medio de reacción. El procedimiento más empleado es el test de Gilman-Schulze (test de coloración I, Figura 5.24):

1. Preparar una disolución 1 M de 4,4'-bis (dimetilamino) benzofenona (cetona de Michler) en benceno (1-2 ml).
2. Transferir, gota a gota y con agitación, una alícuota (0.1-0.5 ml) de la disolución del supuesto compuesto organolítico.
3. Añadir agua (1-2 ml).
4. Añadir 2-3 gotas de una disolución de yodo en ácido acético al 0.2%.
5. Observar el color de la disolución: una coloración azul-verdosa es indicativa de la presencia de compuestos organolíticos.

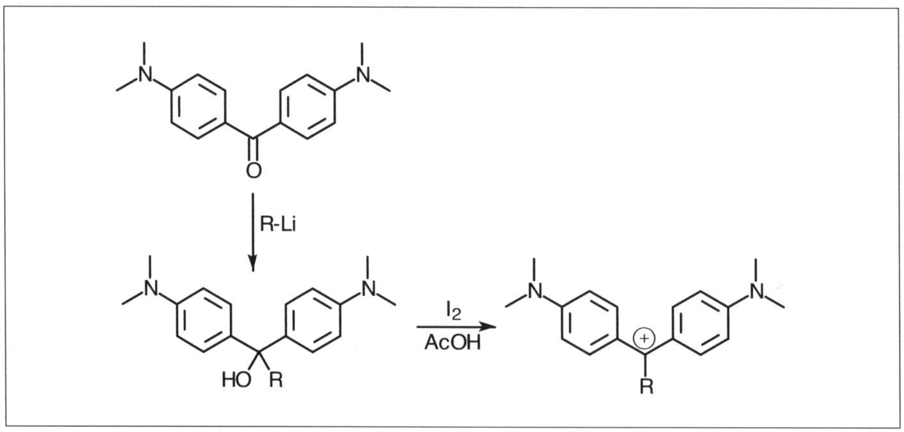

Figura 5.24. Test de Gilman-Schulze.

En caso necesario, se puede llevar a cabo la distinción entre alquil y arillitios empleando el test de Gilman-Swiss (test de coloración II, Figura 5.25), que resulta específico para alquillitios:

1. Preparar una disolución de 4-bromo-*N*,*N*-dimetilanilina al 15% en benceno (1 ml).
2. Transferir, gota a gota y con agitación, una alícuota (0.5 ml) de la disolución del supuesto compuesto organolítico.
3. Añadir una disolución de benzofenona al 15% en benceno (1 ml).
4. Agitar durante 3-5 min.
5. Añadir ácido clorhídrico concentrado (1 ml).
6. Observar el color de la disolución: una coloración roja intensa es indicativa de la presencia de alquillitios.

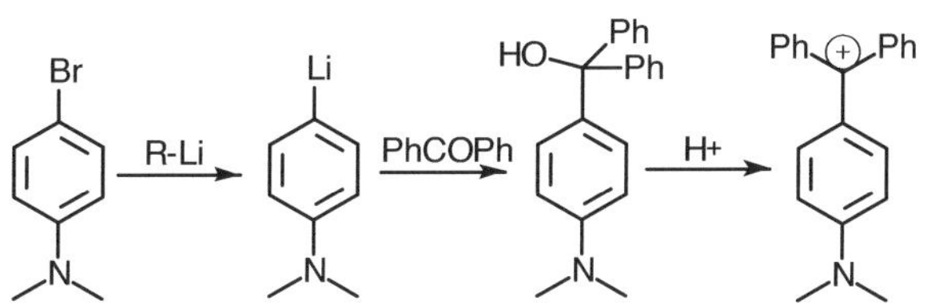

Figura 5.25. Test de Gilman-Swiss.

Bibliografía

Brown, A.; Maurette, M. T. y Oliveros, E.: *Technologie Photochimique,* Presses Polytecniques Romandes, Lausanne, 1986.

Casey, M.; Leonard, J.; Lygo, B. y Procter, G.: *Advanced Practical Organic Chemistry,* Blackie and Son, Glasgow, 1990.

Curran, D. P.; Porter, N. A. y Giese, B.: *Stereochemistry of Radical Reactions,* VCH, Weinheim, 1996.

Hudlicky, M.: *Reductions in Organic Chemistry,* Ellis Horwood Ltd., Chichester, 1984.

Schlosser, M.: *Organometallics in Synthesis: A Manual,* Wiley, London, 1996.

Sharp, J. T.; Gosney, I. y Rowley, A. G.: *Practical Organic Chemistry,* Chapman and Hall, New York, 1989.

Tietze, L. F. y Eiche, T.: *Reactions and Synthesis in the Organic Chemistry Laboratory,* University Science Books, California, 1989.

Vogel, A. I.; Tatchell, A. R.; Furnis, B. S.; Hannaford, A. J. y Smith, P. W. G.: *Vogel's Textbook of Practical Organic Chemistry,* Longman, London, 5.ª edición, 1989.

6

EXTRACCIÓN Y LAVADO

6.1. Aislamiento del producto deseado

Una vez terminada la reacción, la mezcla resultante suele ser bastante compleja y el proceso de aislamiento implica la aplicación sucesiva de diferentes técnicas. La mezcla de reacción puede contener, además del producto deseado, producto de partida sin reaccionar, productos secundarios, compuestos inorgánicos y disolvente. Sólo en algunas reacciones, desafortunadamente muy pocas, el producto deseado precipita en el medio y su aislamiento se simplifica considerablemente, ya que se realiza mediante filtración.

Cada tipo de reacción tiene establecido un procedimiento general de aislamiento, definido con el término inglés "work-up", que depende de la naturaleza de la mezcla y de las propiedades físicas y químicas de los productos implicados.

El primer paso de este proceso suele requerir la eliminación de restos de ácidos, bases o sales, orgánicos e inorgánicos, y el aislamiento del crudo de reacción, que contendrá el producto deseado impurificado con otros productos secundarios. En otras ocasiones, el producto orgánico que interesa se separa directamente de la mezcla orgánica de reacción aprovechando sus propiedades ácido-base. También puede suceder que la reacción se haya efectuado en agua y haya que extraer el producto obtenido utilizando un disolvente inmiscible con ella. Todas estas operaciones se realizan empleando la técnica de extracción.

6.2. Extracción líquido-líquido

El término extracción se define como la transferencia de una sustancia de una fase a otra. Aunque también se utilizan técnicas de extracción sólido-líquido, la más frecuente es la extracción líquido-líquido, conocida simplemente como extracción, que se lleva a cabo entre dos líquidos inmiscibles utilizando un embudo de decantación. Las dos fases líquidas de una extracción son:

a) Fase acuosa: agua o disolución acuosa.
b) Fase orgánica: disolución o disolvente orgánico inmiscible con el agua.

Aunque cualquier proceso que implique la transferencia de un compuesto químico entre dos fases líquidas inmiscibles es una extracción, conviene distinguir entre los términos *extracción* y *lavado*. Ambos definen la misma operación, aunque se realizan con distinto fin, y la terminología cambia según cuál sea la fase de la que se parte: la *extracción* se refiere al paso del compuesto orgánico de interés desde una fase acuosa a un disolvente orgánico (Figura 6.4), mientras que el *lavado* se realiza con una disolución acuosa para retirar de la fase orgánica un compuesto no deseado (Figura 6.5).

lavar con disolución NaCl (saturada)

6.2.1. *Fundamento teórico*

Supongamos que una disolución de un compuesto A en un disolvente 1 se extrae con otro disolvente 2, inmiscible con el primero, en el cual el compuesto A es más soluble. Dicho compuesto se repartirá entre ambos disolventes hasta llegar a una situación de equilibrio. Finalmente, las dos fases líquidas inmiscibles se separarán en el embudo de decantación, quedando abajo la de mayor densidad.

La relación de las concentraciones del compuesto A en cada disolvente, a una temperatura dada, es una constante llamada *coeficiente de reparto* (K). Para un mismo compuesto, el coeficiente de reparto depende de la temperatura y del par de disolventes considerado.

Solubilidad de A en 2 > Solubilidad de A en 1

$$K = \frac{[A]_2}{[A]_1} \approx \frac{\text{Solubilidad de A en el disolvente 2}}{\text{Solubilidad de A en el disolvente 1}}$$

donde $[A]_1$ y $[A]_2$ son las concentraciones en el equilibrio del compuesto A en los disolventes 1 y 2, respectivamente. Realizando una aproximación, puede considerarse que la concentración del compuesto A en cada disolvente se correlaciona con la solubilidad de dicho compuesto en el disolvente puro. Por tanto, el éxito de una extracción depende de la solubilidad relativa del compuesto a extraer en el par de disolventes elegidos.

Los datos de solubilidad de compuestos orgánicos sencillos en distintos disolventes pueden encontrarse en libros de consulta. A partir de aquí, se puede conocer el coeficiente de reparto de un compuesto para cada par de disolventes y calcular la cantidad de compuesto que se obtendría en una extracción utilizando una cantidad determinada de disolvente extractor.

Supongamos como ejemplo el caso de un compuesto A que se encuentra disuelto en agua y quiere extraerse con un disolvente orgánico, en este caso éter dietílico. Las solubilidades del compuesto A en éter dietílico y en agua, a 20 ºC, son 20 g/100 ml y 5 g/100 ml, respectivamente. Por tanto, el coeficiente de reparto del compuesto A en éter y agua será:

$$K = \frac{\text{Solubilidad de A en éter}}{\text{Solubilidad de A en agua}} = \frac{20\ \text{g/100 ml}}{5\ \text{g/100 ml}}$$

Conocido el coeficiente de reparto para el sistema éter/agua, se puede calcular cuánto compuesto se obtendrá si se procede a la extracción de una disolución de 6 g del compuesto A en 100 ml de agua utilizando 100 ml de éter.

Llamando "x" a la cantidad en gramos de compuesto A extraído con éter, la cantidad de A que permanecerá disuelto en agua será: 6 – x. Las concentraciones respectivas del compuesto A en cada disolvente después de la extracción serán:

$$\left[\text{A}\right]_{\text{éter}} = \frac{\text{x g}}{100\ \text{ml}}$$

Sustituyendo en la ecuación del coeficiente de reparto,

$$K = \frac{\left[\text{A}\right]_{\text{éter}}}{\left[\text{A}\right]_{\text{agua}}} = \frac{\text{x g/100 ml}}{\left(6-\text{x}\right)\text{g/100 ml}} = 4$$

de donde x = 4.8 g.

Por tanto, 4.8 g de A se extraerán en éter y 1.2 g quedarán disueltos en la fase acuosa.

De este ejemplo se deduce que, debido a que el compuesto A se distribuye entre los dos disolventes, realizar una única extracción no es muy eficaz, puesto que aún queda una cantidad apreciable de A en la disolución acuosa. Un aspecto muy importante de la técnica de extracción es que, para un mismo volumen final de disolvente orgánico, es más efectivo realizar varias extracciones con un volumen menor que una única extracción con todo el disolvente.

En el ejemplo anterior, supongamos que en lugar de hacer una sola extracción con 100 ml de éter se realizan dos con 50 ml.

En la primera extracción:

$$K = \frac{\text{x g/50 ml}}{\left(6-\text{x}\right)\text{g/100 ml}} = \frac{2\text{x}}{6-\text{x}} = 4$$

de donde x = 4 g.

Por tanto, se habrán extraído 4 g del compuesto A en la fase orgánica y quedarán 2 g en la fase acuosa.

En la segunda extracción, llamamos "y" a la cantidad en gramos de compuesto A que se va a extraer.

$$K = \frac{\text{y g/50 ml}}{\left(2-\text{y}\right)\ \text{g/100 ml}} = \frac{2\text{y}}{6-\text{y}} = 4$$

de donde y = 1.3 g.

Por tanto, realizando dos extracciones sucesivas con 50 ml de éter se obtendrán 5.3 g del compuesto A, mientras que una única extracción con 100 ml de éter proporciona 4.8 g de compuesto extraído. Como se demuestra en el ejemplo, la eficacia de la extracción aumenta considerablemente si se realizan varias extracciones con poca cantidad de disolvente en lugar de una sola con un volumen mayor. De modo general, para extraer un compuesto orgánico de una fase acuosa se realizan varias extracciones *(extracción múltiple)* y a medida que el número de éstas aumenta, se incrementa la cantidad de compuesto extraído.

La mayor parte de los compuestos orgánicos tienen coeficientes de reparto entre un disolvente y agua mayores de 4. Por tanto, una extracción doble o triple generalmente extraerá de una disolución acuosa la mayor parte del compuesto orgánico. En ocasiones, se satura la fase acuosa con cloruro sódico, ya que la solubilidad de los compuestos orgánicos en disoluciones acuosas saturadas con electrolitos fuertes es mucho menor que en agua *(efecto salino)*. Únicamente cuando K es muy grande (> 100) sería suficiente realizar una única extracción. Para compuestos solubles en agua donde K sea próximo a 1, solamente se extraerá una pequeña cantidad de compuesto. En ese caso hay que recurrir a la técnica de extracción líquido-líquido en continuo (Apartado 6.7).

6.2.2. Procedimiento experimental

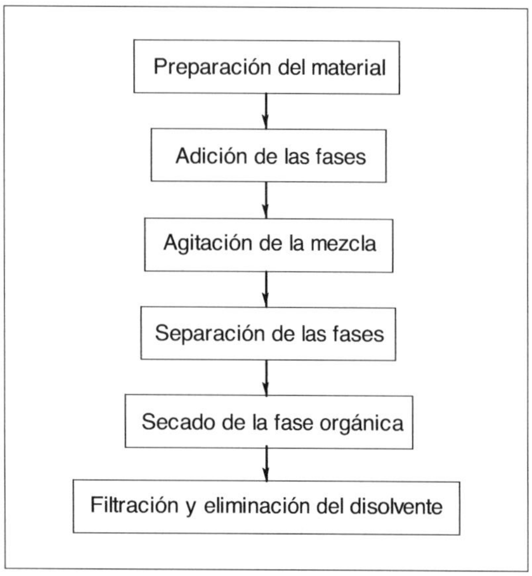

Figura 6.1. Fases de un proceso de extracción o lavado.

A) Preparación del material

El material necesario para llevar a cabo una extracción está representado en la Figura 6.2. La extracción en sí se realiza en un embudo de decantación que debe estar provisto de un tapón y una llave que ajusten perfectamente. La llave puede ser de teflón o de vidrio. Esta última requiere una pequeña cantidad de grasa para que gire perfectamente sin causar pérdidas (Figura 2.3). El tapón y la boca esmerilada no deben engrasarse nunca. Para evitar que se queden adheridos, deben mantenerse limpios, sin restos de productos orgánicos o inorgánicos.

Colocar el embudo de decantación sobre un aro metálico unido a un soporte. Antes de realizar la adición de cualquier disolución al embudo hay que comprobar que la llave esté cerrada. Para facilitar la adición se utiliza un embudo cónico y siempre es conveniente colocar un vaso de precipitados grande debajo del embudo, por si éste se rompiera o la llave perdiese. A medida que las fases se van extrayendo del embudo, se recogen en erlenmeyers.

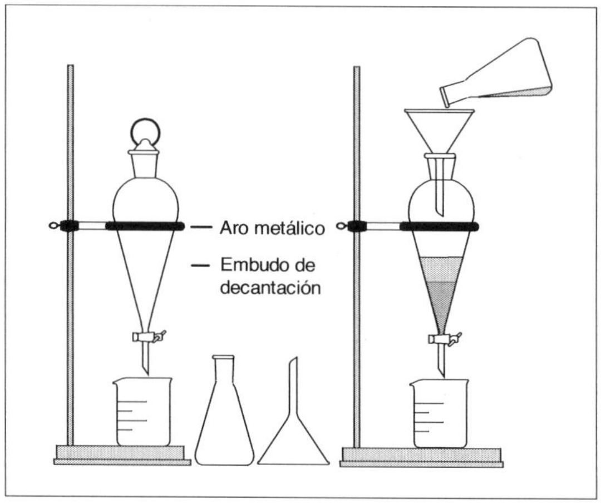

Figura 6.2. Material necesario para una extracción y modo de efectuar la adición de las fases.

B) Adición de las fases

Utilizando un embudo cónico, verter al embudo de decantación la disolución que se va a extraer y seguidamente el disolvente extractor (Figura 6.2). No llenar el embudo más de tres cuartas partes de su volumen ni introducir disoluciones calientes.

C) Agitación de la mezcla

1. Tapar el embudo y tomarlo firmemente con ambas manos, sujetando con una la llave y con otra el tapón.
2. Colocar el embudo en posición horizontal y agitar suavemente imprimiendo un movimiento circular. Al agitar un disolvente volátil su presión de vapor aumenta, generándose una sobrepresión en el interior del embudo; para eliminarla, invertir el embudo y abrir la llave con cuidado. Si mientras se agita no se elimina la sobrepresión, el tapón podría saltar bruscamente y derramarse parte del contenido del embudo.
3. Cerrar la llave de nuevo y repetir la operación de agitar y abrir la llave varias veces.

D) Separación de las fases

Apoyar el embudo sobre el aro, quitar el tapón y esperar hasta que las fases se separen por completo y se observe claramente la línea de separación. Si la interfase no fuese nítida (emulsión), consultar el Apartado 6.6.

Antes de proceder a sacar del embudo la fase inferior, comprobar que el tapón se ha retirado. Si la llave se abriera con el tapón puesto, después de salir las primeras gotas de líquido, se produciría en el interior del embudo una disminución gradual de la presión con respecto al exterior, que impediría la salida de su contenido.

La fase inferior se saca del embudo abriendo la llave, y se recoge en un erlenmeyer. Al principio de la separación, la llave se abre completamente y a medida que el volumen de la fase inferior va disminuyendo, se cierra gradualmente hasta que la línea de separación de las fases se aproxima a la llave. Para evitar que las gotas de la fase inferior que han quedado sobre las paredes del embudo se pierdan, girar el embudo ligeramente alrededor de su posición vertical y añadir ese pequeño volumen a la fase anteriormente separada. Si quedara algo de líquido en el vástago del embudo, golpearlo suavemente para que descienda.

La fase superior se vierte por la boca del embudo a otro erlenmeyer, evitando así que se impurifique con restos de la fase inferior que hayan quedado en la llave o en el vástago. Si la fase superior tiene que lavarse o extraerse de nuevo, no es necesario sacarla del embudo.

Es importante no desechar ninguna de las fases hasta que no haya certeza sobre la naturaleza, acuosa u orgánica, de cada una (Apartado 6.3.2).

En los casos en que haya que realizar una extracción múltiple, el proceso se repite de nuevo. La fase acuosa inicial se extrae de nuevo con más disolvente, tantas veces como haga falta. Finalmente se juntan todas las fases orgánicas antes de proceder a la eliminación de los restos de agua.

E) Secado de la fase orgánica

El conjunto de fases orgánicas recogidas en las diferentes extracciones se lava con disolución saturada de cloruro sódico, que retiene el agua de la fase orgánica con el fin de incrementar la solvatación de la sal. A continuación, se eliminan las trazas de agua utilizando un agente desecante inerte, generalmente sulfato sódico o magnésico anhidros. Consultar el Apartado 7.1.3 sobre secado de disoluciones orgánicas.

La cantidad residual de agua presente en la fase orgánica es imperceptible ya que, además de estar en baja proporción, está en su mayor parte disuelta en el disolvente. Por tanto, la aparición de agua en el fondo del erlenmeyer proviene de un error experimental en la separación de las fases. Si eso sucede, en lugar de añadir el desecante, se debe introducir de nuevo la mezcla en el embudo y separar el agua existente. Sólo debe añadirse desecante si no se observan gotas de disolución acuosa en la fase orgánica.

Se añade a la fase orgánica una cantidad de desecante proporcional a la cantidad de disolvente, suficiente para cubrir el fondo del erlenmeyer. Se agita ligeramente el erlenmeyer alrededor de su posición vertical, se deja en reposo y se tapa para evitar la evaporación del disolvente. Se espera un tiempo (generalmente es suficiente de 10 a 15 minutos), hasta que la turbidez inicial desaparezca y la disolución esté completamente transparente.

F) Filtración y eliminación del disolvente

El agente desecante hidratado se filtra por gravedad sobre un matraz (Figura 6.3) utilizando un embudo cónico y un filtro de pliegues (Apartado 7.3.1) o una placa filtrante (Apartado 7.3.2.B). El erlenmeyer, el agente desecante y el filtro se lavan abundantemente con el mismo disolvente para evitar pérdidas de producto. El disolvente se elimina a presión reducida en el rotavapor (Apartado 2.3.6) aislándose de este modo el compuesto extraído, que posteriormente deberá purificarse.

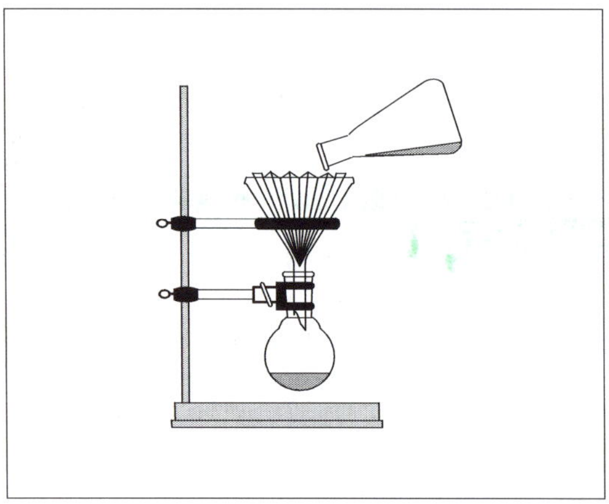

Figura 6.3. Filtración del agente desecante.

6.3. Extracción

Con bastante frecuencia se tiene que extraer un compuesto orgánico de una disolución acuosa, bien porque la reacción se ha efectuado en agua, o bien porque ha sido necesario añadir una disolución acuosa al finalizar ésta. Las dos fases implicadas son:

a) Fase acuosa, que inicialmente contiene el compuesto a extraer.
b) Disolvente orgánico, inmiscible con el agua, que se utiliza como fase extractora.

En la práctica, debido a que el compuesto a extraer se distribuye entre los dos disolventes inmiscibles, no es suficiente con realizar una única extracción y se recurre a extracciones múltiples (Figura 6.4). Una vez que la primera extracción ha finalizado, la fase acuosa se extrae de nuevo con otra porción de disolvente y la fase orgánica resultante se junta con la que se obtuvo en la primera extracción para proseguir con el proceso de secado. Lo normal es realizar dos o tres extracciones dependiendo de la solubilidad del compuesto orgánico en ambos disolventes.

Si el compuesto a extraer es bastante soluble en agua, aunque se realice una extracción múltiple, se corre el riesgo de no extraerlo completamente. Para mejorar la extracción pueden tomarse dos medidas:

— Saturar la disolución acuosa con cloruro sódico para disminuir la solubilidad del compuesto orgánico en agua (efecto salino).
— Aumentar la polaridad del disolvente con el que se va a extraer, siempre y cuando siga siendo inmiscible en agua.

6.3.1. Elección del disolvente

A la hora de elegir un disolvente para realizar la extracción de un compuesto orgánico disuelto

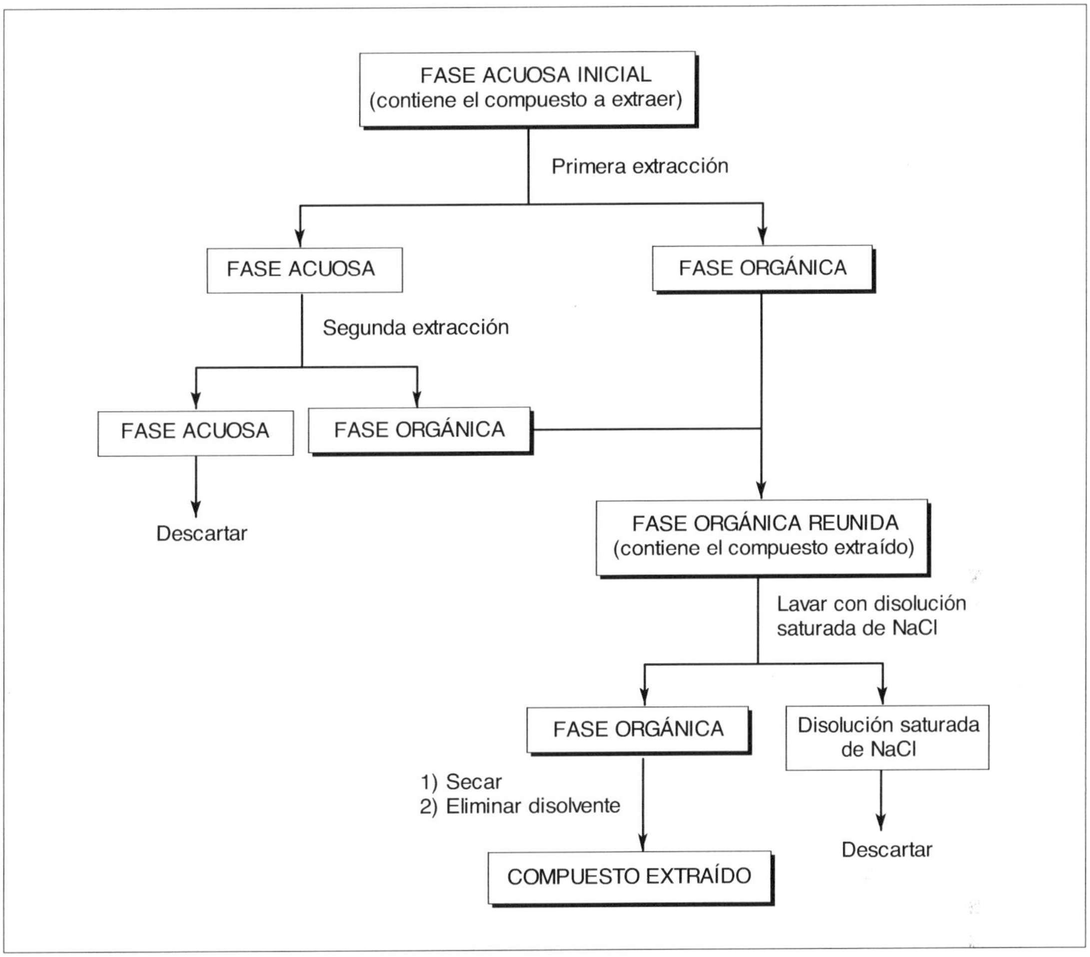

Figura 6.4. Extracción doble de un compuesto orgánico disuelto en una fase acuosa.

en agua, hay que tener en cuenta que debe cumplir los siguientes requisitos:

a) Ser inmiscible en agua. En el Cuadro 6.1 se muestra una relación de disolventes miscibles e inmiscibles en agua, así como la solubilidad máxima que presentan en ella y la cantidad de agua que adsorben en contacto con una fase acuosa.

b) Disolver mejor que el agua la sustancia que se pretende extraer.

c) Tener un punto de ebullición bajo, de manera que, una vez finalizada la extracción, el soluto pueda recuperarse eliminando el disolvente a presión reducida en el rotavapor. Si el compuesto a extraer es un líquido, se debería averiguar previamente su punto de ebullición para utilizar un disolvente de punto de ebullición más bajo, que pueda eliminarse fácilmente en el rotavapor sin pérdida del producto extraído.

d) No reaccionar con el producto que se quiere extraer.

e) No ser inflamable ni tóxico y, entre varios disolventes posibles, elegir el más barato.

CUADRO 6.1. Densidad y miscibilidad en agua de los disolventes más comunes.

	Disolvente	Densidad (g/ml)	Solubilidad en agua (g/100 ml)	Agua disuelta (g/100 ml)
Disolventes inmiscibles en agua	Acetato de etilo	0.900	8.0	2.9
	Benceno	0.879	0.5	0.06
	Ciclohexano	0.779	0.001	0.01
	Cloroformo	1.492	0.5	0.07
	Diclorometano	1.325	2.0	1.3
	Éter dietílico	0.715	6.0	1.5
	Hexano	0.659	0.001	0.01
	Pentano	0.626	0.036	0.01
	Tetracloruro de carbono	1.594	0.025	0.01
Disolventes miscibles en agua	Acetona, Acetonitrilo, Ácido acético, Ácido fórmico, *t*-Butanol, Dimetilformamida (DMF), Dimetilsulfóxido (DMSO), Dimetoxietano (DME), 1,4-Dioxano, Etanol, Hexametilfosforamida (HMPA), Metanol, Piridina, *i*-Propanol, *n*-Propanol, Tetrahidrofurano (THF)			

6.3.2. Orden de las fases

En los procesos de extracción o lavado, donde se utiliza una disolución acuosa y otra orgánica, el orden de las fases depende de sus densidades relativas. En el Cuadro 6.1 se muestra la densidad de los disolventes inmiscibles en agua más utilizados para extraer. Los disolventes halogenados, más densos que el agua, quedan por debajo de ésta mientras que el resto, al ser menos densos, quedan por encima.

La mayor parte de las disoluciones acuosas que se utilizan en procesos de lavado contienen un 5-10% de soluto. Por tanto, la densidad de estas disoluciones está muy próxima a la del agua (1.0 g/ml). La densidad de una disolución saturada de cloruro sódico (36.7 g de cloruro sódico en 100 ml de agua) es 1.2 g/ml.

Excepcionalmente, puede presentarse el caso de una disolución en un disolvente orgánico menos denso que el agua, que al tener una alta concentración de un soluto muy denso, aumente su densidad considerablemente y resulte mayor que la de la fase acuosa. Como norma general, para evitar errores irrecuperables, no se debe descartar ninguna de las fases hasta que no se esté seguro de cuál es la que interesa, y de que el producto se ha extraído por completo. Si existen dudas a la hora de decidir cuál es la fase acuosa y cuál la orgánica, la siguiente prueba puede resultar de gran utilidad:

1. Separar la fase inferior y añadir una pequeña cantidad de agua a la fase que ha quedado en el embudo, independientemente de su naturaleza.
2. Dependiendo de que dicha fase sea acuosa u orgánica, tras la adición de agua se observarán en el embudo una o dos fases. Si la que quedaba inicialmente en el embudo fuera orgánica, aparecerán dos fases. En tal caso, separar la pequeña cantidad de agua añadida. Si fuera acuosa, se observará una sola fase, y el haber añadido una

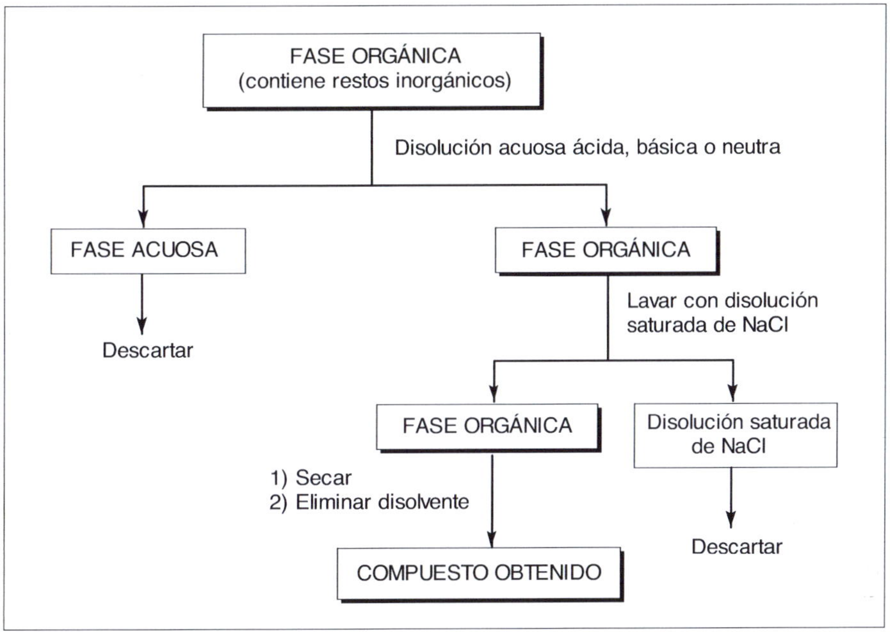

Figura 6.5. Lavado de una disolución orgánica que contiene restos ácidos, básicos o neutros.

pequeña cantidad de agua sólo habrá producido una ligera dilución, que carece de importancia práctica.

6.4. Lavado de disoluciones orgánicas

Los procesos de lavado son muy frecuentes en las etapas de aislamiento, y en general se llevan a cabo para eliminar los restos inorgánicos (sales, ácidos o bases) presentes en una mezcla orgánica de reacción (Figura 6.5). El tipo de disolución acuosa a emplear depende del carácter ácido, básico o neutro del resto a eliminar (Cuadro 6.2).

Para eliminar restos de ácidos suelen utilizarse disoluciones acuosas de bicarbonato sódico que en el proceso de neutralización generan dióxido de carbono. Por tanto, hay que tener una espe-

CUADRO 6.2. Lavado de disoluciones orgánicas: tipo de disolución acuosa utilizada y finalidad.

Disolución acuosa	Finalidad
Agua	Eliminación de productos solubles en agua, generalmente sales inorgánicas.
Disolución saturada de NaCl	*a)* Eliminación de restos inorgánicos sin perder compuesto orgánico cuando éste es parcialmente soluble en agua. *b)* Eliminación de restos de agua al final de un proceso de extracción o lavado.
Disolución acuosa diluida ácida	Eliminación de bases presentes en la fase orgánica.
Disolución acuosa diluida básica	Eliminación de ácidos presentes en la fase orgánica.
Disolución acuosa de tiosulfato o bisulfito sódico	Eliminación de restos de bromo o yodo presentes en la fase orgánica.

cial precaución al realizar la adición, y abrir la llave del embudo de extracción repetidas veces en tiempos cortos mientras se agita, con el fin de evitar una sobrepresión excesiva en el embudo.

Un error frecuente en los procesos de lavado con disoluciones acuosas ácidas o básicas consiste en medir el pH de la fase orgánica con papel indicador y sorprenderse por la ausencia del color esperado, sin tener en cuenta que mediante este procedimiento sólo es posible medir el pH de disoluciones acuosas. Por tanto, el pH que hay que medir es el de la fase acuosa que ha estado en contacto con la orgánica.

6.5. Extracción ácido-base

Los compuestos orgánicos con carácter ácido o básico que están disueltos en un disolvente orgánico pueden llevarse a una fase acuosa simplemente aprovechando sus propiedades ácido/base. En ocasiones, una mezcla orgánica puede contener ácidos carboxílicos (ácidos fuertes, $pK_a \approx 5$), fenoles (ácidos débiles, $pK_a \approx 10$) o aminas (bases, $pK_b \approx 4$) que interesa separar, bien para eliminarlos de la mezcla o para seguir trabajando con ellos. El procedimiento de extracción consiste en transformarlos secuencialmente en su sal correspondiente haciéndolos reaccionar con una disolución acuosa ácida o básica (Figura 6.6). La sal que se forma es soluble en agua e insoluble en el disolvente orgánico, al contrario que el resto de compuestos orgánicos de partida. De esta manera se consigue separar un compuesto orgánico, ácido o básico, de la disolución orgánica inicial. Si en la mezcla inicial hay compuestos orgánicos neutros, no se verán afectados por estas reacciones ácido/base y permanecerán inalterados en la disolución orgánica de partida. En todos los casos, es necesario repetir la extracción con ácido o base varias veces con objeto de garantizar la transformación de todo el compuesto orgánico ácido o básico en su sal.

Una vez que el compuesto orgánico ácido o básico se encuentra disuelto en la fase acuosa en forma de su sal, puede recuperarse de nuevo mediante la reacción ácido-base inversa, que transforma la sal en el compuesto orgánico de partida, insoluble en agua (Figura 6.7).

A continuación hay que separar de la fase acuosa el compuesto orgánico insoluble. El procedimiento general consiste en realizar una extracción con un disolvente orgánico. Sin embargo, si el compuesto es sólido, al ser insoluble en agua precipita y la separación se puede llevar a cabo mediante filtración.

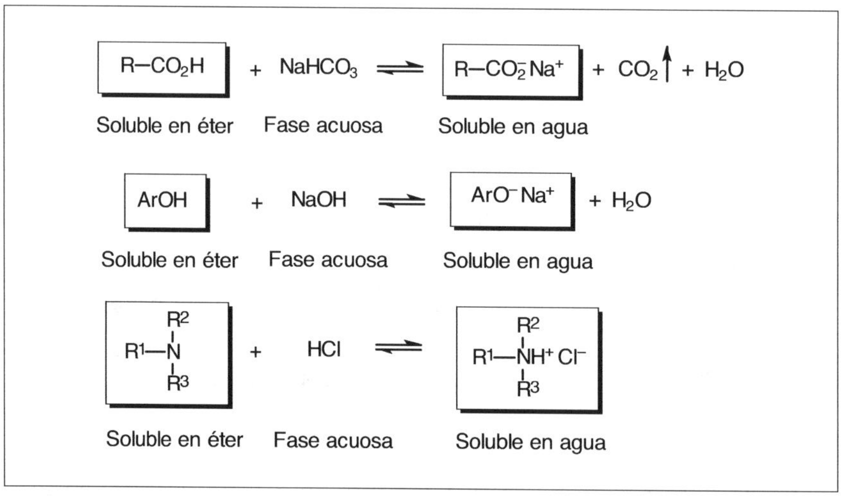

Figura 6.6.

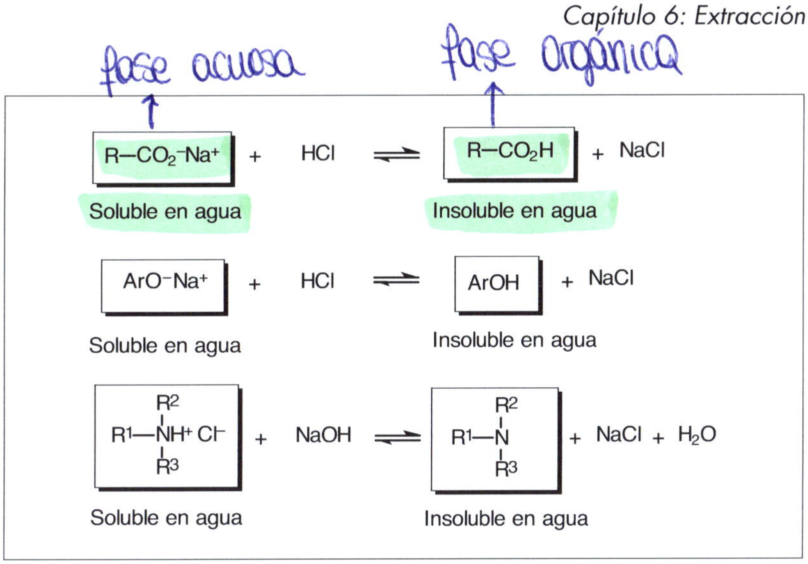

Figura 6.7.

En las Figuras 6.8, 6.9 y 6.10 están indicados mediante esquemas todos los pasos a seguir para extraer de una mezcla orgánica un ácido carboxílico, un fenol o una amina.

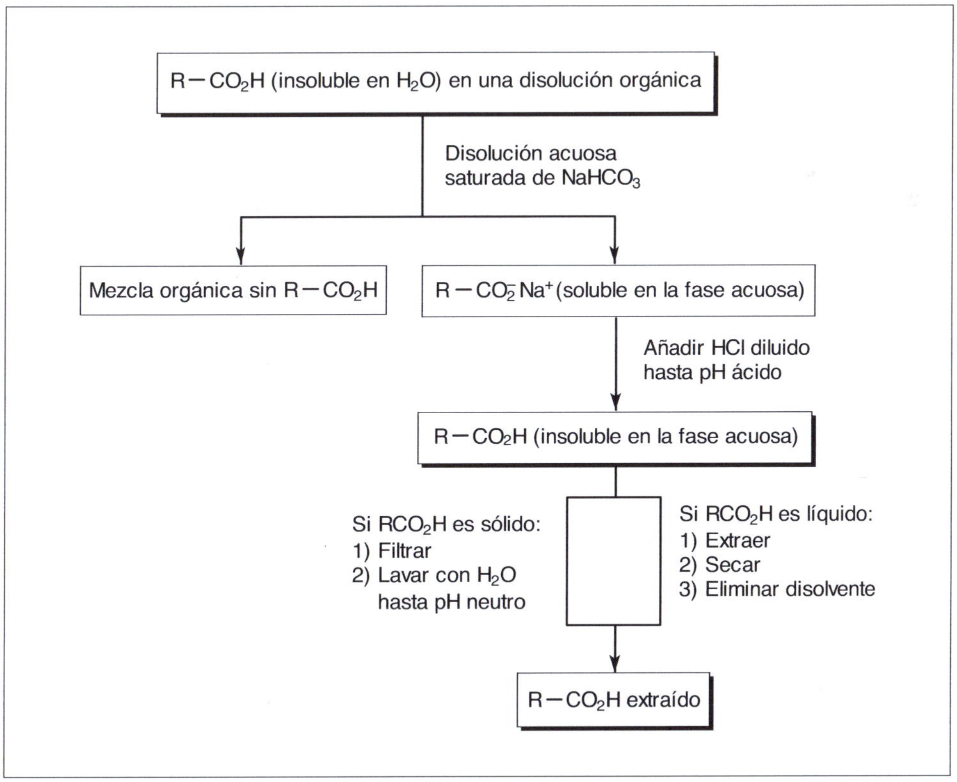

Figura 6.8. Extracción de un ácido carboxílico (ácido fuerte) de una mezcla orgánica.

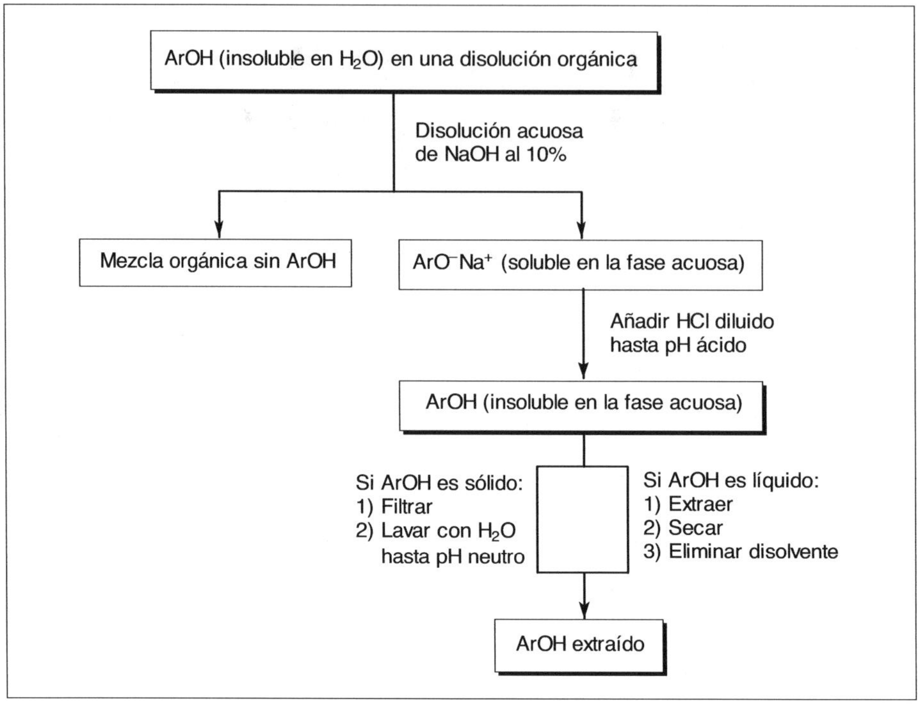

Figura 6.9. Extracción de un fenol (ácido débil) de una mezcla orgánica.

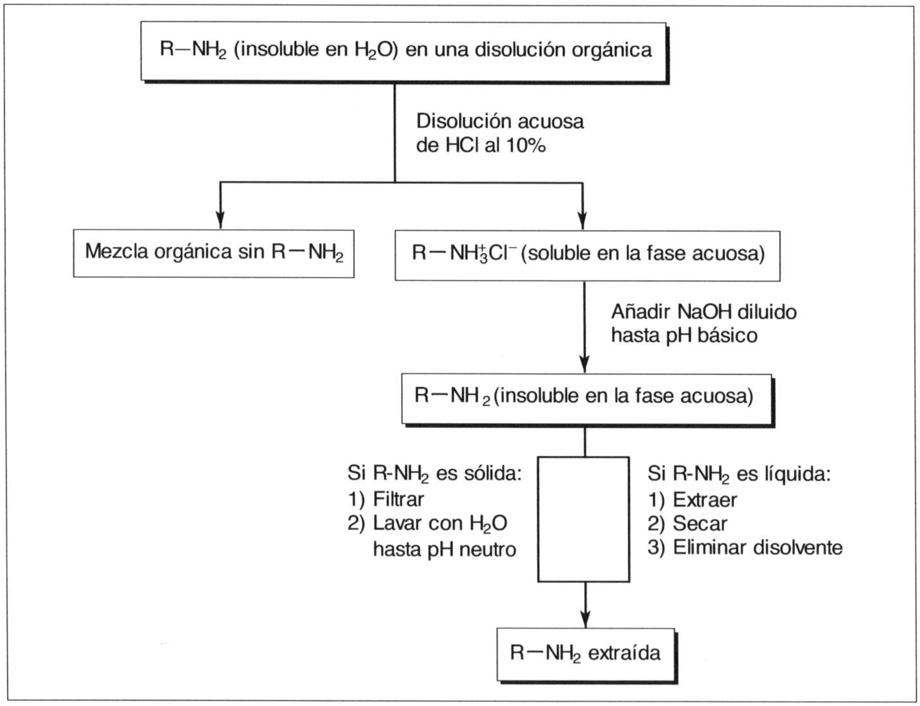

Figura 6.10. Extracción de una amina (base) de una mezcla orgánica.

Una disolución acuosa al 5-10% de hidróxido sódico transforma los ácidos carboxílicos y los fenoles en sus sales sódicas correspondientes, que serán solubles en la fase acuosa. Por tanto, utilizando una disolución acuosa de hidróxido sódico sería imposible separar una mezcla de un ácido carboxílico y un fenol. Para llevar a cabo tal separación se transforma primero el ácido carboxílico en su sal sódica haciéndolo reccionar con una disolución acuosa diluida de bicarbonato sódico, con la que el fenol no reaccionará al no ser suficientemente ácido.

Puede suceder que la disolución orgánica de partida contenga varios compuestos con diferentes propiedades ácido-base. En ese caso se combinan, uno tras otro, los procesos de extracción ácido-base correspondientes a los compuestos existentes en la mezcla, teniendo en cuenta que este método de separación no es válido para separar entre sí compuestos con idénticas propiedades ácido-base.

A modo de ejemplo, supongamos el caso de una disolución etérea que contiene cuatro compuestos orgánicos con diferentes propiedades ácido-base: un ácido fuerte (ácido benzoico), un ácido débil (fenol), una base (anilina) y un compuesto neutro (naftaleno). El procedimiento a seguir para su separación se muestra en la Figura 6.11 y se detalla a continuación:

1. La disolución etérea I, que contiene los compuestos a separar, se agita con una disolución acuosa de ácido clorhídrico al 10%. La anilina, el compuesto básico, forma el clorhidrato de anilinio que, al ser una sal soluble en la fase acuosa, pasa a ésta y se elimina de la mezcla inicial. Esta operación se repite dos veces más para garantizar la extracción total de la anilina. Para recuperar la anilina, se añade a la fase acuosa ácida una disolución de hidróxido sódico al 10% hasta pH básico. En la fase acuosa se observará la aparición de la anilina como una emulsión aceitosa inmiscible en agua. Para separarla de la fase acuosa, se lleva a cabo una extracción con éter u otro disolvente inmiscible con el agua. Finalmente, la fase orgánica se lava con disolución saturada de cloruro sódico, se seca sobre sulfato magnésico anhidro, se filtra y se evapora el disolvente a presión reducida.
2. A la disolución etérea II, que contiene ácido benzoico, fenol y naftaleno, se le adiciona una disolución saturada de bicarbonato sódico (base débil) que reacciona solamente con el ácido benzoico (ácido fuerte) formando benzoato sódico. Al ser ésta una sal soluble en la fase acuosa, se elimina de la disolución etérea. Esta operación se repite dos veces más para extraer todo el ácido benzoico. A la fase acuosa se le añade ácido clorhídrico diluido hasta pH ácido para recuperar el ácido benzoico, que es un sólido insoluble en agua y, por tanto, precipita en el medio acuoso. Finalmente se filtra y se seca.
3. En la disolución etérea III quedan solamente fenol y naftaleno. Al agitar con una disolución acuosa de hidróxido sódico al 10%, el fenol (ácido débil) forma fenóxido sódico, soluble en la fase acuosa. Se realizan de nuevo dos extracciones más. Tras añadir a la fase acuosa ácido clorhídrico diluido hasta pH ácido, el fenol precipita, se filtra y se seca.
4. La fase etérea final, que contiene únicamente naftaleno, se lava con disolución saturada de cloruro sódico y se seca sobre sulfato magnésico anhidro. El desecante se filtra y el disolvente se evapora a presión reducida en el rotavapor obteniéndose el naftaleno, que es sólido a temperatura ambiente.

6.6. Emulsiones

Una emulsión es la suspensión coloidal de un líquido en el seno de otro. Es el problema que se presenta con más frecuencia en los procesos de extracción. El resultado es que las dos fases líqui-

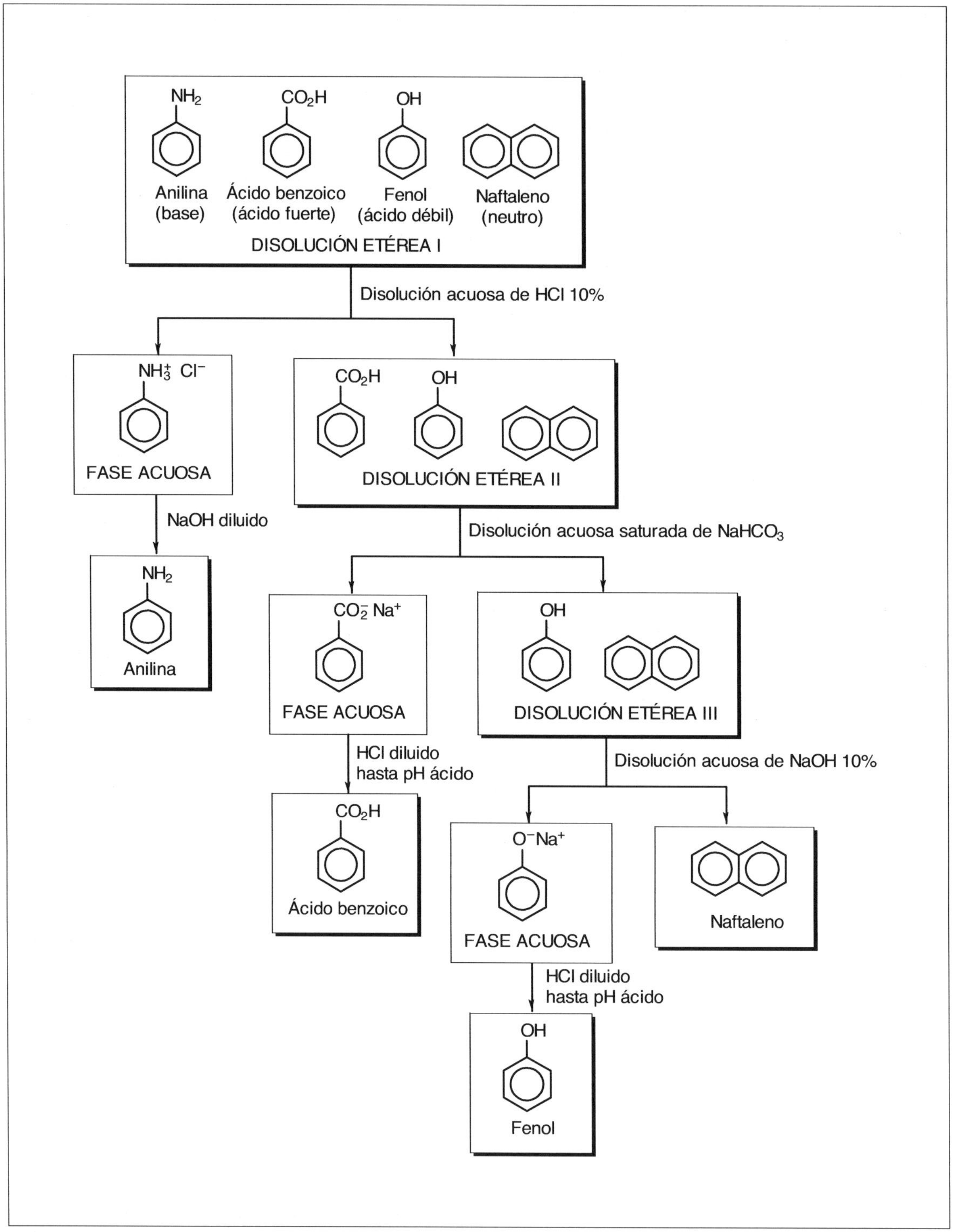

Figura 6.11. Procedimiento a seguir para la separación de un ácido fuerte, un ácido débil, una base y un compuesto neutro.

das inmiscibles no se separan completamente, o se separan con mucha dificultad, quedando la emulsión en la zona intermedia (Figura 6.12).

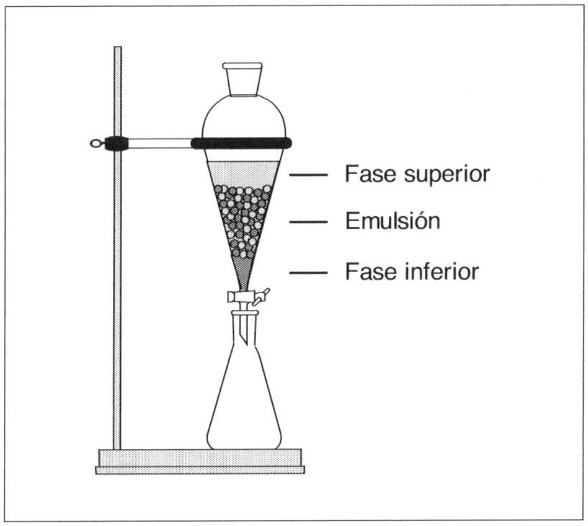

Figura 6.12. Emulsión en un proceso de extracción.

La formación de una emulsión es frecuente en los siguientes casos:

a) Cuando las dos fases, acuosa y orgánica, tienen densidades similares.
b) Cuando el compuesto disuelto tiene grupos hidrófilos e hidrófobos en su estructura.
c) Cuando se utilizan disoluciones acuosas básicas.

Si se prevé de antemano que se puede formar una emulsión, lo mejor es intentar evitarla agitando suavemente el embudo de extracción, ya que cuanto más vigorosamente se agite, más emulsión se forma. En ese caso, en lugar de agitar, conviene invertir lentamente el embudo varias veces seguidas.

Las emulsiones, una vez formadas, son difíciles de romper. Para facilitar la separación completa de las dos fases, pueden seguirse los siguientes consejos:

a) Dejar el embudo en reposo, sin tapón, durante cierto tiempo y de vez en cuando girar el embudo alrededor de su posición vertical ya que poco a poco ambas fases tienden a estabilizarse.
b) Añadir una disolución saturada de cloruro sódico y agitar suavemente, ya que la presencia de una elevada concentración de un electrolito fuerte en la fase acuosa contribuye a la separación.
c) Ayudar a la separación de ambas fases moviendo suavemente la interfase con una espátula.
d) Si finalmente queda una pequeña cantidad de emulsión imposible de eliminar, se recomienda incorporarla a la fase orgánica y lavarla con disolución saturada de cloruro sódico para eliminar el residuo acuoso.

En ocasiones, cuando los métodos anteriores han resultado infructuosos, pueden resultar útiles las siguientes recomendaciones:

a) Si la mezcla contiene partículas sólidas, éstas contribuyen a estabilizar la emulsión. En primer lugar se adiciona un poco más de disolvente o de agua para intentar que el sólido se disuelva, pero si es abundante y no desaparece, la mejor solución es filtrar la mezcla a vacío antes de proceder a la separación.
b) Conectar la boca del embudo a una fuende vacío y hacer vacío repetidas veces durante tiempos cortos.
c) Verter la mezcla en un erlenmeyer e introducirla en un baño de ultrasonidos.
d) En reacciones a pequeña escala se puede centrifugar la mezcla de disolventes.

6.7. Extracción líquido-líquido en continuo

Supongamos que se necesita extraer de una fase acuosa un compuesto orgánico que tiene un bajo coeficiente de reparto entre el agua y el disolvente. Si la extracción se realizara en un embudo de decantación, requeriría repetir la operación muchas veces, emplear una gran cantidad de disolvente y, aun así, el compuesto orgánico no se extraería completamente. Cuando esto sucede, puede llevarse a cabo una extracción en continuo, procedimiento que requiere menos disolvente ya que éste se recicla.

El aparato que se muestra en la Figura 6.13.a se emplea cuando la extracción se lleva a cabo con disolventes menos densos que el agua. La disolución acuosa que se va a extraer se coloca en el Dean-Stark. El disolvente se introduce en un matraz de fondo redondo conectado a la boca esmerilada del tubo lateral. Al calentar el disolvente, sus vapores ascienden hasta llegar al refrigerante, donde condensan. El disolvente que refluye se recoge en un embudo y cae por un tubo estrecho de vidrio que tiene una placa porosa en su extremo inferior. Seguidamente, el disolvente sale por la placa y, al ser menos denso que el agua, asciende atravesando la fase acuosa y extrayendo a su paso el compuesto orgánico hasta llegar a la fase superior. El exceso de disolvente, que contiene el compuesto extraído, retorna de nuevo al matraz donde la concentración del compuesto orgánico va aumentando a medida que la extracción avanza.

Para disolventes más densos que el agua, se utiliza un aparato como el que se muestra en la Figura 6.13.b. El disolvente refluye por la tubuladura lateral llegando al refrigerante donde condensa y cae sobre la disolución acuosa. Al ser más denso que el agua, atraviesa la fase acuosa extrayendo el compuesto orgánico hasta llegar a la fase inferior. El exceso de disolvente retorna al matraz por la tubuladura lateral. A medida que la extracción avanza, en el matraz va aumentando la concentración del compuesto orgánico extraído.

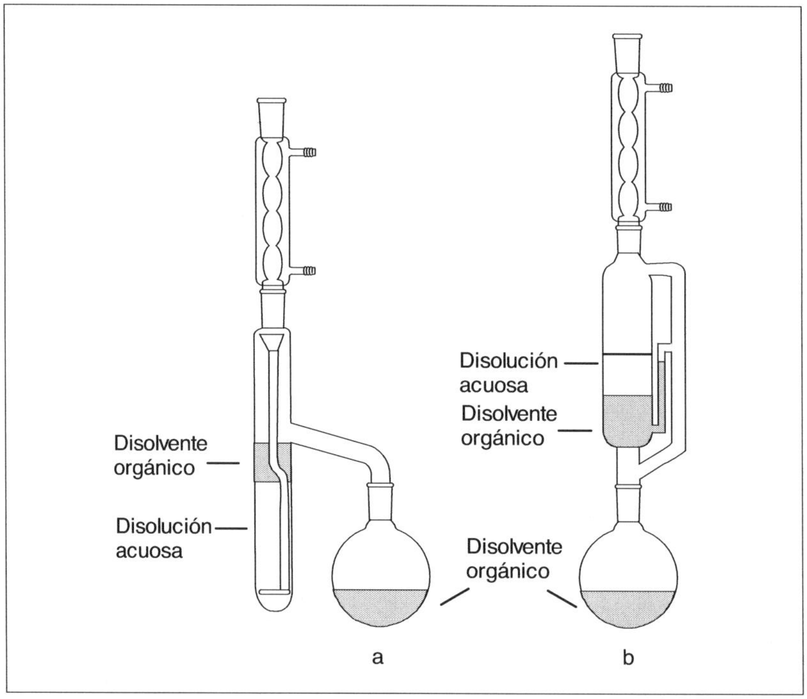

Figura 6.13. Aparatos para extracciones en continuo: (a) Extractor líquido-líquido para disolventes menos densos que el agua; (b) Extractor líquido-líquido para disolventes más densos que el agua.

Las extracciones en continuo requieren varias horas, o incluso varios días. Cuando la extracción ha finalizado, la fase orgánica se seca y el disolvente se elimina a presión reducida.

6.8. Extracción sólido-líquido en continuo

En ocasiones es necesario extraer un compuesto orgánico de una mezcla sólida, generalmente inorgánica, poco soluble tanto en disolventes orgánicos como en agua. Aunque el compuesto orgánico no sea muy soluble en el disolvente, puede aislarse fácilmente llevando a cabo una extracción en continuo con un extractor Soxhlet (Figura 6.14). El sólido se coloca en el depósito superior del aparato, dentro de un cartucho de celulosa que actúa como filtro. Al calentar el matraz, el vapor del disolvente asciende por el tubo lateral y condensa en el refrigerante cayendo sobre el sólido que se encuentra en el cartucho. El disolvente extrae poco a poco el sólido y va llenando el depósito superior hasta que, cuando alcanza la parte alta del tubo lateral estrecho, cae de nuevo al matraz y el depósito superior se vacía completamente por efecto "sifón". El proceso se repite automáticamente. La concentración del compuesto orgánico extraído va aumentando en el matraz hasta que la extracción finaliza.

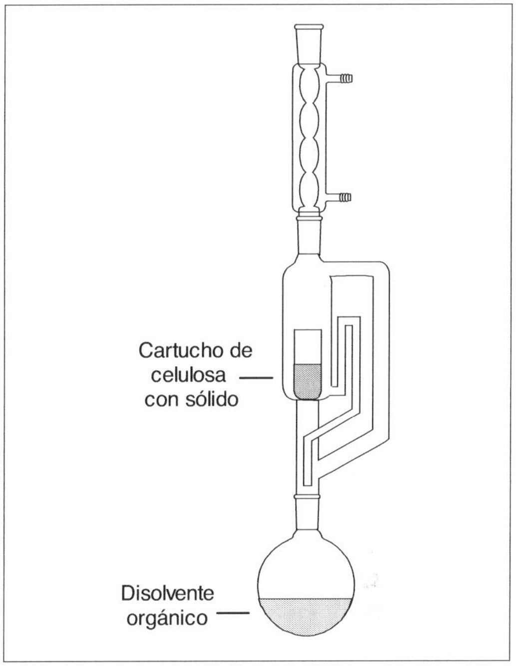

Figura 6.14. Extractor Soxhlet.

Bibliografía

Durst, H. D. y Gokel, G. W.: *Experimental Organic Chemistry,* McGraw-Hill, New York, 2.ª edición, 1987.

Fessenden, R. J.; Fessenden, J. S. y Feist, J.: *Organic Laboratory Techniques,* Brooks/Cole, 3.ª edición, 2001.

7

SECADO
Y FILTRACIÓN

7.1. Secado: eliminación de restos de agua

El proceso de secado más habitual es el que se lleva a cabo para eliminar los restos de agua que los disolventes, las disoluciones y los compuestos sólidos o líquidos contienen, ya sea como trazas presentes en su composición comercial, o en cantidad más abundante debido al contacto con fases acuosas en procesos de cristalización, extracción o lavado.

7.1.1. Agentes desecantes

Los agentes desecantes son sólidos inorgánicos anhidros que se utilizan para eliminar trazas de agua. Se dividen en tres grupos, en función del mecanismo que siguen para eliminar el agua:

a) Sustancias que eliminan el agua de modo reversible por hidratación. Suelen utilizarse para el secado preliminar y, debido a que actúan reversiblemente, no son aptas cuando hay que refluir o destilar ya que la calefacción revertiría el equilibrio:

$$XM + nH_2O \rightleftharpoons XM \cdot nH_2O$$

La cantidad de agua que pueden eliminar depende del compuesto a secar, de la estructura del sólido y de la estabilidad del hidrato que forman. El desecante hidratado se separa por filtración. Los desecantes más utilizados de este grupo son: $MgSO_4$, Na_2SO_4, $CaSO_4$, $CaCl_2$ y K_2CO_3, todos ellos anhidros.

b) Sustancias que eliminan el agua de modo reversible por adsorción. Actúan adsorbiendo el agua en su superficie o en sus poros. A este grupo pertenecen: tamiz molecular, alúmina y gel de sílice. Estos desecantes no son aptos para refluir o destilar.

c) Sustancias que reaccionan químicamente con el agua de modo irreversible. No son aptas para el secado preliminar ni para secar disoluciones orgánicas. Aunque proporcionan una eficacia muy grande, no deben utilizarse si la proporción de agua es alta ya que reaccionan violentamente con ella. Estos desecantes son muy reactivos y deben manejarse con extrema precaución. Algunos requieren un procedimiento especial para su eliminación. Son aptos para secar mientras se refluye o destila. A continuación se indican los más utilizados y su reactividad con el agua:

$$CaH_2 + 2H_2O \rightarrow Ca(OH)_2 + 2H_2$$

$$P_2O_5 + 3H_2O \rightarrow 2H_3PO_4$$

$$2Na + 2H_2O \rightarrow 2NaOH + H_2$$

Se conoce un gran número de agentes desecantes (Cuadro 7.1). La elección de uno u otro debe hacerse considerando los siguientes factores:

a) Tipo de compuesto a secar. Algunos desecantes son incompatibles con la presencia de determinados grupos funcionales. Se debe elegir uno que sea inerte y químicamente compatible con el compuesto a secar.
b) Cantidad de agua presente y grado de sequedad que se necesita.
c) Capacidad de secado: cantidad de agua que elimina por unidad de peso de desecante.
d) Eficacia de secado: presión de vapor del agua en equilibrio sobre el desecante. Se mide en gramos de agua por litro de aire seco.
e) Tiempo de secado.
f) Peligrosidad y facilidad de desactivación del residuo.
g) Precio.

CUADRO 7.1. Agentes desecantes de uso más frecuente.

Agente desecante	Aplicación
Alúmina (Al_2O_3)	Neutra o básica, generalmente se coloca en una columna y se pasa el disolvente a su través. Recomendada para hidrocarburos y éteres.
Carbonato potásico anhidro (K_2CO_3)	Eficacia y capacidad de secado moderada. Forma un dihidrato. Reactivo básico. Incompatible con ácidos, fenoles y compuestos de carácter ácido.
Cloruro cálcico anhidro ($CaCl_2$)	Gran capacidad de secado. Actúa lentamente. Forma un hexahidrato. Recomendado para secado preliminar. Se utiliza también en secado de gases. Incompatible con alcoholes, aminas y compuestos carbonílicos.
Gel de sílice con indicador (SiO_2 con $CoCl_2$)	Como desecante, se comercializa granulada y con un indicador (cloruro de cobalto) que cambia de color azul a rosa con la presencia de humedad. Capacidad de adsorción de agua del orden del 25%. Se utiliza en desecadores y en secado de gases. Puede regenerarse calentando en una estufa a 125 °C.
Hidróxido potásico (KOH)	Recomendado exclusivamente para secar bases orgánicas y aminas. Incompatible con productos sensibles a bases.
Hidruro cálcico (CaH_2)	Recomendado para el secado riguroso, con reflujo y destilación, de hidrocarburos, derivados halogenados, ésteres, alcoholes, aminas, HMPA y DMF. Destrucción: añadir agua muy lentamente.
Magnesio (Mg)	Se utiliza para eliminar, refluyendo y destilando, las trazas de agua del metanol y etanol.
Pentóxido de fósforo (P_2O_5)	Rápido y muy eficaz pero de uso limitado por su elevada reactividad. Recomendado en el secado riguroso de líquidos que contienen poca agua. Se usa en desecadores y en secado de gases. Incompatible con alcoholes, aminas, ácidos y compuestos carbonílicos. Genera ácido fosfórico al reaccionar con agua. Destrución: añadir lentamente agua-hielo y neutralizar con base.
Sodio (Na)	Se utiliza únicamente para el secado riguroso de éteres con baja proporción de agua. Combinado con benzofenona, reacciona con ella para dar un radical cetilo de color azul que en presencia de agua se protona y pierde el color. Reacciona violentamente con el agua. Destrucción: añadir etanol en pequeñas cantidades.
Sulfato cálcico anhidro ($CaSO_4$)	Actúa rápidamente, pero presenta baja capacidad de secado. Forma un hemihidrato. Se utiliza en secado preliminar. Con el nombre Drierita® se comercializa impregnado con un indicador (cloruro de cobalto) que vira desde azul (anhidro) a rosa (trazas de humedad) y se emplea para el secado de gases.
Sulfato magnésico anhidro ($MgSO_4$)	Actúa rápidamente con gran capacidad de secado. Neutro e inerte. Forma un heptahidrato. Muy eficaz para secar disoluciones orgánicas.
Sulfato sódico anhidro (Na_2SO_4)	Gran capacidad desecante aunque es más lento que el sulfato magnésico. Forma un decahidrato. Neutro e inerte. Muy eficaz para secar disoluciones orgánicas.
Tamiz molecular	Aluminosilicatos de sodio y calcio (zeolitas sintéticas) que en su estructura cristalina dejan poros de tamaño definido y uniforme. Los más utilizados son de 3 Å y 4 Å. Tiene alta capacidad de secado (20 g agua/100 g tamiz), pero actúa lentamente. Se emplea en secado preliminar, secado de gases y para almacenar líquidos anhidros. Se hidrata en contacto con el aire y se guarda en un desecador o en una estufa a más de 100 °C. Requiere activación previa (250-300 °C) durante un mínimo de 3 horas. Puede regenerarse por calefacción.

7.1.2. Secado de líquidos

Muchos reactivos líquidos y disolventes comerciales se utilizan en reacciones que requieren condiciones anhidras. En ese caso, es necesario eliminar por completo las trazas de agua que contienen.

A la hora de secar reactivos líquidos, conviene consultar en un manual el desecante y el procedimiento concreto puesto a punto para cada uno. La elección del desecante está bastante restringida (Cuadro 7.2), debido a que hay que evitar cualquier posible reacción con el producto a secar.

Para el secado, en función del líquido y del desecante, se pueden seguir tres procedimientos experimentales diferentes:

a) Secado estático. Adicionar un desecante y después de un tiempo filtrar. Es el más habitual.
b) Secado dinámico. Pasar el líquido a secar por una columna de desecante.
c) Refluir sobre el desecante adecuado y finalmente destilar para eliminarlo.

En cuanto al secado de disolventes, generalmente tienen una baja proporción de agua y se procede a un secado riguroso sin realizar secado previo. En el Apartado 3.7 se ha descrito el procedimiento experimental y los desecantes recomendados para los disolventes que se utilizan con más frecuencia.

7.1.3. Secado de disoluciones orgánicas

Al finalizar un proceso de extracción o lavado, la fase orgánica siempre contiene restos de agua que hay que eliminar antes de proceder a la evaporación del disolvente. La presencia de trazas de agua se debe a que la inmiscibilidad del disolvente orgánico y el agua casi nunca es total. Por ejemplo, después de una extracción, el éter dietílico puede haber disuelto hasta 1.5% de agua a temperatura ambiente (Cuadro 6.1).

Cuadro 7.2. Agentes desecantes compatibles con cada tipo de compuesto.

Tipo de compuesto	Agentes desecantes compatibles
Acetales	Carbonato potásico
Ácidos orgánicos	Sulfato cálcico, sulfato magnésico, sulfato sódico
Alcoholes	Óxido cálcico, sulfato cálcico, sulfato magnésico, carbonato potásico
Aldehídos, cetonas	Sulfato cálcico, sulfato magnésico, sulfato sódico
Aminas	Óxido de bario, óxido cálcico, hidróxido potásico, carbonato sódico, hidróxido sódico
Cloruros de ácido	Sulfato magnésico, sulfato sódico
Derivados halogenados	Cloruro cálcico, sulfato cálcico, sulfato magnésico, pentóxido de fósforo, sulfato sódico
Ésteres	Sulfato magnésico, carbonato potásico, sulfato sódico
Éteres	Cloruro cálcico, sulfato cálcico, sulfato magnésico, sodio
Heterociclos	Sulfato magnésico, carbonato potásico, hidróxido sódico
Hidrocarburos	Cloruro cálcico, sulfato cálcico, sulfato magnésico, pentóxido de fósforo
Mercaptanos	Sulfato magnésico, sulfato sódico
Nitrocompuestos, nitrilos	Cloruro cálcico, sulfato magnésico, sulfato sódico
Sulfuros	Cloruro cálcico, sulfato cálcico

Con objeto de minimizar la cantidad de agua presente en una disolución orgánica tras una extracción, la primera medida consiste en lavar la fase orgánica con disolución saturada de cloruro sódico, que retiene el agua presente en la fase orgánica, con el fin de incrementar la solvatación de la sal. Por otra parte, la solubilidad de los disolventes y compuestos orgánicos en una disolución acuosa saturada de cloruro sódico es prácticamente nula.

Posteriormente, se añade un desecante inorgánico anhidro reversible que sea inerte respecto al disolvente y al compuesto disuelto. Aunque existe una amplia lista de agentes desecantes (Cuadro 7.1), los más utilizados para secar disoluciones orgánicas son el sulfato sódico y el sulfato magnésico anhidros, que en contacto con el agua se transforman en sales hidratadas. Ambos son muy eficaces, baratos e inertes a cualquier grupo funcional debido a su carácter neutro.

La presencia de agua en una disolución orgánica se manifiesta por la aparición de cierta turbidez que desaparece una vez que el desecante ha cumplido su función. Si el agente desecante, que es un sólido pulverulento, queda apelmazado en el fondo del erlenmeyer, es síntoma de agua abundante y será necesario adicionar más desecante hasta que no se observe formación de grumos en el fondo del recipiente.

A continuación se exponen los pasos a seguir para efectuar el secado de una disolución orgánica (Figura 7.1) utilizando un desecante que elimine agua de modo reversible:

1. Introducir en un erlenmeyer la disolución a secar.
2. Añadir una cantidad moderada del agente desecante apropiado. Generalmente es suficiente con cubrir el fondo del erlenmeyer. La cantidad de agente desecante debe ser proporcional al volumen de líquido.
3. Agitar el erlenmeyer alrededor de su posición vertical, taparlo y dejarlo en reposo.
4. Esperar hasta que la disolución haya perdido la turbidez inicial y esté transparente.
5. Filtrar el agente desecante hidratado sobre un matraz utilizando un filtro de pliegues y un embudo cónico (Apartado 7.3.1) o

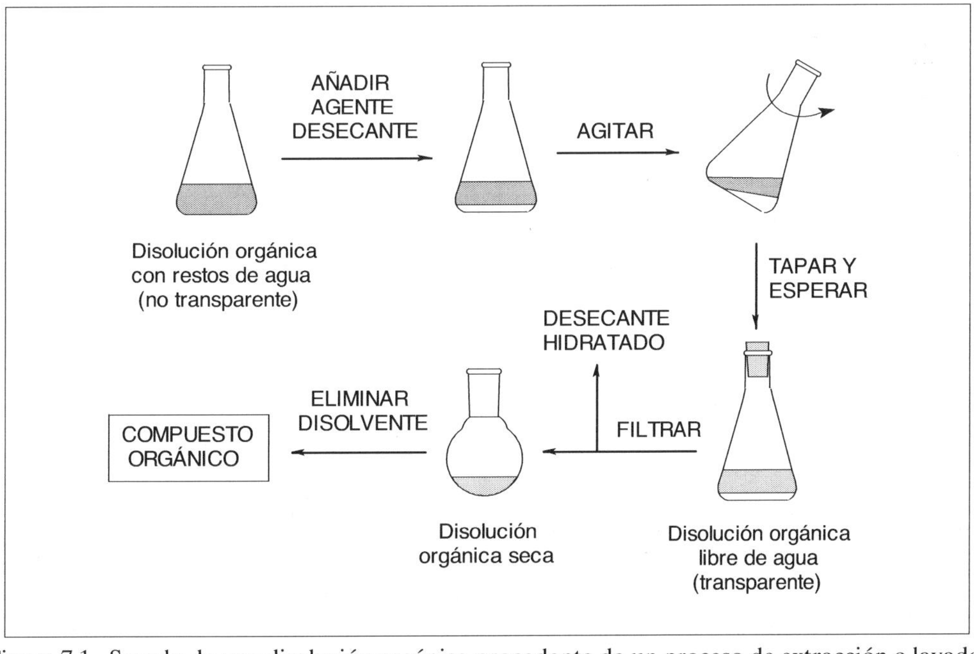

Figura 7.1. Secado de una disolución orgánica procedente de un proceso de extracción o lavado.

una placa filtrante (Apartado 7.3.2.B). Lavar bien el desecante con una cantidad adicional de disolvente y eliminar éste en el rotavapor (Apartado 2.3.6).

7.1.4. Secado de sólidos

El secado de compuestos sólidos se lleva a cabo en un desecador o en una pistola de secado, conectados a vacío y provistos de un desecante y un sistema de calefacción (Figura 7.2). La diferencia con respecto al secado de líquidos y disoluciones es que el sólido no se pone en contacto con el desecante, ya que éste se coloca en otro recipiente, generalmente un vaso de precipitados o un vial. El agente desecante más utilizado para eliminar agua en un desecador es el pentóxido de fósforo. Adicionalmente, en el fondo del desecador y separado por una placa perforada, se introduce cloruro cálcico escoriforme, drierita® o gel de sílice con indicador. Estos últimos además de actuar como desecantes, detectan la presencia de humedad.

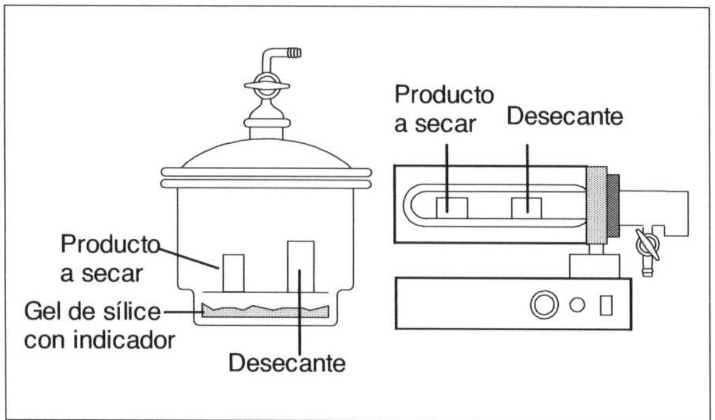

Figura 7.2. Desecador y pistola de secado.

Los desecadores pueden adquirirse con una manta de calefacción, y las pistolas de secado llevan incorporado un sistema externo para poder calentar el producto a la temperatura que se desee mientras se está realizando vacío. Ambos se conectan a una bomba de vacío durante un período corto de tiempo (0.5-1.0 h) y después se cierran manteniendo el vacío en su interior. De esta forma la bomba de vacío puede seguir utilizándose para otras operaciones.

Este método no es válido para secar sólidos con tendencia a sublimar, ya que el vacío incrementaría este efecto.

El procedimiento para utilizar un desecador, válido también para una pistola de secado, se indica a continuación:

1. Introducir en el desecador un recipiente con el desecante adecuado.
2. Colocar el sólido a secar en un recipiente abierto, tapado con papel de aluminio ligeramente agujereado con objeto de evitar que el sólido sea succionado al aplicar vacío. Cuando se pretenda secar una gran cantidad de sólido, se recomienda utilizar un recipiente de fondo plano que tenga gran superficie de evaporación, ya que cuanto más fina sea la capa de sólido, tardará menos tiempo en secarse. Para secar una cantidad pequeña de sólido suele emplearse un vial.
3. Cerrar herméticamente el desecador, aplicando grasa de vacío en la junta de la tapa.
4. Poner en marcha la bomba y conectar el desecador a la línea de vacío abriendo lentamente la llave de conexión.
5. Calentar a una temperatura inferior al punto de fusión del sólido, y siempre por debajo de aquella a la que el sólido comience a descomponer.
6. Mantener la bomba conectada al desecador durante 0.5-1.0 h y, antes de desconectarla, cerrar la llave del desecador para permitir que continúe a vacío durante el tiempo que se necesite.
7. Para sacar el producto del desecador, apagar la calefacción y dejarlo enfriar a temperatura ambiente. Finalmente, liberar el vacío abriendo lentamente la llave para permitir la entrada de aire. Se recomienda colocar en la llave de apertura del desecador un trozo de papel de filtro para frenar la entrada de aire y evitar que el sólido y el desecante sean arrastrados por la corriente de aire que entra.

Para secar sólidos también se utilizan estufas de vacío, que pueden regular independientemente la temperatura, la presión de vacío e incluso el tiempo de secado.

7.2. Secado: eliminación de trazas de disolvente

En un proceso de purificación, después de llevar a cabo una filtración o evaporar el disolvente en el rotavapor, el compuesto obtenido (sólido o líquido) todavía contiene trazas de disolvente que hay que eliminar antes de pesarlo y proceder a su caracterización.

La facilidad de secado de un compuesto depende del punto de ebullición del disolvente que se haya utilizado previamente. Aquellos con un punto de ebullición elevado, que presentan menor volatilidad, son los que se eliminan con más dificultad.

En el caso de compuestos sólidos, cuando éstos se aislan por filtración en un embudo Büchner o en una placa filtrante, todavía contienen cantidades apreciables de disolvente. Para eliminarlas, el primer paso es mantener el sólido filtrado conectado a la fuente de vacío durante cierto tiempo, con objeto de que el disolvente se evapore. Utilizando una espátula, se puede contribuir a dicha operación, haciendo que el sólido se despegue del papel de filtro o de la placa filtrante, ya que de este modo se favorece que el aire pase a su través. Si el disolvente que se está utilizando tiene un punto de ebullición elevado, conviene lavar el sólido con otro disolvente, miscible con el primero y de menor punto de ebullición, en el que también sea insoluble.

A continuación se describen varios métodos para eliminar las trazas de disolvente. El más simple consiste en secarlo al aire, colocando el sólido en un vaso de precipitados o en un cristalizador, cubierto con otro recipiente o con papel de aluminio para evitar su contaminación. Este procedimiento de secado es lento, e ineficaz cuando se ha utilizado agua o disolventes de punto de ebullición elevado. Si el compuesto es higroscópico, hay que descartar este método.

En general, el secado final se realiza a presión reducida, conectando el producto directamente a una bomba de vacío o bien utilizando un desecador o una pistola de secado (Apartado 7.1.4). La eliminación de trazas de disolventes a presión reducida también se aplica a líquidos de elevado punto de ebullición y a aceites. Los líquidos de bajo punto de ebullición se evaporarían con el vacío de la bomba.

La conexión directa a la bomba generalmente se realiza cuando el recipiente en el que se encuentra el compuesto es un matraz. Únicamente se precisa disponer de un adaptador para conectar el matraz a la línea de vacío (Figura 7.3). Los adaptadores más utilizados son los que llevan una llave que permite aislar el contenido del matraz mientras la bomba se conecta y se desconecta.

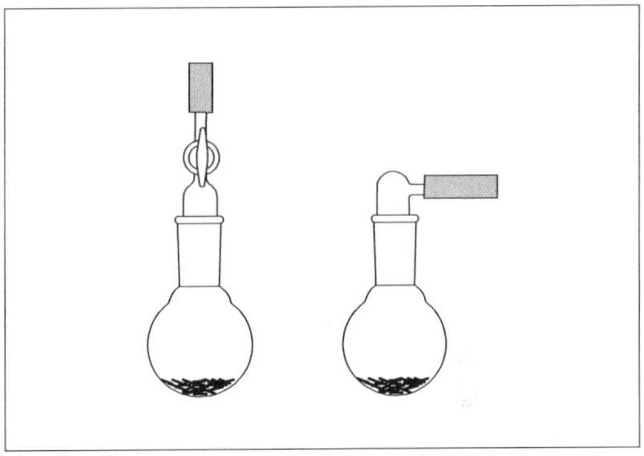

Figura 7.3. Adaptadores para la conexión de un matraz a la línea de vacío.

7.3. Filtración

Un proceso de filtración implica la separación de un sólido y un líquido, que generalmente es una disolución. En ocasiones lo que interesa aislar es el sólido, mientras que en otros casos se busca obtener la disolución. Dependiendo de este factor, pueden distinguirse dos métodos de filtración que conllevan procedimientos y material distintos:

— Filtración por gravedad.
— Filtración a presión reducida.

7.3.1. Filtración por gravedad

La filtración por gravedad se realiza con un embudo cónico a través de un filtro de pliegues. El líquido atraviesa el filtro, mientras que el sólido queda retenido en él.

Este tipo de filtración es adecuado en los siguientes casos:

a) Filtración de las impurezas insolubles en un proceso de cristalización (Apartado 9.1.2)
b) Filtración del agente desecante en procesos de secado (Apartado 7.1.3).
c) Todas aquellas filtraciones en las que se descarta el sólido e interesa la disolución.

En un proceso de cristalización, la filtración se lleva a cabo sobre un erlenmeyer, pero en aquellos casos en los que a continuación haya que eliminar el disolvente, se filtra sobre un matraz.

Para realizar una filtración por gravedad podría utilizarse un filtro cónico. Sin embargo, se emplea un filtro de pliegues, ya que la filtración es más rápida debido a que la superficie de contacto es mayor, y además se permite el paso de aire puesto que, al tener pliegues, el papel no se adhiere al embudo.

El procedimiento para llevar a cabo una filtración por gravedad se indica a continuación:

1. Hacer un filtro de pliegues (Figura 7.4) de tamaño ligeramente superior que el embudo cónico que se va a utilizar, de manera que sobresalga del borde del embudo alrededor de 0.5 cm. El filtro nunca debe ser más pequeño que el embudo.
2. Colocar el embudo con el filtro de pliegues sobre el erlenmeyer o el matraz en el que se va a llevar a cabo la filtración. Se recomienda sujetar el embudo con un aro

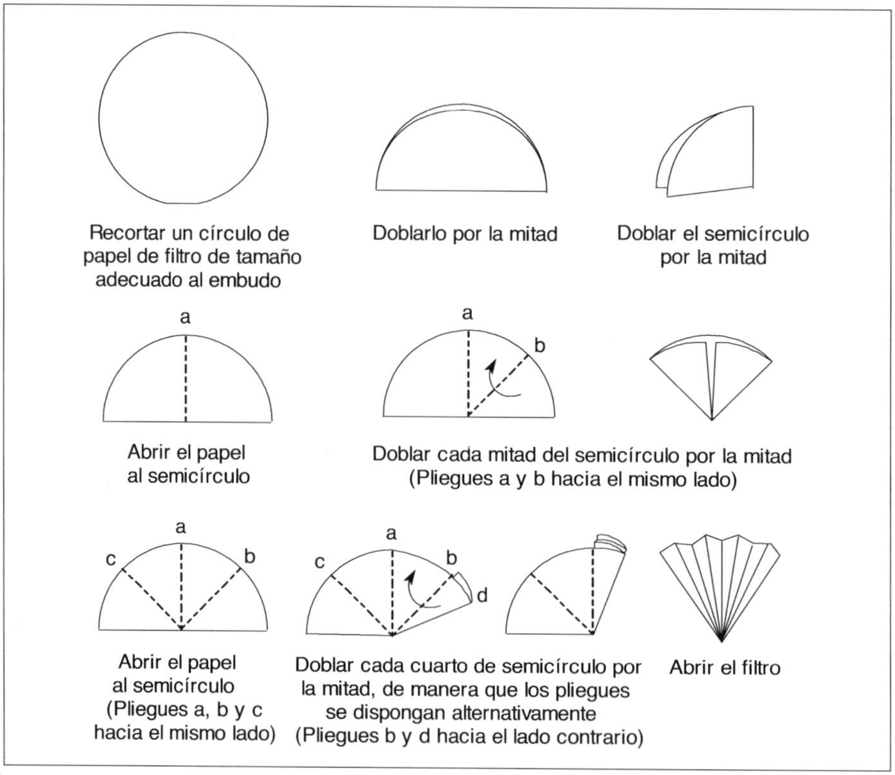

Figura 7.4. Preparación de un filtro de pliegues.

metálico o con un soporte para embudos, de manera que exista flujo de aire entre el embudo y el recipiente en el que se filtra. Este flujo de aire hace que las presiones dentro y fuera del recipiente sean iguales. Si la entrada de aire se bloqueara, llegaría un momento en que la presión del interior del recipiente sería superior a la del exterior y la filtración se detendría.

3. Verter la disolución, junto con el sólido, en la zona interior del filtro de pliegues (Figura 7.5).

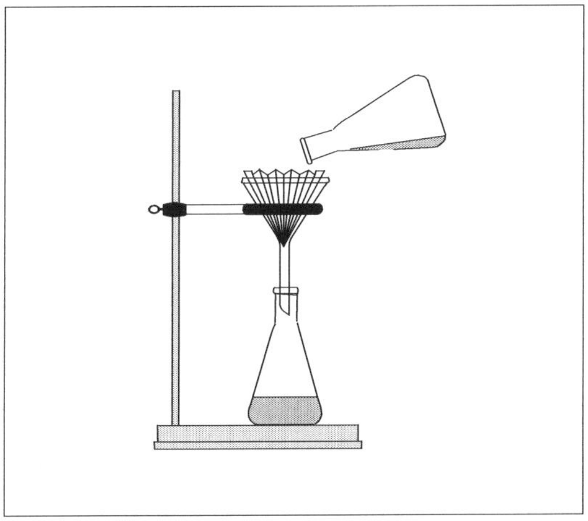

Figura 7.5. Filtración por gravedad.

4. Arrastrar el sólido que haya podido quedar en el erlenmeyer, utilizando para ello una pequeña cantidad del mismo disolvente que se está filtrando. Finalmente, utilizar un poco más de disolvente para lavar el erlenmeyer, el filtro y su contenido. Si lo que se está filtrando son las impurezas insolubles de una cristalización, el disolvente que se usa para lavar deberá estar caliente.

7.3.2. Filtración a presión reducida

La filtración a presión reducida es mucho más rápida que la filtración por gravedad. Requiere la conexión a una fuente de vacío. En el caso de utilizar una trompa de agua (Apartado 2.3.1), se recomienda conectar la trompa a una trampa de seguridad, para evitar que el agua de la trompa inunde accidentalmente el recipiente en el que se está filtrando en caso de pérdida de presión en la conducción de agua. Esta filtración puede llevarse a cabo utilizando un embudo Büchner o una placa filtrante.

A) Filtración con embudo Büchner

El embudo Büchner es un embudo de cerámica cerrado en el fondo por una superficie horizontal, del mismo material, agujereada para permitir el paso del líquido (Figura 7.6). El fondo del embudo se cubre con un filtro redondo para retener el sólido.

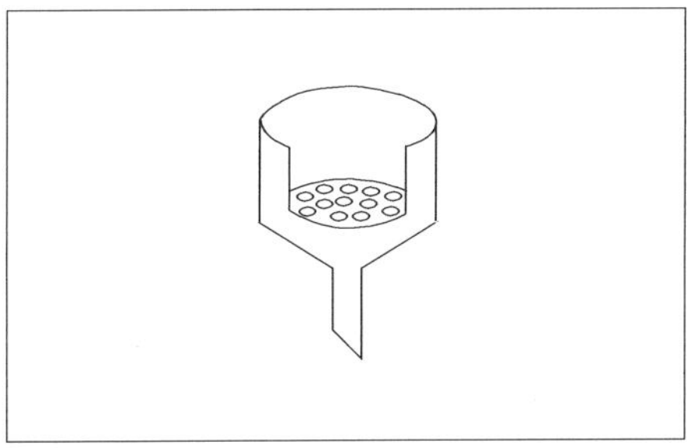

Figura 7.6. Vista interior del embudo Büchner.

La filtración a presión reducida con embudo Büchner se utiliza en los siguientes casos:

a) Filtración de los cristales en un proceso de cristalización.
b) Filtración del sólido en un proceso de precipitación.
c) Filtraciones en las que interesa aislar el sólido, independientemente de que la disolución se descarte o no.

Para llevar a cabo la filtración, se requiere el siguiente material: embudo Büchner, filtro redondo, adaptador de goma o neopreno, y kitasato (Figura 7.7). Para filtrar volúmenes pequeños de

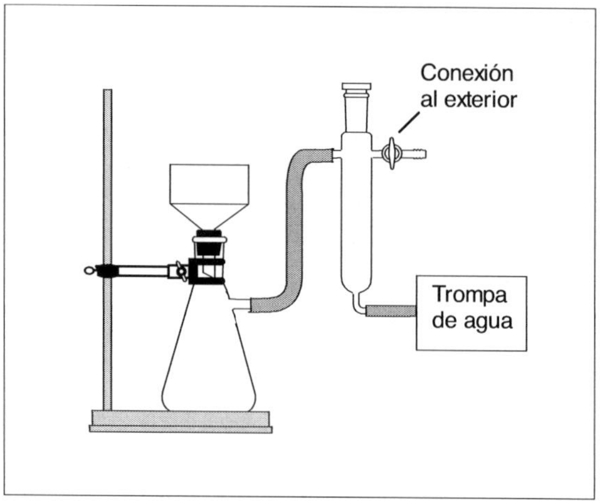

Figura 7.7. Equipo para filtrar a presión reducida.

líquidos, el kitasato puede sustituirse por un tubo filtrante. A continuación se indican los pasos a seguir para realizar la filtración:

1. Cortar un filtro redondo del mismo tamaño que el diámetro interior del embudo, de manera que cubra completamente el fondo sin ascender por la pared (Figura 7.8). El filtro tiene que quedar liso y acoplarse perfectamente a la superficie del embudo sin dejar huecos por los que pasaría el sólido al kitasato. Para hacer el filtro se aconseja tomar como referencia el diámetro exterior del embudo y recortar el borde hasta llegar a un círculo de tamaño adecuado.

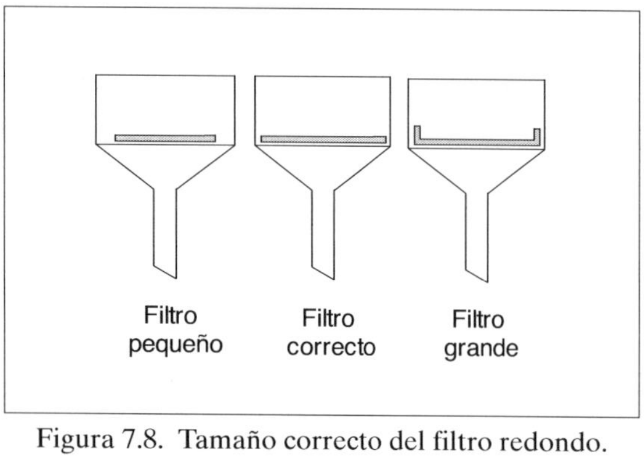

Figura 7.8. Tamaño correcto del filtro redondo.

2. Sujetar el kitasato a un soporte metálico con una pinza y colocar encima el embudo Büchner con el filtro, ajustándolo mediante un adaptador de goma o neopreno. Presionar ligeramente el embudo contra el kitasato ya que, para que el vacío sea efectivo, el adaptador tiene que ajustar perfectamente impidiendo la entrada de aire.
3. Conectar el kitasato a la fuente de vacío, y cerrar la llave de la trampa.
4. Mojar el filtro con una pequeña cantidad del mismo disolvente que se va a filtrar, para que el papel se adhiera completamente al fondo del embudo con la succión del vacío.
5. Verter lentamente la mezcla a filtrar en la parte central del filtro.
6. Recoger el sólido que haya quedado en el recipiente con el mismo disolvente que se está filtrando.
7. Lavar el sólido filtrado con más disolvente. En el caso de que el sólido requiera un proceso de lavado intenso, se recomienda desconectar el vacío, añadir el disolvente y mover bien el sólido con una espátula para facilitar el contacto del sólido con el disolvente, y la disolución de las impurezas adheridas a su superficie, teniendo la precaución de no mover ni arañar el papel. Por último, volver a conectar nuevamente el vacío para eliminar el disolvente.
8. Cuando el disolvente se ha filtrado, mover el sólido con una espátula y despegarlo del papel de filtro para que el aire pase a su través y se seque más fácilmente.
9. Una vez que el sólido esté seco, desconectar el vacío abriendo la llave de la trampa que comunica el sistema con el exterior.

B) Filtración con placa filtrante

La superficie filtrante de la placa es un disco de placa porosa, de un tamaño de poro determinado (indicado en la placa), que impide el paso del sólido. La filtración con placa filtrante se lleva a cabo a vacío, siguiendo un procedimiento análogo al que se emplea con un embudo Büchner, y se puede utilizar, tanto si interesa aislar el sólido, como la disolución, en los siguientes casos:

a) Filtración de los cristales en un proceso de cristalización.
b) Filtración del sólido en un proceso de precipitación.
c) Filtración del agente desecante en un proceso de secado.
d) Filtraciones sobre un soporte sólido (Apartado 7.3.3).

Se recomienda utilizar placas que lleven acoplada una boca esmerilada y una salida lateral para conectar el vacío, ya que en este caso la filtración puede realizarse directamente sobre un matraz (Figura 7.9.a). Alternativamente, las placas sin boca esmerilada se pueden acoplar a un tubo adaptador con boca esmerilada y salida a vacío (Figura 7.9.b) o, en su defecto, la filtración se puede realizar sobre un kitasato (Figura 7.9.c) utilizando un adaptador de neopreno.

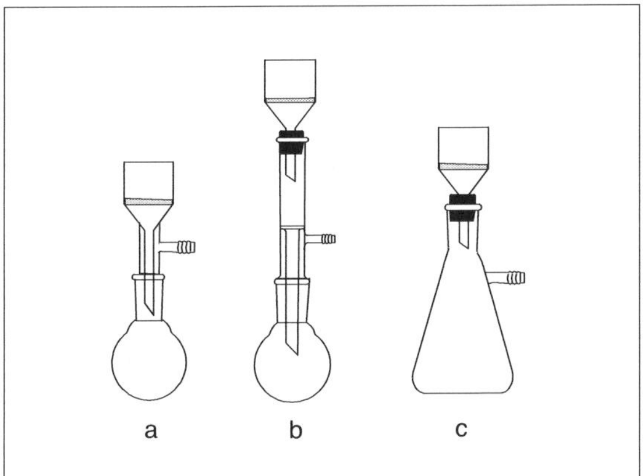

Figura 7.9. Material para filtraciones con placa filtrante.

7.3.3. Filtración sobre celita

La celita, sólido que se utiliza como soporte de filtración, está compuesta esencialmente por silicatos. Se utiliza para filtrar a vacío suspensiones coloidales, gelatinosas o sólidos de partículas muy finas, generalmente inorgánicos, que si se filtraran sin soporte obturarían la placa filtrante. La celita se emplea solamente para la filtración de sólidos pulverulentos que se quieren eliminar.

A continuación se indica el procedimiento a seguir para llevar a cabo una filtración sobre celita en placa fitrante a presión reducida:

1. Introducir en una placa filtrante una cantidad de celita proporcional a la cantidad de sólido que se quiera eliminar.
2. Compactar la celita con el mismo disolvente que después se va a filtrar. Para ello, llenar la placa filtrante con disolvente y con una espátula remover bien la celita. Conectar la placa a la fuente de vacío y aplicar vacío suavemente. El disolvente pasará a través de la celita, que va formando una papilla compacta en el fondo de la placa. Cuando el disolvente llegue 2-3 mm por encima del nivel de la celita, desconectar el vacío. La celita no debe secarse nunca ya que en ese caso se formarían grietas que permitirían el paso del sólido. Descartar el disolvente que se ha utilizado para compactar la celita.
3. Verter sobre la celita la mezcla a filtrar y conectar el vacío. Seguir añadiendo continuamente la mezcla sin que la celita se seque.
4. Cuando se haya filtrado toda la mezcla, añadir un poco de disolvente para lavar el recipiente en el que se encontraba, y lavar bien la celita con más disolvente.
5. Finalmente, dejar que todo el disolvente pase al recipiente en el que se está filtrando hasta que la celita se seque.

7.3.4. Filtración a pequeña escala con pipeta Pasteur

En los casos en los que el sólido a filtrar es cristalino o no pulverulento, y la cantidad de sólido es muy pequeña, la mezcla se deja decantar y el líquido sobrenadante puede eliminarse cuidadosamente utilizando una pipeta Pasteur. Para ello, se saca el aire de la pipeta, y se introduce en el recipiente apoyando la pipeta contra el fondo, en una zona donde previamente se haya retirado el sólido. La aspiración del líquido debe realizarse lentamente procurando al mismo tiempo que el sólido no penetre en la pipeta. Adicionalmente puede introducirse una pequeña cantidad de algodón en la punta de la pipeta para impedir el paso del sólido.

La pipeta Pasteur también puede emplearse para filtrar cantidades pequeñas de líquido que contiene impurezas sólidas que se quieren eliminar. Para ello, se introduce en el fondo del recipiente una pequeña cantidad de algodón prensado. El líquido se retira sacando el aire de la pipeta en el exterior y apretando la pipeta sobre el algodón, que actúa de filtro.

Finalmente, en ambos casos se añade una pequeña cantidad del disolvente que se ha filtrado para lavar el recipiente, la pipeta y el algodón.

Alternativamente pueden emplearse jeringas a las que se adaptan portafiltros provistos de uniones Luer.

7.3.5. Filtración bajo atmósfera inerte

En el caso de compuestos sensibles a la humedad o al aire, es necesario llevar a cabo la filtración bajo atmósfera inerte.

El caso que se presenta con mayor frecuencia, es el de reacciones que contienen productos sensibles a la humedad y requieren filtración bajo atmósfera inerte para eliminar un sólido. Para ello, pueden utilizarse placas filtrantes provistas de dos bocas esmeriladas, que permiten la conexión a dos matraces formando un sistema cerrado (Figura 7.10). La reacción se lleva a cabo en el matraz A, donde se forma el sólido que se necesita filtrar. Para proceder a la filtración, el sistema se invierte y la boca lateral del matraz B se conecta a vacío. Alternativamente, se puede colocar una salida a un borboteador en el matraz B e introducir una elevada presión de argón por el matraz A. De ambas formas el sólido quedará retenido en la placa filtrante, y el filtrado pasará al matraz B. Finalmente, el sólido y la placa se lavan introduciendo en el matraz A el disolvente anhidro adecuado mediante una jeringa y repitiendo la operación.

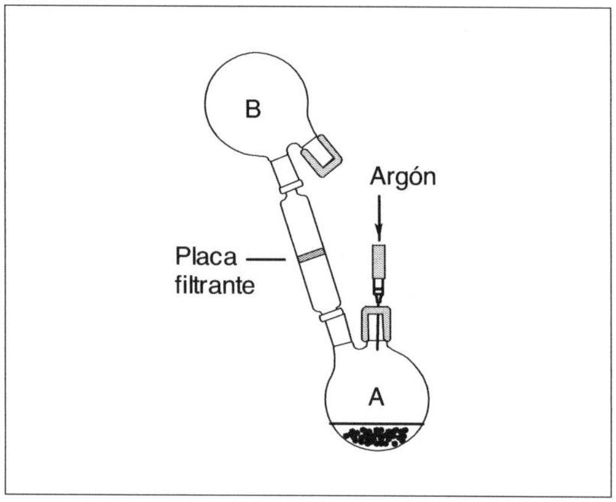

Figura 7.10. Filtración bajo atmósfera inerte con placa filtrante.

Bibliografía

Perrin, D. D. y Armarego, W. L. F.: *Purification of Laboratory Chemicals,* Pergamon Press, Oxford, 5.ª edición, 2003.

Sharp, J. T.; Gosney, I. y Rowley, A. G.: *Practical Organic Chemistry,* Chapman and Hall, New York, 1989.

8
DESTILACIÓN

8.1. Introducción

La destilación es un proceso mediante el cual un líquido (L_1) se calienta hasta hacerlo pasar a estado gaseoso (G). A continuación, los vapores condensan en una superficie fría pasando de nuevo al estado líquido (L_2). Dicho líquido (L_2) se recoge aparte (Figura 8.1).

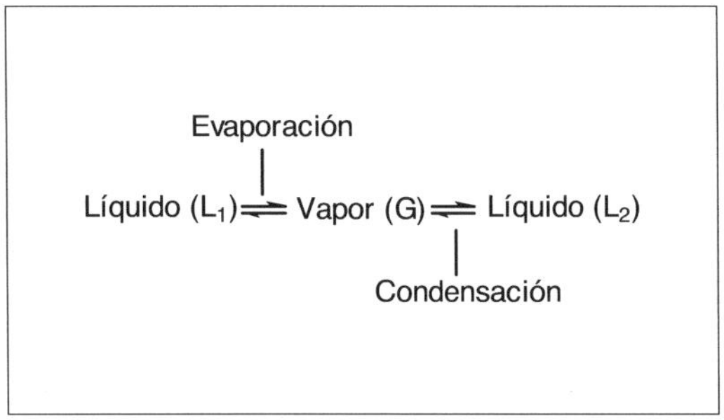

Figura 8.1. Proceso global de una destilación.

La utilidad práctica de esta técnica se basa en que la composición del líquido L_2 es diferente de la de L_1. Se utiliza en los siguientes casos:

a) Purificación de líquidos.
b) Separación de mezclas de líquidos.
c) Separación de los componentes de una disolución, lo que permite recuperar de forma independiente el soluto y el disolvente.

8.2. Fundamento teórico

La aplicación práctica de la destilación se basa en que la composición del líquido original (L_1) es distinta de la de los vapores (G), y ambas no permanecen constantes, sino que varían en el transcurso de la destilación (Figura 8.2). La composición de los vapores (G) es igual a la del líquido destilado (L_2).

Con objeto de poder conocer dichas composiciones en función del tiempo, es necesario considerar los aspectos químico-físicos asociados al cambio de estado líquido-gas.

Composición L_1 $\neq$ Composición G $=$ Composición L_2

Composición L_1 \
Composición L_2 } Variables a lo largo de la destilación

Figura 8.2.

8.2.1. Evaporación

En un líquido cualquiera las moléculas están en continuo movimiento. Dicho movimiento es tanto mayor cuanto mayor es la temperatura, debido al aumento de la energía cinética del sistema. Sin embargo, todas las moléculas del líquido no se mueven con la misma velocidad, sino que existe una distribución de energías cinéticas (velocidades) de manera que las moléculas próximas a la superficie, al estar menos sujetas a interacciones intermoleculares que las del interior, poseen mayor energía cinética que el resto. La energía cinética de las moléculas de líquido muy próximas a la superficie puede llegar a ser suficiente para que éstas venzan las fuerzas de interacción intermolecular y pasen al estado gaseoso. Este fenómeno, que tiene lugar en la superficie y va acompañado de un descenso de la temperatura media del líquido, recibe el nombre de *evaporación.*

8.2.2. Presión de vapor

Cuando la evaporación se realiza en un recipiente abierto, las moléculas de gas se dispersan en el aire, y el proceso continúa hasta que el líquido desaparece. Por el contrario, si la evaporación se produce en un sistema aislado, como por ejemplo un recipiente cerrado y evacuado de aire, las moléculas de gas generadas no se pueden dispersar, y en su movimiento chocan con la superficie del líquido y con las paredes del recipiente perdiendo energía cinética y volviendo a condensar. Al principio, la velocidad de evaporación es mayor que la de condensación, pero al aumentar la concentración de moléculas en estado gaseoso, los choques de las moléculas de gas entre sí y con las paredes del recipiente se van haciendo cada vez más frecuentes. Por tanto, la velocidad de condensación va aumentando con el tiempo hasta que se iguala a la de evaporación. Cuando esto ocurre, se alcanza una situación de equilibrio dinámico:

Velocidad de evaporación = Velocidad de condensación

En este equilibrio, la presión ejercida por las moléculas de la fase gaseosa recibe el nombre de *presión de vapor*.

La presión de vapor es característica de cada líquido, y aumenta exponencialmente con la temperatura. Los compuestos que tienen una presión de vapor alta se conocen como *compuestos volátiles*.

8.2.3. Ebullición

Al aumentar la temperatura, la presión de vapor aumenta. Cuando la presión del gas en equilibrio con el líquido se iguala a la presión externa, la evaporación ya no tiene lugar sólo en la superficie del líquido, sino que todas las moléculas de éste tienen energía cinética suficiente para pasar a estado gaseoso. Este fenómeno recibe el nombre de *ebullición*.

$$P_v = \text{Presión externa} \Rightarrow \text{Ebullición}$$

La temperatura a la cual la presión de vapor del líquido se iguala a la presión externa y se produce el cambio de estado de líquido a gas, recibe el nombre de *punto de ebullición*. El punto de ebullición es una constante física característica de cada líquido aunque, debido a su dependencia de la presión externa, varía de manera notable con pequeñas oscilaciones de ésta. Por ello, el punto de ebullición determinado experimentalmente para un líquido puro muestra habitualmente un rango de 1-2 ºC, y debe expresarse siempre como un intervalo, indicando la presión a la que ha sido determinado. A modo de ejemplo, p. e. 80-82 ºC (20 mm Hg).

El punto de ebullición a 1 atmósfera (760 mm Hg) recibe el nombre de *punto de ebullición normal*.

El punto de ebullición de un líquido será tanto menor cuanto más volátil sea, es decir, cuanto mayor sea su presión de vapor a una temperatura determinada.

8.3. Destilación de un líquido puro

En el caso de un líquido puro, la presión de vapor total del sistema (P_T) es igual a la presión de vapor de dicho líquido (P^o). La ebullición se producirá cuando la presión total se iguale a la presión externa. Esto puede conseguirse aumentando la temperatura (elevación de la presión de vapor), o disminuyendo la presión externa.

$$P_T = P^o = P_{externa} \Rightarrow \text{Ebullición}$$

En este caso, la composición de los vapores (G) y, por tanto, del destilado (L_2), es igual a la del líquido original (L_1). Por consiguiente, la única aplicación práctica de la destilación de un líquido puro es la determinación experimental de su punto de ebullición.

8.4. Destilación de mezclas de líquidos

En el caso de una mezcla de líquidos, la presión de vapor total del sistema (P_T) es igual a la suma de las presiones parciales de cada uno de los componentes de la mezcla *(Ley de Dalton):*

$$P_T = \Sigma P_i$$

La ebullición se producirá cuando la presión total y la externa se igualen, calentando el sistema o disminuyendo la presión externa:

$$P_T = \Sigma P_i = P_{externa} \Rightarrow \text{Ebullición}$$

En función de que se trate de mezclas de líquidos miscibles o inmiscibles, la contribución de la presión parcial de cada componente (P_i) al total de la mezcla será diferente.

8.4.1. Mezclas de líquidos miscibles

Suponiendo que no existan interacciones intermoleculares entre los componentes de la mezcla, es decir, que cada uno de los líquidos que la forman se comporte como si estuviese puro, se cumple la *Ley de Raoult,* según la cual, a temperatura y presión dadas, la presión de vapor parcial de cada componente en la mezcla (P_i) es igual a su presión de vapor en estado puro (P^o_i) multiplicada por su fracción molar en la mezcla líquida (X_i):

$$P_i = P^o_i\, X_i \text{ [Ley de Raoult]}$$
$$X_i = (\text{moles})_i/\Sigma(\text{moles})_i \text{ [fracción molar del compuesto i en la mezcla líquida]}$$

Por tanto, la presión de vapor total del sistema es función de la presión de vapor de sus componentes en estado puro y de la proporción en que se halle en la mezcla original:

$$P_T = \Sigma\, P_i = \Sigma\, P^o_i\, X_i$$

Para calcular la composición del vapor en equilibrio con el líquido, es necesario tener en cuenta que la fracción molar de cada componente en la fase gaseosa (Y_i) es igual al cociente entre su presión parcial (P_i) y la presión total (P_T) del sistema:

$$P_i = Y_i\, P_T$$
$$Y_i = P_i/P_T = P^o_i\, X_i/P_T$$

Por tanto, por aplicación de la ley de Raoult, a la misma temperatura, la fracción molar de cada componente en la fase gaseosa (Y_i) es función de su fracción molar en el líquido (X_i), y ambas son diferentes ($Y_i \neq X_i$).

Al comienzo de la destilación, los vapores (G) son más ricos en los componentes más volátiles (los de mayor presión de vapor o menor punto de ebullición normal), y a medida que la destilación avanza van enriqueciéndose paulatinamente en los componentes menos volátiles (los de menor presión de vapor o mayor punto de ebullición).

Considérese, a modo de ejemplo, la destilación de una mezcla binaria de los líquidos A y B, siendo A más volátil que B ($P^o_A > P^o_B$).

$$Y_A = P^o_A\, X_A/P_T$$
$$Y_B = P^o_B\, X_B/P_T$$
$$Y_A / Y_B = (P^o_A/P^o_B)\,(X_A/X_B)$$

Si se considera, por simplicidad, un líquido inicial (L_1) con la misma proporción de A y B, se tendrá que:

$$X_A = X_B$$
$$X_A/X_B = 1$$
$$Y_A/Y_B = P^o_A/P^o_B$$

La variación de composición del líquido y del vapor se muestra en el *diagrama de fases* de la Figura 8.3. Al ser la presión de vapor de A mayor que la de B ($P^o_A > P^o_B$), ocurrirá que $Y_A/Y_B > 1$. Por tanto, al comienzo de la destilación ($t=t_0$), cuando la mezcla alcanza la temperatura de ebullición, los vapores (G) contendrán mayor proporción de A que de B ($Y_A > Y_B$), a diferencia de la mezcla líquida *inicial* (L_1), donde $X_A = X_B$.

La condensación de las *primeras* gotas de destilado permitirá la obtención de un líquido (L_2) muy enriquecido en A ($Y_A > Y_B$), tanto más cuanto mayor sea la diferencia de puntos de ebullición normales de A y B, o lo que es lo mismo, cuanto mayor sea la diferencia de las presiones de vapor de A y B. Este hecho permite ir separando los componentes de la mezcla.

A medida que la destilación avanza, puesto que A destila a mayor velocidad que B, el líquido residual a tiempo t (L_1') se va haciendo más rico en el componente menos volátil ($X_A < X_B$), por lo que la contribución de la presión parcial de A a la presión total del sistema cada vez es menor y, por tanto,

Y_A/Y_B va disminuyendo respecto a su valor inicial debido a la disminución progresiva de X_A/X_B. La destilación de esta nueva mezcla (L_1') proporcionará un vapor (G') con mayor proporción de B que el anterior (G). A medida que la temperatura aumenta, la condensación de *sucesivas fracciones* de destilado conducirá a la obtención de un líquido cada vez con mayor contenido en B.

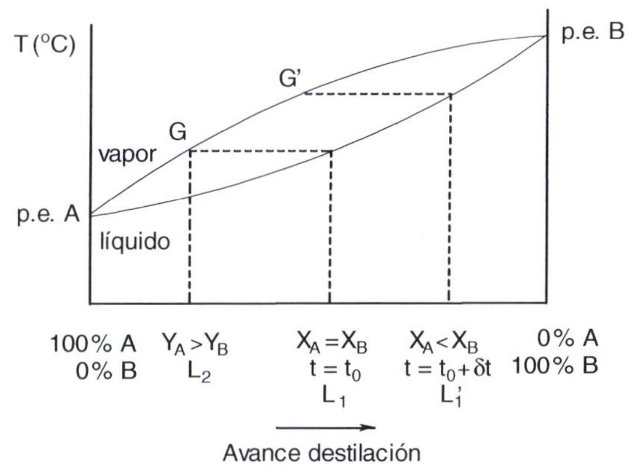

Figura 8.3. Diagrama composición-temperatura de una mezcla binaria equimolecular.

Obsérvese también que, puesto que $P^o_A > P^o_B$, y que a lo largo de la destilación X_A disminuye a la vez que X_B aumenta, será necesario aumentar la temperatura del sistema para que el líquido continúe en ebullición, ya que se cumple que $P_T = P^o_A X_A + P^o_B X_B$. Por tanto, el punto de ebullición de la mezcla no permanecerá constante y aumentará a medida que la destilación progresa, como se recoge en el diagrama de la Figura 8.3.

A efectos prácticos, con una sola destilación sencilla no es posible separar dos líquidos a menos que la diferencia entre sus puntos de ebullición sea superior a 100 °C. Si no se cumple esta condición, nunca podrían llegar a obtenerse puros los compuestos A y B del ejemplo anterior. Sin embargo, si la destilación se detuviese cuando el destilado (L_2) es aún muy rico en el componente más volátil (A), y dicho líquido se sometiese a una segunda destilación, se obtendría un segundo destilado mucho más rico en dicho compuesto. La reiteración de este proceso daría lugar a la separación total de la mezcla de los líquidos A y B en sus componentes puros. Este procedimiento, tedioso desde el punto de vista experimental, puede realizarse en una sola etapa mediante el empleo de *columnas de fraccionamiento* (Apartado 8.5.3).

8.4.2. Azeótropos

Como consecuencia de interacciones intermoleculares, muchas mezclas de líquidos se alejan del comportamiento ideal y no siguen la ley de Raoult. Cuando esto ocurre se forman *azeótropos,* que son mezclas de composición constante que se comportan como líquidos puros, destilando con un punto de ebullición constante.

Dependiendo de cómo sea el punto de ebullición del azeótropo respecto a los puntos de ebullición de los componentes puros, pueden distinguirse tres tipos de mezclas azeotrópicas: de punto de ebullición mínimo, máximo o intermedio. Casi todas las mezclas azeotrópicas pertenecen al primer grupo.

Un líquido puro destila a temperatura constante. Sin embargo, debido a la existencia de azeótropos, un punto de ebullición constante no significa necesariamente que el líquido esté puro.

Cuadro 8.1. Mezclas azeotrópicas del agua con algunos disolventes orgánicos.

Disolvente (p. e. normal, °C)	Agua: Disolvente	p. e. (°C, 760 mm Hg)
Benceno (80)	9:91	69
CCl_4 (77)	4:96	67
$CHCl_3$ (56)	3:97	56
CH_2Cl_2 (40)	1:99	39
Etanol (78)	5:95	78
Tolueno (111)	20:80	85
Hexano (69)	13:87	62
Clorobenceno (132)	20:80	90

De utilidad práctica resultan los azeótropos de punto de ebullición mínimo formados por el agua y algunos disolventes orgánicos (Cuadro 8.1). A modo de ejemplo, en la Figura 8.4 se muestra el diagrama de fases de una de estas mezclas azeotrópicas. A partir de un líquido de composición x, al aumentar la temperatura, la mezcla se va enriqueciendo en el componente más volátil. Cuando se alcanza el punto de ebullición del azeótropo, que es inferior al de ambos líquidos puros, éste destila con temperatura y composición constantes hasta que uno de los componentes se agota. A continuación, el componente que se encuentra en exceso destilará como líquido puro. Por tanto, una mezcla de líquidos que forme un azeótropo no podrá separarse nunca en sus componentes puros mediante destilación sencilla o fraccionada. Esta propiedad se utiliza para la eliminación de agua en disolventes o en mezclas de reacción.

8.4.3. *Mezclas de líquidos inmiscibles*

En este caso se cumple la ley de Dalton, pero no se cumple la ley de Raoult. La presión de vapor total de una mezcla de líquidos inmiscibles es igual a la suma de las presiones de vapor de los componentes puros:

$$P_T = \Sigma P_i = \Sigma P^o_i$$

Al no haber dependencia de la fracción molar, la composición de los vapores (G), si bien es distinta a la del líquido original (L_1), es constante a lo largo de toda la destilación. Así pues, para una mezcla binaria de los líquidos inmiscibles C y D, el número de moles de cada componente en el vapor y, por tanto, en el destilado, es proporcional a la presión de vapor del componente puro:

$$P_i V_i = n_i R T$$
$$n_C / n_D = P^o_C / P^o_D$$
$$n_i = g_i / M_i$$
$$g_C / g_D = P^o_C M_C / P^o_D M_D$$

Por tanto, la proporción en peso en el destilado (g_C/g_D) es función de los pesos moleculares de C y D (M_C y M_D) y de sus presiones de vapor en estado puro (P^o_C y P^o_D).

La presión total de la mezcla se iguala a la presión atmosférica a una temperatura inferior al punto de ebullición normal de cualquiera de los dos componentes. Por tanto, la mezcla destila a temperatura más baja que los componentes puros.

Desde el punto de vista práctico, la destilación de mezclas de líquidos inmiscibles se aplica a la destilación en corriente de vapor de com-

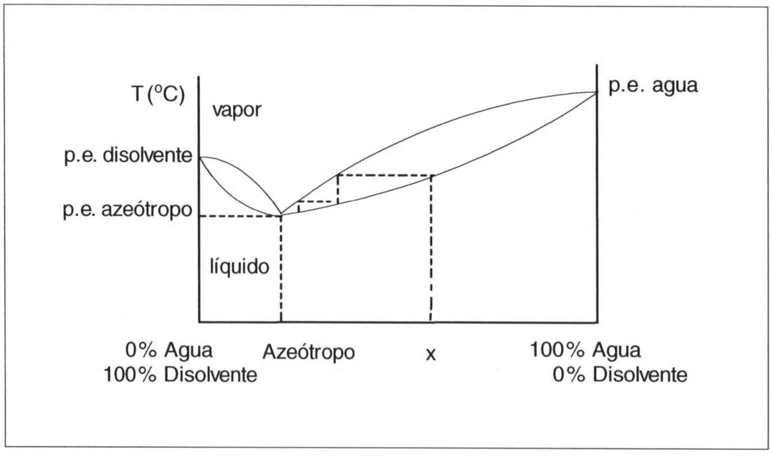

Figura 8.4. Diagrama de fases de una mezcla azeotrópica de punto de ebullición mínimo.

puestos orgánicos volátiles (Apartado 8.5.9). Conociendo la presión externa y la temperatura a la que tiene lugar la destilación de la mezcla compuesto orgánico/agua, es posible calcular la proporción en peso de ambos componentes en el destilado. Para ello, es necesario disponer del valor de la presión de vapor del agua a la temperatura de destilación (Cuadro 8.2).

A modo de ejemplo, supongamos un compuesto orgánico C, de peso molecular $M_C = 150$, que destila en corriente de vapor a 99 ºC a una presión externa de 760 mm Hg. Teniendo en cuenta que la presión de vapor del agua a dicha temperatura es de 733 mm Hg, podrá calcularse la proporción en peso de ambos compuestos en el destilado:

$$760 = 733 + P^o{}_C$$
$$P^o{}_C \text{ (99 ºC)} = 27 \text{ mm Hg}$$
$$g_C \,/\, g_{agua} = P^o{}_C\, M_C \,/\, P^o{}_{agua}\, M_{agua}$$
$$= 27 \cdot 150 \,/\, 733 \cdot 18 = 0.31$$

Por tanto, a 99 ºC, por cada gramo de agua codestilarán 0.31 g del compuesto C.

8.5. Procedimiento experimental

8.5.1. Generalidades

Para realizar una destilación, se debe escoger un destilador de tamaño adecuado a la cantidad de líquido a destilar. Téngase en cuenta que la superficie interna del equipo va a quedar en todo momento impregnada por una fina película de líquido que no destila, por lo que, si el equipo es muy grande, se perderá una cantidad apreciable de producto.

Para evitar que las piezas se suelden al calentar, se deben engrasar ligeramente las superficies internas de las bocas esmeriladas de aquellas piezas que se calienten. Por tanto, sólo deben engrasarse las uniones del matraz con la cabeza de destilación, y la de ésta con el termómetro y el refrigerante. Debe aplicarse la menor cantidad de grasa posible, ya que ésta, al reblandecerse por el calor, puede impurificar el destilado.

Se debe comprobar previamente que todo el material a emplear esté exento de estrellas o roturas de cualquier tipo. Todas las piezas tienen que

Cuadro 8.2. Presión de vapor del agua (mm Hg) a diferentes temperaturas (°C)

Temp	$P^o{}_{agua}$	Temp	$P^o{}_{agua}$	Temp	$P^o{}_{agua}$	Temp	$P^o{}_{agua}$	Temp	$P^o{}_{agua}$
50	92.5	60	149.4	70	233.7	80	355.1	90	525.8
51	97.2	61	156.4	71	243.9	81	369.7	91	546.0
52	102.1	62	163.8	72	254.6	82	384.9	92	567.0
53	107.2	63	171.4	73	265.7	83	400.6	93	588.6
54	112.5	64	179.3	74	277.2	84	416.8	94	610.9
55	118.0	65	187.5	75	289.1	85	433.6	95	633.9
56	123.8	66	196.1	76	301.4	86	450.9	96	657.6
57	129.8	67	204.9	77	314.1	87	468.7	97	682.1
58	136.1	68	214.2	78	327.3	88	487.1	98	707.3
59	142.6	69	223.7	79	341.0	89	506.1	99	733.2

estar sujetas mediante pinzas metálicas o pinzas de plástico tipo *clip,* y deben ajustar perfectamente para evitar pérdidas por las juntas.

El aparato de destilación nunca debe estar herméticamente cerrado, teniendo siempre una salida, ya sea al exterior (destilación normal), a vacío (destilación a vacío) o a un borboteador y una línea de argón (destilación bajo atmósfera inerte). En caso contrario, debido al aumento de presión que se produce al calentar, el equipo podría estallar.

8.5.2. Destilación sencilla

La destilación sencilla se emplea para:

a) Determinación del punto de ebullición de líquidos puros.
b) Purificación de líquidos. Se trata de la destilación de un líquido que va acompañado de pequeñas cantidades de impurezas líquidas o sólidas, con el fin de disponer del líquido con un elevado grado de pureza.
c) Separación de mezclas de líquidos cuyos componentes difieran al menos en 100 °C en sus puntos de ebullición. Después de la destilación del componente más volátil, la temperatura del termómetro desciende al agotarse el vapor caliente del líquido que destila primero. En ese momento debe cambiarse el matraz colector y, a continuación, aumentar la intensidad de la calefacción hasta observar una nueva elevación de temperatura y la destilación del componente menos volátil de la mezcla.
d) Separación de un sólido y un líquido en procesos de secado. El líquido anhidro se recoge en el matraz colector.
e) Separación del soluto y el disolvente de una disolución. El soluto queda en el matraz de destilación y el disolvente se recoge en el matraz colector. En aquellos casos en los que no interesa obtener el disolvente, que es el caso más frecuente, esta operación se lleva a cabo a presión reducida en un rotavapor.

A) Descripción del equipo

En la Figura 8.5 se recoge el equipo necesario para llevar a cabo una destilación sencilla.

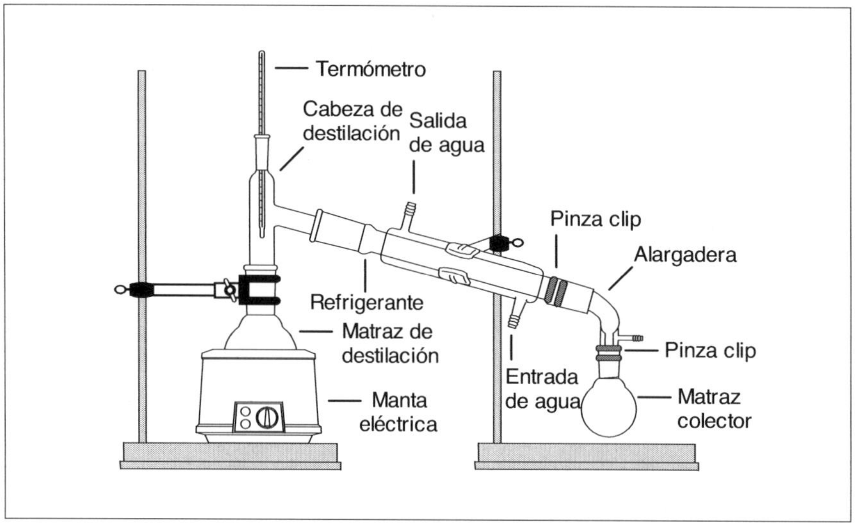

Figura 8.5. Destilación sencilla.

• *Fuente de calefacción*

Se recomienda el empleo de una manta eléctrica, de tamaño adecuado al matraz de destilación, provista de un reostato para regular la temperatura de calefacción. En su defecto, puede emplearse una placa calefactora con un baño de aceite mineral o grafito. No se aconseja la calefacción directa del matraz de destilación.

• *Matraz de destilación*

Deben emplearse matraces de fondo redondo, de tamaño adecuado para que al comienzo de la destilación estén llenos hasta la mitad de su volumen. De este modo, la superficie de evaporación al inicio del proceso es máxima. Si el matraz está muy lleno, se producirán saltos en la ebullición del líquido, formación de espumas y, en ocasiones, succión del líquido hacia la cabeza de destilación, impurificándose el destilado. Si por el contrario el matraz está poco lleno, al final de la destilación parte del producto permanecerá en el matraz en forma de vapor, sin llegar a condensar.

La formación de una burbuja en el seno de un líquido a su temperatura de ebullición resulta un proceso termodinámicamente poco favorable, ya que requiere la creación de un hueco en el seno del líquido para que varias moléculas adyacentes, con energía cinética suficiente para pasar al estado gaseoso, puedan evaporarse. Por esta razón, los líquidos muy puros, sin gases disueltos ni partículas en suspensión, pueden *sobrecalentarse,* alcanzando temperaturas superiores a su punto de ebullición sin que ésta tenga lugar.

Cuando finalmente se produce la ebullición, ésta tiene lugar de manera brusca con proyección del líquido. Para evitarlo y conseguir una ebullición continua, homogénea y controlada, es necesario introducir núcleos de formación de burbujas. A tal efecto, puede emplearse un trozo pequeño de porcelana porosa que se introduce en el matraz de destilación. Al comienzo de la destilación, las cavidades internas de la porcelana están llenas de aire que se desprende lentamente en forma de pequeñas burbujas, según se va calentando. Si por algún motivo se interrumpe la destilación, antes de reanudarla se ha de añadir a temperatura ambiente un nuevo trozo de porcelana porosa, ya que cuando los poros se han llenado de líquido, ésta pierde su efectividad. En lugar de porcelana porosa, se emplea un agitador magnético si se utiliza una placa de agitación-calefacción.

El matraz de destilación debe sujetarse por la boca esmerilada a un soporte utilizando una pinza. El matraz debe colocarse sobre el pie del soporte o de lo contrario, el peso del aparato de destilación provocará su caída.

• *Cabeza de destilación*

Es la pieza que une el matraz de destilación con el termómetro y el refrigerante. No es necesario sujetarla con una pinza metálica, puesto que se adapta al matraz y queda sujeta verticalmente.

• *Termómetro*

Se recomienda el empleo de termómetros provistos de junta esmerilada, ya que encajan perfectamente en la cabeza de destilación.

En su defecto, pueden emplearse termómetros sencillos unidos a la cabeza de destilación mediante un macho guía, y sujetos a éste con un tubo de goma de tamaño adecuado. Presentan varios inconvenientes: la goma puede ceder en parte al calentarse, con riesgo de caída del termómetro, y además se tapa parte de la escala del termómetro.

Un sistema más seguro que el anterior es el empleo de un macho guía con una junta de rosca de tamaño adecuado al termómetro.

En cualquiera de los tres casos, la parte superior del bulbo del termómetro debe quedar ligeramente por encima del nivel de la tubuladura lateral de la cabeza de destilación (Figura 8.6). De esta manera, el bulbo quedará inmerso en el vapor y la lectura será correcta. Si se coloca más arriba, la temperatura indicada será menor que la real; y si se coloca más abajo, registrará una temperatura mayor que la de los vapores que destilan.

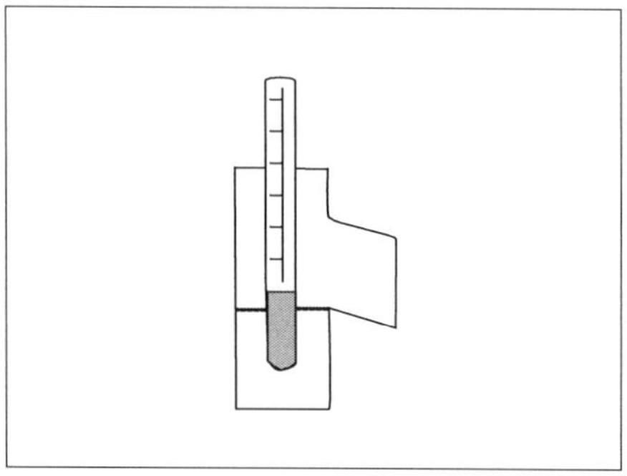

Figura 8.6. Posición correcta del termómetro en la cabeza de destilación.

• *Refrigerante*

Debe utilizarse un refrigerante recto, que se coloca en la salida lateral de la cabeza de destilación, con el ángulo dictado por ella, evitando tensiones. Debido a su peso y a la posición en la que se encuentra, debe sujetarse a un segundo soporte metálico con ayuda de una pinza, colocada de manera que dos de sus dedos queden por debajo del refrigerante y uno por encima. No es necesario que la pinza abrace firmemente al refrigerante; es suficiente con que el peso de éste descanse sobre ella.

Con objeto de garantizar la mayor capacidad de enfriado, el líquido de refrigeración (por lo general agua) debe entrar por la toma inferior y salir por la superior, con un flujo moderado y continuo durante todo el proceso. De esta manera, el refrigerante estará lleno de líquido frío continuamente. Si el líquido de refrigeración se introdujese al revés, resbalaría por la parte inferior de la camisa sin llenar el refrigerante, con lo que la eficacia del enfriado quedaría disminuida.

• *Alargadera*

Es la pieza que dirige el destilado al matraz colector. Debe adaptarse al refrigerante y sujetarse mediante un muelle o una pinza de plástico tipo *clip*. No se deben engrasar sus bocas esmeriladas, ya que no van a ser sometidas a calefacción.

Es preferible el uso de alargaderas provistas de dos bocas esmeriladas, de manera que pueda adaptarse un matraz como recipiente colector. La salida lateral de la alargadera puede dejarse abierta al aire, pero cuando se destilen compuestos tóxicos, se recomienda colocar una goma que dirija los vapores de salida al interior de la vitrina o al desagüe. En el caso de compuestos sensibles a la humedad, es necesario colocar un tubo de cloruro cálcico en la salida de la alargadera, con objeto de que el destilado quede protegido de la humedad ambiental.

No se recomienda el empleo de alargaderas que sólo puedan adaptarse al refrigerante, ya que el matraz colector queda abierto al aire con la posibilidad de impurificación del destilado y la imposibilidad de dirigir los posibles vapores tóxicos a una vitrina.

• *Matraz colector*

Se recomienda el empleo de matraces con boca esmerilada, que se adaptan a la alargadera y se sujetan mediante un muelle o una pinza tipo *clip*.

Si bien no es recomendable, puede emplearse un erlenmeyer sujeto con una pinza a un soporte vertical o apoyado sobre la mesa de trabajo o sobre un soporte horizontal. Nunca deben emplearse vasos de precipitados, ya que se facilitaría la impurificación del destilado así como su evaporación.

En caso de destilar compuestos muy volátiles, el matraz colector no debe estar expuesto al aire y debe enfriarse exteriormente con un baño de hielo y agua para minimizar la pérdida de destilado por evaporación.

B) Procedimiento experimental

1. Colocar la fuente de calefacción.
2. Introducir el compuesto a destilar en el matraz de destilación con ayuda de un embudo, con objeto de no manchar la boca esmerilada.
3. Sujetar el matraz de destilación con una pinza a la altura adecuada respecto a la fuente de calefacción.
4. Introducir un par de trozos pequeños de porcelana porosa o un agitador magnético.
5. Engrasar ligeramente la boca de la cabeza de destilación y girarla dentro del matraz para repartir uniformemente la grasa.
6. Colocar el refrigerante en la salida lateral de la cabeza de destilación y sujetarlo con una pinza a un soporte.
7. Colocar y sujetar la alargadera y el matraz colector.
8. Engrasar ligeramente el esmerilado del termómetro y colocarlo en la cabeza de destilación.
9. Abrir el agua del refrigerante y graduar el flujo.
10. Calentar gradualmente hasta que la mezcla del matraz de destilación comience a hervir. Se observará que el vapor asciende y condensa (refluye) en la cabeza de destilación. En poco tiempo, los vapores alcanzarán el bulbo del termómetro. En el caso de líquidos de punto de ebullición muy elevado, puede ocurrir que se produzca un reflujo continuo en la cabeza de destilación sin que los vapores lleguen a alcanzar el nivel de la tubuladura lateral. En este caso se recomienda envolver la cabeza de destilación con papel de aluminio, con objeto de minimizar la pérdida de calor. Adicionalmente, puede ser necesario calentar externamente de manera suave con una pistola de aire caliente.
11. Cuando los vapores de destilado llegan al bulbo del termómetro, la temperatura comienza a ascender. El vapor empezará a introducirse en la tubuladura lateral de la cabeza de destilación y en el refrigerante, y el líquido condensará resbalando hacia la alargadera y el matraz colector. El aumento de temperatura en el termómetro continúa a la vez que empiezan a recogerse las primeras gotas de destilado, hasta que llega un momento en que ésta se estabiliza.
12. Cuando la temperatura se mantenga estable, cambiar el matraz colector por otro. El primero de ellos contendrá el líquido destilado junto con impurezas más volátiles.
13. Graduar el aporte de calor para que el flujo de destilado sea, aproximadamente, de una gota por segundo. Con ello se consigue una lectura correcta del punto de ebullición. Si la velocidad fuese menor, el bulbo del termómetro no estaría en contacto con un flujo de vapor continuo y la temperatura observada en el termómetro no permanecería constante. Si la velocidad fuese mayor, no daría tiempo a que se estableciera el equilibrio líquido-vapor en el matraz, y el destilado resultaría menos puro. Al mismo tiempo, la condensación de los vapores en el refrigerante se retardaría y esto podría conducir a pérdida de producto.
14. Observar la temperatura. Cuando el líquido que destila se agota, la temperatura desciende ya que no hay suficiente vapor que llegue al bulbo del termómetro. Apagar la calefacción y separar la fuente de calefacción del matraz de destilación. Dejar siempre un pequeño residuo en el matraz de destilación para evitar el posible sobrecalentamiento y, por consiguiente, su posible rotura. El matraz de

destilación contendrá las impurezas no volátiles.

15. Dejar enfriar. No conviene exponer el residuo del matraz de destilación al aire mientras está caliente, ya que se corre peligro de ignición.
16. Desmontar el equipo comenzando por el matraz colector que contiene el destilado.

8.5.3. Destilación fraccionada

La destilación fraccionada se emplea para separar mezclas de líquidos cuyos puntos de ebullición difieren en menos de 100 °C. Es el equivalente de varias destilaciones sencillas.

A) Descripción del equipo

En la Figura 8.7 se muestra el equipo necesario para llevar a cabo una destilación fraccionada. Es igual al empleado en una destilación sencilla salvo por dos diferencias:

- *Columna de fraccionamiento*

Consiste en un tubo de vidrio relleno de un empaquetado, que se coloca entre el matraz y la cabeza de destilación.

Cuando los vapores ascienden, éstos condensan en el relleno de la columna. Por efecto del calor, las gotas de condensado vuelven a evaporarse y condensan de nuevo más arriba. Estos ciclos de evaporación-condensación van repitiéndose a lo largo de la columna. Cada uno de ellos equivale a una destilación sencilla a pequeña escala, lo cual provoca que los vapores que alcanzan la cabeza de destilación sean mucho más ricos en el componente más volátil de lo que serían en una única destilación sencilla.

La capacidad de separación de una columna se denomina *eficacia* y depende de su longitud y del tipo de relleno. La eficacia se mide en *platos teóricos,* siendo cada plato teórico el equivalente a una destilación sencilla.

El correcto funcionamiento de la columna, requiere que esté impregnada por una fina pelí-

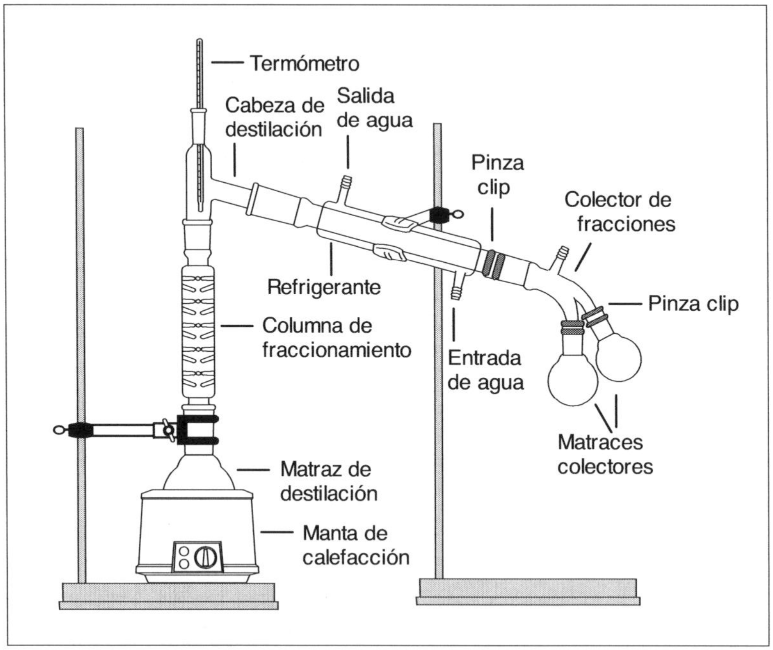

Figura 8.7. Destilación fraccionada.

cula de líquido que constituye un volumen muerto que se pierde en la destilación. Este hecho cobra tanta mayor importancia cuanto menor es el volumen de líquido a destilar, y habrá de tenerse en cuenta a la hora de escoger la columna adecuada.

Las columnas empleadas con más frecuencia son las de tipo Vigreux (Figura 8.8). Para una columna de 1 cm de diámetro y 20 cm de longitud, las características medias son: un volumen muerto de 1-2 ml y 2-3 platos teóricos. Estas columnas permiten la separación eficaz de compuestos con diferencias de puntos de ebullición entre 30 y 40 °C. Para evitar la pérdida de calor, pueden utilizarse columnas provistas de una camisa exterior cerrada a vacío.

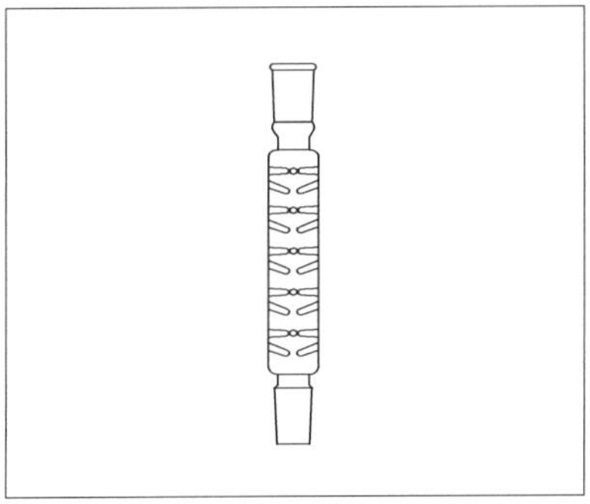

Figura 8.8. Columna Vigreux.

- *Colector de fracciones*

En lugar de la alargadera empleada en la destilación sencilla, se utiliza un colector de fracciones unido a varios matraces, lo que permite ir cambiando de matraz colector en función de la temperatura de destilación de manera rápida, por simple giro del sistema. El colector más común es el de tipo *cerdito* (Figura 8.7), con dos o tres salidas.

B) Procedimiento experimental

1. Ensamblar el aparato de destilación de la manera indicada para una destilación sencilla, intercalando la columna de fraccionamiento entre el matraz y la cabeza de destilación y sustituyendo la alargadera por un colector de fracciones unido a varios matraces colectores.
2. Ir calentando el matraz de destilación muy despacio, hasta que la mezcla comience a hervir. Se observará el ascenso de vapor y su condensación en la columna. El relleno debe estar en todo momento empapado con el líquido que destila, pero no inundado. Si se observa inundación de la columna (líquido que asciende uniformemente), es señal de que la calefacción es demasiado fuerte. En este caso, los equilibrios líquido-vapor necesarios para el fraccionamiento no se producen, y el líquido es succionado sin destilar. En caso de inundación, apagar la calefacción hasta que el líquido de la columna vuelva a caer al matraz de destilación. Volver a calentar suavemente. Puede que sea necesario recubrir la columna y la cabeza de destilación con papel de aluminio, para evitar así la inundación provocada por un calentamiento excesivo. Hay que tener en cuenta que se obtienen mejores separaciones cuanto más lento sea el proceso.
3. Observar la temperatura de destilación e ir recogiendo fracciones de destilado en función de los puntos de ebullición registrados, teniendo en cuenta que el destilado que se recoge a una temperatura estable generalmente corresponde a un líquido puro, a diferencia del que se recoge en un intervalo, que corresponde a una mezcla.

8.5.4. Destilación con spinning-band

Es una variante de la destilación fraccionada para la separación de líquidos con pequeñas diferencias en sus puntos de ebullición.

El relleno de la columna de fraccionamiento clásica se reemplaza por una varilla de teflón con un diseño en hélice que llega hasta el interior del matraz de destilación (Figura 8.9). Dicha varilla está provista en su interior de un imán, de modo que puede girar si se emplea una placa de agitación-calefacción como fuente de calor.

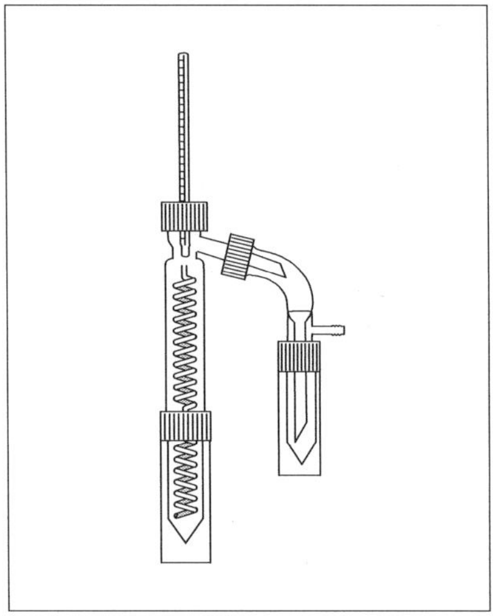

Figura 8.9. *Spinning-band.*

El giro de la columna *(spinning)* provoca que una gran proporción del líquido que en ella condensa retorne al matraz de destilación, con lo que la eficacia del fraccionamiento es muy elevada. El líquido que alcanza la cabeza de destilación es muy rico en el componente más volátil. Una ventaja adicional frente al empleo de columnas de fraccionamiento es que este sistema minimiza el volumen muerto y, por tanto, resulta aplicable a la separación de pequeños volúmenes de mezcla.

A) Procedimiento experimental

1. Ensamblar el equipo. Utilizar como fuente de calor una placa de agitación-calefacción provista de un baño de aceite mineral.
2. Poner en marcha la agitación magnética y conseguir que la varilla gire a la máxima velocidad posible.
3. Proceder del modo indicado para la destilación fraccionada. Para conseguir una buena separación de compuestos con puntos de ebullición muy próximos, es necesario que la calefacción sea muy lenta.

8.5.5. Destilación a vacío

El fundamento de la técnica consiste en disminuir la presión externa para que la presión de vapor del líquido se iguale con ella a una temperatura inferior a la del punto de ebullición normal. De esta forma la destilación puede llevarse a cabo a temperatura mucho más baja.

Se utiliza cuando el punto de ebullición del líquido a destilar es muy elevado, por lo que sería necesario calentar enérgicamente para poder destilarlo a presión atmosférica, o bien para la destilación de líquidos que sufren reacciones de fragmentación (descomposición) a su temperatura de ebullición normal. La destilación a vacío es aplicable tanto a la destilación sencilla como a la fraccionada.

Conociendo el punto de ebullición normal de un compuesto (T_B), puede conocerse el punto de ebullición de dicho compuesto a una presión diferente (T_A, P) haciendo uso del diagrama de la Figura 8.10.

1. Localizar T_B en la escala B, y la presión a la que va a llevarse a cabo la destilación (P) en la escala C.
2. Unir ambos puntos con una recta.
3. La intersección de dicha recta con la escala A permite conocer T_A.

A) Descripción del equipo

Se utiliza un equipo (Figura 8.11) similar al empleado en las destilaciones sencilla o fraccionada, con tres diferencias básicas:

a) Todas las piezas han de estar ensambladas, por lo que es necesario utilizar una alar-

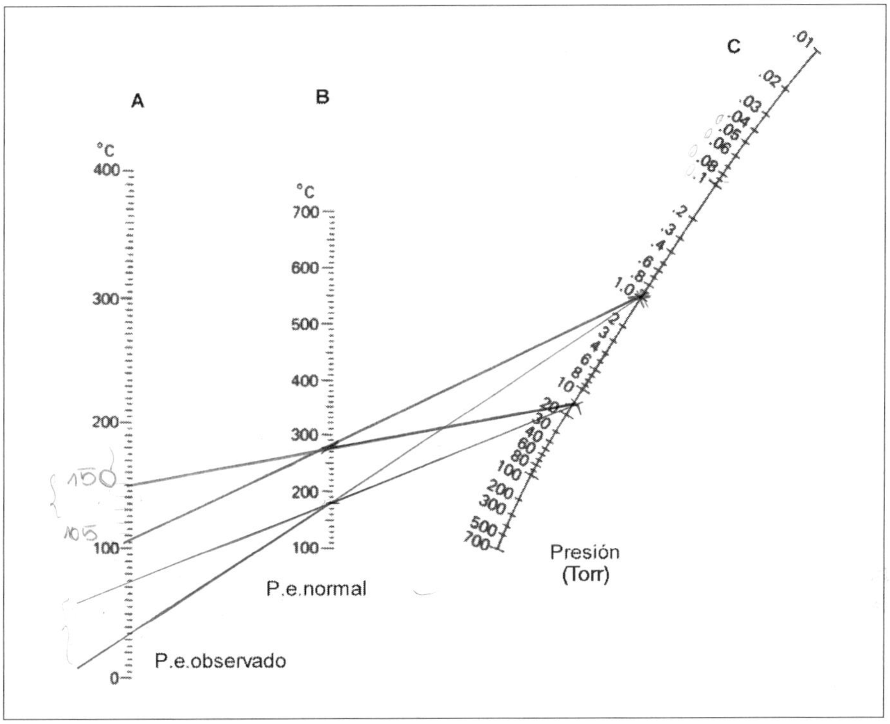

Figura 8.10.

gadera de dos bocas (alargadera de vacío) o un colector de fracciones. El vacío se conecta a la salida lateral de la alargadera o del colector de fracciones.

b) Todas las uniones esmeriladas deben engrasarse ligeramente con grasa especial de vacío, con objeto de evitar la entrada de aire. Girar las piezas para repartir la grasa uniformemente. Todas ellas deben girar libremente.

c) No se puede emplear porcelana porosa, ya que perdería inmediatamente el aire ocluido en su interior al aplicar vacío. En su lugar puede emplearse una astilla de madera, si bien se recomienda el uso de agitadores magnéticos. La astilla de madera debe quedar en posición vertical, apoyada en la pared del matraz de destilación y no flotando sobre el líquido, ya que su efectividad sería nula.

B) Procedimiento experimental

1. Ensamblar el equipo necesario (Figura 8.11) del modo indicado en las destilaciones sencilla y fraccionada.
2. Comprobar el giro de todas las piezas y el ajuste perfecto de todas las juntas.
3. Conectar la fuente de vacío al aparato de destilación mediante una goma de vacío, a partir de la salida lateral de la alargadera o del colector de fracciones.
4. Con un manómetro, registrar la presión a la que está sometido el sistema.
5. Calentar y llevar a cabo la destilación siguiendo el procedimiento indicado anteriormente para la destilación sencilla o la destilación fraccionada.
6. Una vez acabada la destilación, desconectar el vacío abriendo la llave que comunica el sistema con el exterior o retirando la

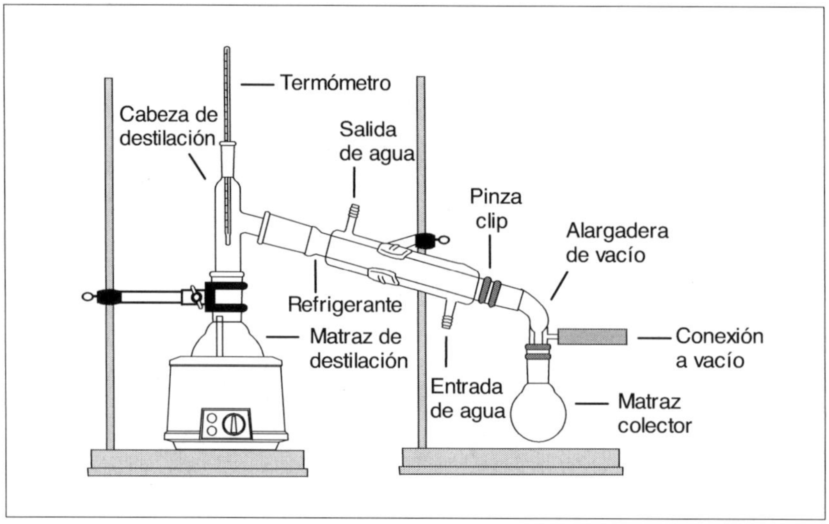

Figura 8.11. Destilación a vacío.

goma que une el sistema a la fuente de vacío.

7. Apagar la calefacción y dejar enfriar el equipo.

8.5.6. *Destilación en rotavapor*

Consiste en un destilador a vacío especialmente diseñado para eliminar el disolvente de una disolución, recuperando el soluto (líquido o sólido). El compuesto de interés queda en el matraz de destilación, mientras que el disolvente se recoge en el matraz colector. Para una descripción detallada del rotavapor, consultar el Apartado 2.3.6.

8.5.7. *Destilación en horno de bolas*

Consiste en un destilador a vacío carente de volúmenes muertos, que se utiliza para la separación de líquidos o sólidos de bajo punto de fusión, de sustancias poliméricas o aceites de elevado punto de ebullición.

En función del tamaño de las bolas escogidas, es adecuado para destilar desde cantidades pequeñas de producto (50-100 mg) hasta cantidades en torno a 10-15 g.

Al no llevar termómetro, no permite conocer el punto de ebullición del destilado. La temperatura registrada por el termómetro electrónico corresponde a la interior del horno. Por esta razón, cuando se describe la purificación de un líquido por este procedimiento, es necesario indicar que la destilación se llevó a cabo en horno de bolas. A modo de ejemplo, p. e. 80-85 ºC (0.1 Torr, horno de bolas).

A) Descripción del equipo

a) Horno (Figura 8.12). Es la fuente de calefacción donde se introduce el matraz de destilación. Se cierra con un diafragma, que permite aislarlo del exterior sin impedir la rotación del conjunto.

b) Matraz de destilación. Es un matraz esférico de boca esmerilada donde se introduce el líquido a destilar. Se ensambla a la primera de las bolas y queda dentro del horno.

c) Bolas. Son matraces esféricos provistos de dos bocas esmeriladas opuestas. Algunas de ellas quedan dentro y otras fuera del horno. Los vapores del destilado van pasando desde el matraz de destilación a la bola siguiente, y así sucesivamente, hasta que condensan en las bolas que quedan fuera del horno, que se enfrían exteriormente.

d) Varilla. Conecta las bolas con el motor de giro.

e) Motor de giro. Provoca el giro necesario para agilizar la destilación y evitar la proyección del líquido.

f) Llave de vacío. Permite conectar el sistema a una línea de vacío.

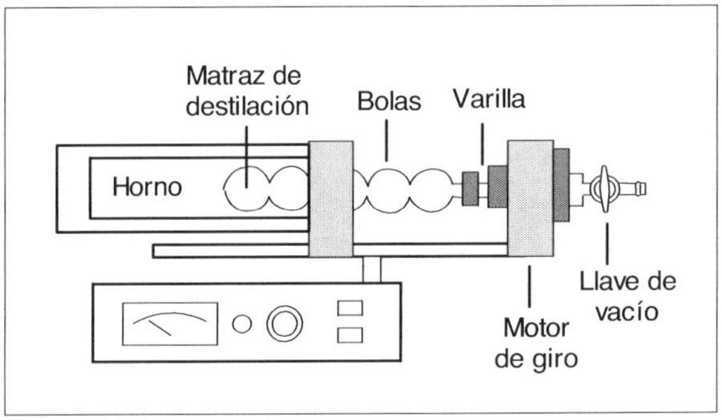

Figura 8.12. Horno de bolas.

B) Procedimiento experimental

1. Introducir el producto a destilar en el matraz de destilación. En el caso de pequeñas cantidades de producto, se puede introducir en disolución y evaporar el disolvente a presión reducida en el rotavapor.
2. Dar grasa de vacío a las bocas esmeriladas de las bolas y la varilla. Girar todas las piezas para garantizar la distribución uniforme de la grasa. Se recomienda el empleo de dos o tres bolas.
3. Asegurar la varilla de giro con la rosca provista al efecto.
4. Ensamblar el matraz de destilación y las bolas e insertar el conjunto en la varilla de giro.
5. Introducir el matraz de destilación y la bola contigua dentro del horno, dejando las bolas segunda y tercera fuera. Cerrar el diafragma de aislamiento.
6. Activar el giro.
7. Conectar el horno a la bomba de vacío y comprobar la presión con ayuda del manómetro de la línea.
8. Comenzar a calentar el horno e incrementar el aporte de calor hasta que se observe que empieza a condensar líquido en la primera bola.
9. Enfriar externamente las bolas que quedan fuera del horno, con hielo o nieve carbónica, sin impedir el giro del sistema.
10. Se observará la condensación de destilado en las bolas que quedan fuera del horno.
11. Cuando el líquido del matraz de destilación y de la bola interior del horno se haya agotado, apagar la calefacción y abrir el diafragma para sacar el conjunto del horno.
12. Dejar enfriar el equipo.
13. Desconectar el vacío abriendo la llave que comunica el sistema con el exterior.
14. Detener el giro y separar el matraz de destilación y la primera bola del resto del conjunto. Desmontar las piezas con cuidado, ya que cuando no se aplica vacío, las bolas tienden a desengancharse.
15. Limpiar con un paño la grasa de la boca esmerilada de la bola que contiene el destilado e invertirla sobre un matraz para recoger el producto. En el caso de aceites densos o pequeña cantidad de producto, añadir un disolvente para transferirlo a un matraz y evaporar el disolvente a presión reducida en el rotavapor.

8.5.8. Destilación bajo atmósfera inerte

La destilación se lleva a cabo bajo atmósfera inerte en el caso de compuestos sensibles a la humedad o que vayan a emplearse en reacciones que requieran exclusión total de humedad.

A) Descripción del equipo

Se utiliza un equipo similar a los empleados en las destilaciones sencilla y fraccionada, reemplazando la cabeza de destilación por una cabeza Claisen provista de una llave de vidrio o teflón por la que se conecta una entrada de gas inerte. La salida de la alargadera debe estar conectada a un borboteador, de forma que el sistema no esté cerrado a la vez que se impide la entrada de aire (Figura 8.13).

B) Procedimiento experimental

1. Ensamblar un equipo similar al de las destilaciones sencilla o fraccionada, reemplazando la cabeza de destilación por una cabeza Claisen y conectando la salida de la alargadera a un borboteador de aceite mineral (Figura 8.13).
2. Una vez introducido el líquido a destilar en el matraz de destilación, purgar el sistema pasando una corriente de gas inerte durante 5 min. Controlar el flujo de gas inerte con ayuda del borboteador.
3. Cerrar la llave de entrada de gas inerte.
4. Proceder con la destilación siguiendo los procedimientos anteriormente descritos.
5. Una vez acabada la destilación, abrir la entrada de gas inerte con flujo moderado, de manera que el equipo se enfríe bajo atmósfera inerte. De lo contrario, en el proceso de enfriamiento se produciría succión de aire a través del borboteador.
6. Retirar el matraz colector, cerrarlo con un séptum de goma, y purgarlo pasando una corriente de gas inerte.
7. Desconectar el gas inerte y desmontar el resto del destilador.

8.5.9. Destilación en corriente de vapor

La destilación en corriente de vapor es una técnica, prácticamente en desuso, que se utilizaba antiguamente para la separación de sustancias volátiles e insolubles en agua de sustancias no volátiles y/o solubles en agua, generalmente a partir de sus fuentes naturales. No es una técnica de purificación de líquidos orgánicos, sino

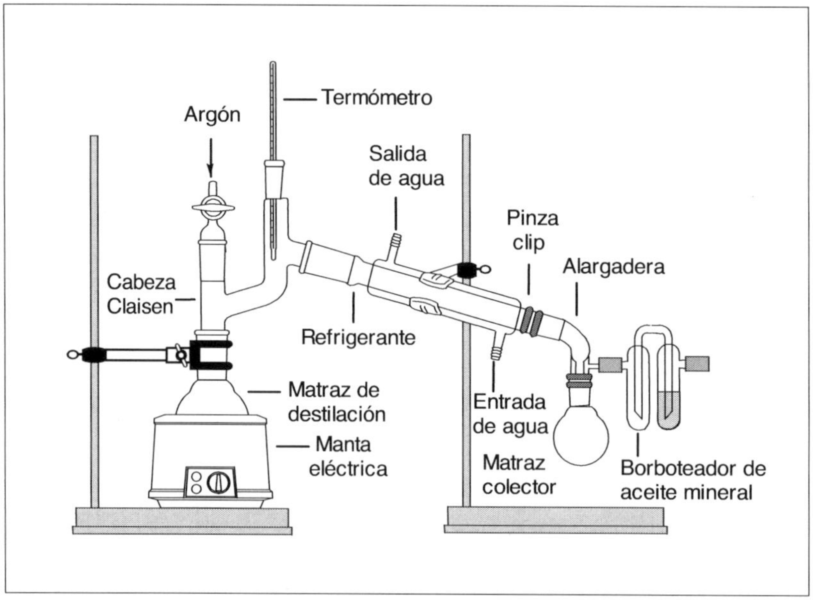

Figura 8.13. Destilación bajo atmósfera inerte.

de aislamiento o separación. En la actualidad está superada por las técnicas cromatográficas aunque tiene aplicación a nivel industrial.

La técnica de arrastre de vapor se basa en la destilación de líquidos no miscibles, siendo uno de los líquidos el agua y el otro un compuesto orgánico relativamente volátil. A la mezcla que contiene el producto que se quiere separar se le adiciona exceso de agua, y el conjunto se somete a destilación. En el matraz de destilación se recuperan los compuestos no volátiles y/o solubles en agua caliente, y en el matraz colector se obtienen los compuestos volátiles e insolubles en agua. Finalmente, el aislamiento de los compuestos orgánicos recogidos en el matraz colector se lleva a cabo mediante extracción (Apartado 6.3).

Experimentalmente, pueden emplearse dos equipos diferentes:

A) Equipo A

- *Descripción*

  a) Matraz generador de vapor (Figura 8.14). Contiene el agua necesaria para la destilación, que pasa en forma de vapor al matraz de destilación a través de la tubuladura lateral de la cabeza generadora.

  b) Cabeza generadora. Lleva una varilla de seguridad que debe introducirse en el agua, de manera que en caso de producirse sobrepresión accidental, el agua ascienda por la varilla evitando que el equipo estalle. Además, permite controlar la obturación del equipo. La cabeza y el matraz generador de vapor pueden reemplazarse por un sistema centralizado de vapor de agua conectado directamente a la cabeza de arrastre.

  c) Cabeza de arrastre. Conecta el matraz de destilación con la cabeza generadora y con el refrigerante. A través del vástago, dirige la entrada de vapor de agua hacia la mezcla a destilar.

  d) Matraz de destilación. Al principio, contiene la mezcla a destilar y una pequeña cantidad de agua caliente. A medida que la destilación avanza, se va llenando del agua que proviene del matraz generador. Las sustancias solubles en agua caliente se disuelven, y las volátiles e insolubles codestilan con el agua llegando al refrigerante a través de la salida lateral de la cabeza de arrastre.

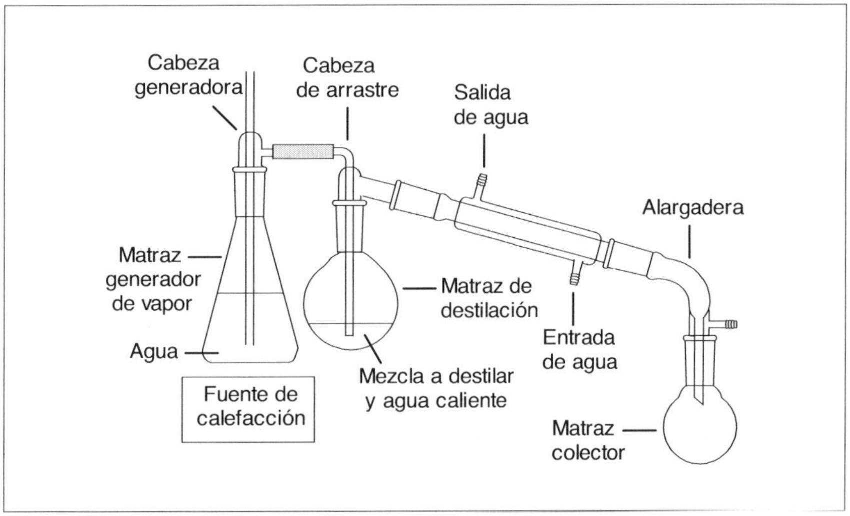

Figura 8.14. Destilación en corriente de vapor.

- *Procedimiento experimental*

1. Asegurar el matraz generador de vapor de agua con una pinza metálica a un soporte, a la altura adecuada respecto de la fuente de calefacción a emplear.
2. Añadir un par de trozos pequeños de porcelana porosa y adaptar la cabeza generadora. Tener la precaución de que la varilla de seguridad esté sumergida en el agua sin tocar el fondo del matraz y de que no quede obturada por la porcelana porosa.
3. En otro soporte metálico, sujetar el matraz de destilación. Introducir la mezcla a destilar y cubrirla con agua caliente.
4. Colocar la cabeza de arrastre en la boca del matraz de destilación, procurando que el vástago quede sumergido parcialmente en el agua que acompaña a la mezcla sin tocar el fondo del matraz. De no ser así, añadir un poco más de agua.
5. Colocar el conjunto del matraz de destilación y la cabeza de arrastre a la altura adecuada respecto de la salida lateral de la cabeza generadora.
6. Unir las tubuladuras laterales de la cabeza generadora y la cabeza de arrastre mediante un trozo pequeño de tubo de goma.
7. Colocar un refrigerante recto en la salida de la cabeza de arrastre, con el ángulo dictado por ésta, evitando tensiones. Sujetarlo con una pinza a un soporte metálico.
8. Conectar una alargadera y el matraz colector en el extremo del refrigerante, sujetando ambos con una pinza tipo clip.
9. Llenar el refrigerante de agua, conectando la entrada a la toma inferior y la salida a la toma superior.
10. Encender la fuente de calefacción colocada bajo el matraz generador de vapor.
11. Cuando el agua del matraz generador hierve, el vapor se dirige por la cabeza generadora y la cabeza de arrastre hacia la mezcla a destilar, que al cabo de poco tiempo se calienta y entra en ebullición. El vástago de la cabeza de arrastre se atasca muy fácilmente en el caso de mezclas con sólidos en suspensión. Si esto ocurre, el vapor de agua no puede pasar hacia el matraz de destilación, produciéndose una sobrepresión en el matraz generador que provoca el ascenso del agua por la varilla de seguridad, pudiendo llegar a proyectarse al exterior. En este caso, cortar la goma que une la cabeza generadora con la cabeza de arrastre y desatascar el vástago de esta última.
12. Los vapores de destilado condensan en el refrigerante y resbalan hacia el matraz colector. Al principio del proceso, las gotas de destilado son turbias, ya que se recoge una mezcla de agua y la sustancia que destila, que es inmiscible con ella. Continuar la destilación hasta que las gotas de destilado sean incoloras y transparentes, lo cual es indicativo de que todas las sustancias volátiles e inmiscibles con agua contenidas originalmente en el matraz de destilación se han agotado, y sólo está destilando agua. En algunos casos, puede observarse la solidificación en el refrigerante de algunos de los compuestos arrastrados (sólidos de bajo punto de fusión). Para evitar su obturación, cerrar la entrada de agua al refrigerante y, si fuese necesario, vaciar el refrigerante. Para ello, apagar primero el recirculador y desconectar la goma de entrada de líquido refrigerante conectada a la salida del recirculador.
13. Una vez acabada la destilación, cortar la goma que une la cabeza generadora con la cabeza de arrastre y apagar la fuente de calefacción.
14. Retirar el matraz colector.
15. Dejar enfriar el sistema y desensamblar el equipo una vez frío.

B) Equipo B

- *Descripción*

Difiere del equipo anterior en que, en lugar de una cabeza de arrastre y un matraz generador, se emplea una cabeza Claisen sobre el matraz de destilación (Figura 8.15). A la cabeza Claisen se le adapta un embudo con agua, que se va añadiendo al matraz a medida que se necesita.

La presencia del termómetro en la segunda boca de la cabeza Claisen permite controlar la naturaleza del destilado: a temperatura menor de 100 ºC se producirá la codestilación de agua junto con líquidos orgánicos volátiles e inmiscibles con ésta; y cuando la temperatura de destilación alcance 100 ºC, sólo destilará agua, pudiendo darse por terminado el proceso de arrastre.

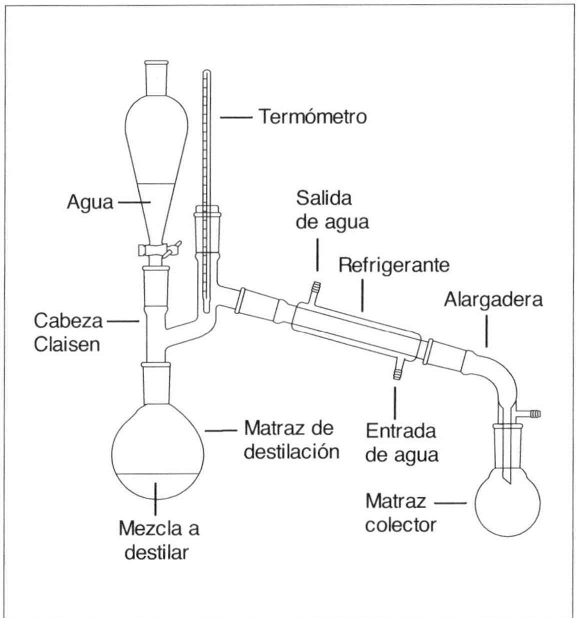

Figura 8.15. Destilación en corriente de vapor.

- *Procedimiento experimental*

1. Asegurar el matraz de destilación a un soporte metálico mediante una pinza, a la altura adecuada respecto de la fuente de calefacción que se vaya a utilizar.
2. Con ayuda de un embudo, introducir la mezcla a destilar y cubrirla con agua caliente.
3. Introducir un par de trozos pequeños de porcelana porosa o un agitador magnético.
4. Adaptar una cabeza Claisen con un embudo de adición en la primera boca y un termómetro en la segunda.
5. Colocar un refrigerante recto a la salida de la cabeza Claisen, con el ángulo dictado por ésta y evitando tensiones. Sujetarlo con una pinza a un soporte.
6. Conectar una alargadera y el matraz colector en el extremo del refrigerante, sujetando ambos con una pinza tipo clip.
7. Introducir agua en el refrigerante, conectando la entrada a la toma inferior y la salida a la superior.
8. Encender la fuente de calefacción colocada bajo el matraz de destilación.
9. Cuando la mezcla hierve, los vapores pasan al refrigerante a través de la cabeza Claisen. Graduar la llave del embudo de adición para dejar caer gotas de agua a la misma velocidad que se van obteniendo gotas de destilado.
10. Observar la temperatura de destilación. Cuando la temperatura alcance 100 ºC, todas las sustancias volátiles e inmiscibles con agua contenidas originalmente en el matraz de destilación se habrán agotado, y estará destilando exclusivamente agua.
11. Apagar la fuente de calefacción.
12. Retirar el matraz colector.
13. Dejar enfriar el sistema y desensamblar el equipo una vez frío.

Bibliografía

Fessenden, R. J.; Fessenden, J. S. y Feist, J.: *Organic Laboratory Techniques*, Brooks/Cole, 3.ª edición, 2001.

Levine, I. N.: *Physical Chemistry*, McGraw-Hill, New York, 6.ª edición, 2008.

Zubrick, J. W.: *The Organic Chem Lab Survival Manual*, Wiley, Nueva York, 7.ª edición, 2007.

9

CRISTALIZACIÓN Y SUBLIMACIÓN

9.1. Cristalización

La cristalización es el método más adecuado para purificar compuestos sólidos siempre y cuando contengan una cantidad moderada de impurezas. Se basa en el hecho de que la solubilidad de los sólidos en un disolvente aumenta con la temperatura.

Un compuesto orgánico cristalino está constituido por un empaquetamiento tridimensional de moléculas unidas principalmente por fuerzas de Van der Waals, que originan atracciones intermoleculares débiles. La cristalización es un proceso de purificación bastante selectivo ya que, en el crecimiento del cristal, el empaquetamiento regular de moléculas de un mismo tipo, forma y tamaño, tiende a excluir la presencia de impurezas (Figura 9.1).

Una de las principales ventajas de esta técnica es que es aplicable tanto a pequeña como a gran escala. El primer paso en una cristalización implica disolver el sólido a purificar en la mínima cantidad del disolvente apropiado en caliente, con lo que se obtiene una disolución saturada. Al enfriar, la disolución se sobresatura con respecto al sólido, que empieza a formar pequeños núcleos de cristalización en las paredes del recipiente o en la superficie del líquido. Una vez que estos núcleos se han formado, otras moléculas llegan a su superficie y se unen dando lugar al retículo cristalino. Sin embargo, las impurezas solubles permanecen en disolución ya que no están lo suficientemente concentradas como para saturar la disolución y cristalizar. Los cristales obtenidos se recogen por filtración, separándose así de las aguas madres, se lavan varias veces con el mismo disolvente frío para eliminar las impurezas adheridas a la superficie, y finalmente se secan. Si después de cristalizar no se obtiene el sólido con la pureza deseada, el proceso puede repetirse empleando el mismo u otro disolvente.

La cristalización idónea es aquella que tiene lugar lentamente, ya que conduce a cristales muy puros. Si el enfriamiento de la disolución se realiza muy rápidamente, el compuesto puede precipitar en lugar de cristalizar. En este punto conviene indicar que cristalización no es lo mismo que precipitación. Precipitación es la formación rápida de un sólido amorfo, mientras que cristalización es la formación lenta de un sólido cristalino. La diferencia a nivel práctico es que un compuesto que ha precipitado puede contener impurezas que hayan quedado atrapadas en el sólido amorfo por inclusión.

Los compuestos sólidos impuros pueden presentarse en forma de aceite. En algunos casos, la cristalización de éste puede conducir a la obtención del sólido puro.

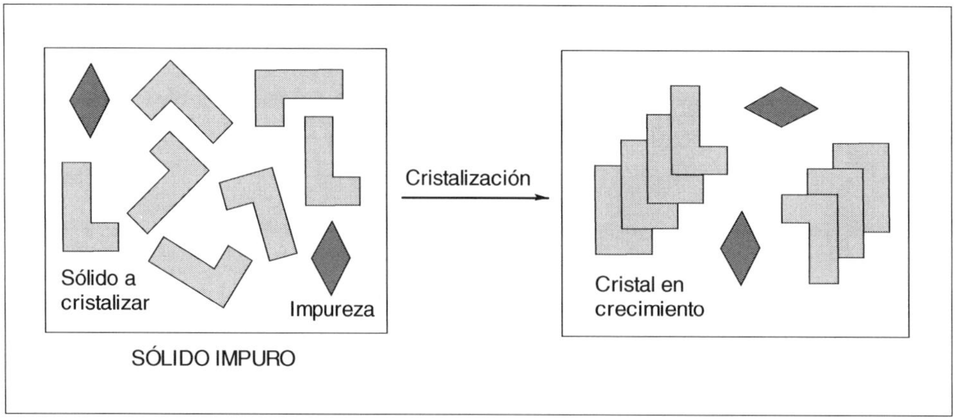

Figura 9.1. Crecimiento del cristal excluyendo las impurezas.

9.1.1. Elección del disolvente

En los procedimientos descritos para la preparación de un producto, generalmente se especifica qué disolvente es el adecuado para cristalizar. Sin embargo, si no se dispone de este dato, o si el producto que se está preparando no ha sido previamente descrito, la elección del disolvente es el primer problema que se plantea. Por otra parte es el paso crucial, ya que el éxito de la cristalización está condicionado a la elección del disolvente apropiado (Cuadro 9.1).

CUADRO 9.1. Disolventes para cristalización.

Disolvente	p.e. (°C)	Recomendaciones
Agua	100	Utilizado para cristalizar compuestos orgánicos polares. Ventajas: no es tóxico ni inflamable. Desventajas: es poco volátil.
Ácido acético	116-117	Se utiliza poco para cristalizar debido a su reactividad y a su elevado punto de ebullición. Recomendado para ácidos carboxílicos de punto de fusión alto.
Dimetilsulfóxido Dimetilformamida	189 153	Muy difíciles de eliminar. Sólo se usan para cristalizar algunos compuestos muy insolubles de elevado punto de fusión.
Metanol	65	Excelente disolvente de sustancias polares. Recomendado para cristalizar compuestos no polares.
Etanol	78	A pesar de que posee un punto de ebullición moderadamente alto, se utiliza con frecuencia para cristalizar compuestos no polares.
Acetona	56	Excelente como disolvente. Generalmente no es útil para cristalizar como disolvente único. Se emplea en mezclas con disolventes apolares.
Acetato de etilo	77	Buen disolvente para cristalizar compuestos de polaridad moderada. Se utiliza frecuentemente en mezclas con disolventes apolares.
Diclorometano	40	Excelente como disolvente. Generalmente no es útil para cristalizar como disolvente único. Se emplea en mezclas. Desventaja: bajo punto de ebullición.
Cloroformo	61	Buen disolvente. Generalmente no es útil para cristalizar como disolvente único. Se emplea en mezclas.
Éter dietílico	35	Punto de ebullición muy bajo. Aunque es un excelente disolvente para cristalizar compuestos de polaridad media, se utiliza poco.
Tolueno	111	Recomendado para cristalizar compuestos moderadamente polares o aromáticos de alto punto de fusión. No se elimina con facilidad.
Tetracloruro de carbono	76-77	Recomendado para cristalizar compuestos de polaridad moderada. Desventajas: la cristalización suele ser lenta.
Ciclohexano Hexano	81 69	Recomendados para cristalizar compuestos de baja o moderada polaridad. Muy utilizados en mezclas con disolventes más polares.
Pentano	35-36	Poco utilizado por su bajo punto de ebullición.

El disolvente ideal para cristalizar es aquel que cumple los siguientes requisitos:

a) Disolver el sólido a purificar en caliente (a la temperatura del punto de ebullición del disolvente) pero no en frío (a temperatura ambiente o a 0 ºC). Éste es el requisito fundamental. Un disolvente que disuelva el sólido en frío o no lo disuelva en caliente no es válido para cristalizar.
b) Disolver muy mal o muy bien las impurezas, para que puedan eliminarse al filtrar en caliente o quedar disueltas en las aguas madres, respectivamente.
c) No reaccionar con el compuesto a cristalizar.
d) Presentar un punto de ebullición inferior al punto de fusión del sólido.
e) Ser relativamente volátil con el fin de que los cristales obtenidos puedan secarse con facilidad.
f) No ser tóxico ni inflamable.

La realidad es que no existe ningún disolvente que cumpla todas estas características y, aunque todas son importantes, es imprescindible que al menos cumpla las cuatro primeras.

A la hora de decidir en qué disolventes probar, la primera regla a considerar es "semejante disuelve a semejante". En otras palabras, un disolvente disolverá mejor aquellos compuestos que presenten una estructura química similar a la suya. A pesar de que esta regla es bastante útil, para determinar qué disolvente emplear hay que combinar análisis racional y experimentación, ya que no siempre se acierta al intentar predecir cuál será el más apropiado simplemente observando la estructura del compuesto.

En la práctica, para elegir el disolvente más adecuado, se llevan a cabo ensayos de solubilidad con distintos disolventes y se selecciona aquel que cumple los requisitos anteriormente expuestos. Para ello se puede seguir el procedimiento indicado a continuación:

1. Colocar una pequeña cantidad del compuesto a cristalizar en un tubo de ensayo.
2. Añadir un volumen pequeño de disolvente. Si el sólido se disuelve instantáneamente a temperatura ambiente, ese disolvente no es apto para cristalizar.
3. Si el sólido no se disuelve a temperatura ambiente, calentar el tubo de ensayo y observar el comportamiento del sólido para decidir cómo proceder. Si el sólido no se disuelve en caliente, añadir un poco más de disolvente y calentar hasta conseguir disolverlo. Si finalmente no se logra, descartar ese disolvente. Dado que la mayor parte de los disolventes orgánicos son inflamables, la calefacción debe llevarse a cabo utilizando una fuente de calor eléctrica, sin llama, para evitar que los vapores de los disolventes se inflamen.
4. Cuando el sólido se haya disuelto en caliente, dejar enfriar el tubo de ensayo lentamente hasta temperatura ambiente, y enfriar a 0 ºC si no se observa aparición de cristales. Si el sólido no cristaliza, calentar la disolución para eliminar el posible exceso de disolvente. Al enfriar la disolución, en ocasiones se observa la aparición de un aceite en lugar de la formación de un sólido cristalino. En ese caso, se recomienda elegir otro disolvente para cristalizar.

9.1.2. Procedimiento experimental

En una cristalización, un compuesto sólido se separa de sus impurezas aprovechando las diferencias de solubilidad que ambos presentan con respecto a un disolvente. A continuación se exponen los pasos a seguir para purificar por cristalización un sólido que contiene una pequeña proporción de impurezas, unas solubles y otras insolubles en el disolvente a utilizar (Figura 9.2).

A) Adición del disolvente

a) Colocar el compuesto a cristalizar en un erlenmeyer. El erlenmeyer es el recipien-

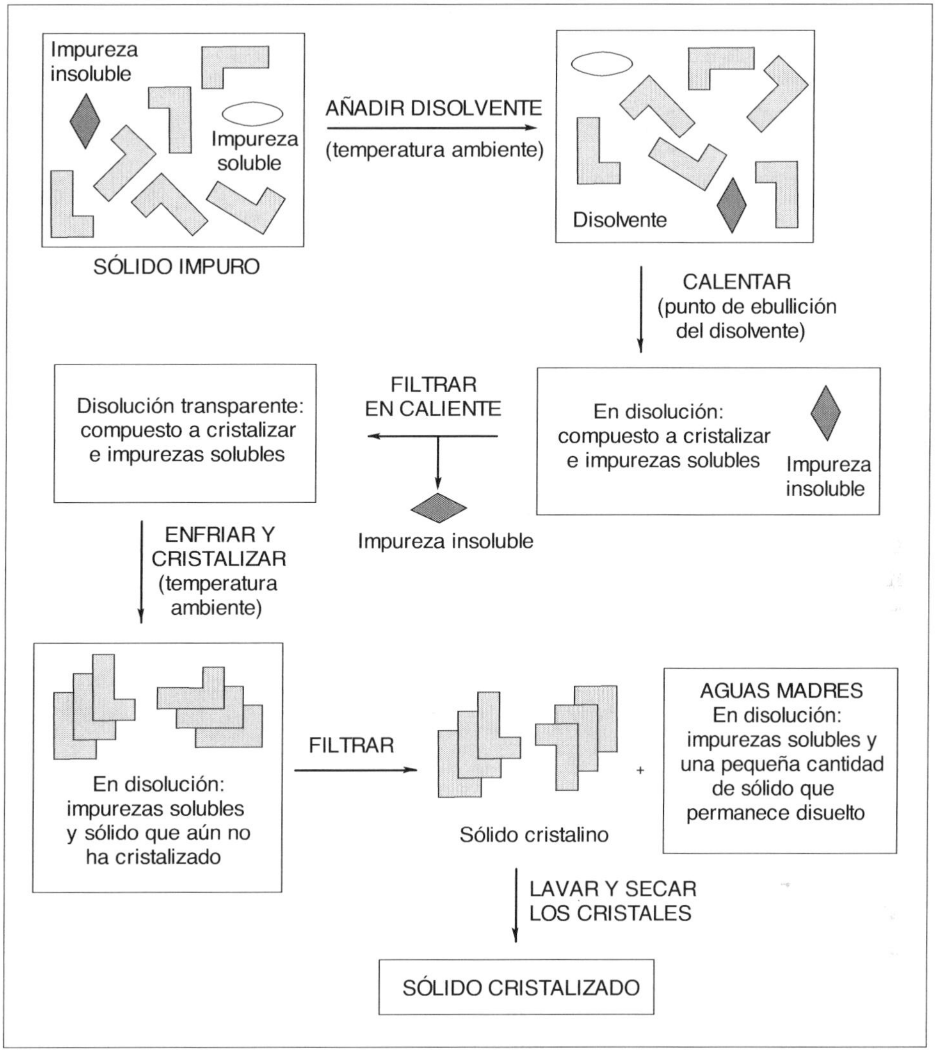

Figura 9.2. Fases del proceso de cristalización.

te idóneo para todas las fases de la cristalización, ya que tiene el fondo plano y una boca de tamaño pequeño. No utilizar nunca un vaso de precipitados, ya que al calentar se favorecería la evaporación rápida del disolvente.

b) Añadir la cantidad de disolvente necesaria para cubrir por completo el sólido e introducir un par de trozos pequeños de porcelana porosa. Ésta no debe añadirse mientras se está calentando en las proximidades del punto de ebullición del disolvente, ya que éste podría proyectarse al exterior.

B) Disolución en caliente del sólido a cristalizar

El compuesto a cristalizar se debe disolver en caliente, utilizando la mínima cantidad de disolvente con objeto de conseguir una disolución saturada, siguiendo el procedimiento explicado a continuación:

a) Calentar el erlenmeyer hasta ebullición del disolvente, utilizando para ello una placa eléctrica. Solamente en el caso de cristalizar con agua o disolventes no inflamables se puede utilizar una fuente de calefacción con llama. Agitar continuamente el erlenmeyer para favorecer la disolución del sólido. Cuando se va a cristalizar en disolventes muy volátiles (éter dietílico, pentano, diclorometano) se recomienda calentar en un matraz con refrigerante de reflujo en lugar de en un erlenmeyer.

b) Mientras se calienta a ebullición con agitación constante, añadir gradualmente más disolvente hasta que el sólido se disuelva completamente. Si el disolvente simplemente se calienta pero no se lleva a ebullición, el sólido tardará en disolverse y, pensando que es insoluble, se añadirá un exceso innecesario de disolvente que conducirá a una disolución no saturada. Observar la velocidad con que se disuelve el sólido, y la cantidad que queda sin disolver, para estimar el volumen de disolvente a añadir. En ocasiones, resulta difícil decidir si la pequeña cantidad de sólido que permanece sin disolver es el compuesto que se va a cristalizar o bien impurezas insolubles. Si después de añadir una cantidad adicional de disolvente y calentar a ebullición sigue sin disolverse, hay que tener en cuenta que podría tratarse de impurezas insolubles y no añadir más disolvente. Si se adiciona exceso de disolvente, la disolución no estará saturada y puede ocurrir que, después de enfriar, el compuesto permanezca en disolución sin cristalizar.

C) Filtración en caliente de las impurezas insolubles

El método para eliminar las impurezas insolubles consiste en filtrar la disolución caliente por gravedad en un erlenmeyer utilizando un embudo cónico y un filtro de pliegues (Apartado 7.3.1). La disolución caliente no debe filtrarse a vacío, ya que se favorecería por un lado la evaporación del disolvente, y por otro, el enfriamiento rápido de la disolución, con la consiguiente precipitación del sólido.

Este tipo de impurezas no siempre está presente. Por tanto, la filtración en caliente no es necesaria si después de disolver el sólido se obtiene una disolución transparente, libre de impurezas insolubles. En ese caso, la porcelana porosa se puede retirar con una espátula.

Al filtrar la disolución caliente es casi inevitable que algo de disolvente se evapore. Además, se produce un ligero enfriamiento del disolvente al entrar en contacto con la superficie fría del embudo cónico. Al tratarse de una disolución saturada, ambos hechos son la causa de que pueda producirse una cristalización prematura del sólido en el filtro o en el vástago del embudo. Para evitar que esto suceda, deben tomarse las siguientes precauciones:

a) Preparar todo el material para la filtración antes de comenzar a disolver el compuesto en caliente.

b) Filtrar rápidamente, adicionando pequeños volúmenes de disolución repetidas veces mientras se calienta ligeramente el resto. De esta manera la disolución se mantiene caliente más tiempo.

c) Utilizar un embudo con un vástago corto y calentarlo previamente a la filtración.

Si el sólido comienza a cristalizar en el filtro o en el embudo, añadir una pequeña cantidad de disolvente a ebullición para disolverlo.

Cuando la filtración ha finalizado, lavar el erlenmeyer y el filtro de pliegues con una pequeña cantidad de disolvente a ebullición para recuperar al máximo el producto. La disolución filtrada debería ser transparente y lo suficientemente concentrada como para que el sólido cristalice al enfriar.

D) Enfriamiento y cristalización

Después de filtrar, tapar el erlenmeyer para evitar la evaporación del disolvente y dejar que la disolución se enfríe lentamente sin mover el erlenmeyer. Si una vez alcanzada la temperatura ambiente el sólido no ha cristalizado, a veces resultan útiles los siguientes consejos:

a) Enfriar la disolución en un baño de hielo.
b) Rascar las paredes o el fondo del erlenmeyer con una espátula o con una varilla de vidrio. De esta manera se introducen en la disolución micropartículas de vidrio que actúan a modo de núcleos de cristalización para el sólido.
c) Si se dispone del compuesto a cristalizar puro, añadir un cristal de dicho compuesto para que actúe como núcleo de cristalización a partir del cual se puedan formar otros cristales *(sembrado)*. Aunque no siempre puede disponerse de un cristal, en ocasiones se puede obtener evaporando lentamente unas gotas de disolución en un vial.

Si después de tomar estas medidas no hay cristalización, la ausencia de cristales puede deberse a la adición de una cantidad excesiva de disolvente que hace que el sólido quede disuelto. En este caso, conviene evaporar una pequeña cantidad de disolvente calentando de nuevo el erlenmeyer a ebullición. Añadir de nuevo un par de trozos pequeños de porcelana porosa.

E) Filtración de los cristales

Una vez que el sólido ha cristalizado, los cristales se separan de la disolución (aguas madres) filtrando a presión reducida utilizando un kitasato, un embudo Büchner y un filtro redondo, o bien una placa filtrante (Apartado 7.3.2).

F) Lavado y secado de los cristales

Finalmente, lavar varias veces los cristales con el mismo disolvente en el que se ha llevado a cabo la cristalización. Si el sólido es ligeramente soluble en ese disolvente, para evitar que se disuelva parcialmente en el proceso de lavado, el disolvente debe enfriarse exteriormente con hielo para disminuir la solubilidad de los cristales obtenidos.

Adicionalmente, con objeto de facilitar el secado cuando se ha cristalizado con un disolvente de punto de ebullición alto, conviene lavar el sólido con otro disolvente, miscible con el primero y de menor punto de ebullición, en el que también sea insoluble.

El secado final de los cristales debe realizarse a vacío (Apartado 7.2).

G) Recuperación del sólido disuelto en las aguas madres

En todo proceso de cristalización se produce la pérdida de una pequeña cantidad de compuesto que permanece disuelto en las aguas madres junto con las impurezas solubles. Para aumentar el rendimiento del producto obtenido, el disolvente de las aguas madres se evapora en el rotavapor y el residuo se cristaliza de nuevo. Estos cristales *(segunda cosecha)*, obtenidos a partir de las aguas madres, siempre contienen más impurezas que los obtenidos en la primera cristalización.

9.1.3. Cristalización en mezcla de disolventes

En muchas ocasiones no es posible encontrar un disolvente en el que el compuesto a cristalizar sea soluble en caliente e insoluble en frío. En estos casos, resulta de gran utilidad combinar un disolvente, en el que el sólido sea insoluble en frío y en caliente, con otro en el que sea soluble en frío y en caliente, y cristalizar en una mezcla de ambos.

Para que un par de disolventes puedan ser utilizados para cristalizar, deben cumplir los siguientes requisitos:

a) Ser completamente miscibles (Cuadro 9.2).
b) Tener puntos de ebullición próximos para evitar que uno de ellos se evapore completamente.

CUADRO 9.2. Parejas de disolventes miscibles que se combinan frecuentemente para cristalizar.

Disolventes miscibles	
Etanol-Agua	Metanol-Éter dietílico
Metanol-Agua	Metanol-Diclorometano
Acetona-Agua	Hexano-Diclorometano
Ácido acético-Agua	Hexano-Acetona
Dioxano-Agua	Hexano-Éter dietílico
Acetona-Etanol	Hexano-Acetato de etilo
Acetona-Éter dietílico	Ciclohexano-Acetato de etilo
Etanol-Éter dietílico	Ciclohexano-Tolueno

El procedimiento experimental para cristalizar en mezcla de disolventes sólo difiere ligeramente del mencionado para la cristalización sencilla:

1. Disolver el sólido a cristalizar en la mínima cantidad del disolvente en el que resulta soluble.
2. Añadir un par de trozos pequeños de porcelana porosa. Calentar la mezcla a ebullición.
3. Añadir pequeñas cantidades del disolvente en el que el sólido resulta insoluble y continuar calentando. Temporalmente, tras la adición de este disolvente, aparece una ligera turbidez que desaparece al calentar o al mover el erlenmeyer. Añadir más disolvente hasta que la turbidez sea permanente.
4. Finalmente añadir un par de gotas del disolvente en el que el sólido es soluble para hacer desaparecer la turbidez de manera que el sólido se encuentre completamente disuelto.
5. Si la mezcla contiene impurezas insolubles, filtrarla utilizando un embudo cónico y un filtro de pliegues. Si no se observa la presencia de estas impurezas, tapar el erlenmeyer y dejar enfriar la disolución hasta que alcance la temperatura ambiente.
6. Una vez que el sólido ha cristalizado, filtrarlo a presión reducida en un kitasato con embudo Büchner o en placa filtrante, y lavar abundantemente los cristales con el disolvente en el que es insoluble, previamente enfriado.
7. Secar a vacío el sólido cristalizado.

9.1.4. Otras técnicas

A continuación se exponen otras técnicas menos frecuentes, diseñadas para la cristalización en mezcla de disolventes. En algunas ocasiones, la cristalización no se realiza con fines de purificación sino, por ejemplo, con el objetivo de obtener monocristales aptos para llevar a cabo un análisis de difracción de rayos X. Las siguientes técnicas, bastante sofisticadas y en general no muy habituales, se utilizan cuando el método general no conduce a cristalización y se persigue la obtención de cristales.

A) Cristalización en disolventes de diferente densidad

En esta técnica el sólido se disuelve en la mínima cantidad de un disolvente en el que sea soluble, y con cuidado se añade otro disolvente, menos denso y miscible con el primero, en el que el sólido sea insoluble. Este proceso se lleva a cabo en un vial o un recipiente estrecho. El vial se deja en reposo, y ambos disolventes se mezclarán lentamente provocando la cristalización del sólido. Si los disolventes se mezclaran rápidamente podría producirse precipitación en lugar de cristalización.

El éxito de esta técnica depende de la correcta elección de los disolventes y de la cantidad de ambos utilizada.

Como disolvente más denso suele elegirse cloruro de metileno, que disuelve grandes cantidades de sólido. Los disolventes más comunes para la capa superior, menos densa, son hexano y éter dietílico, ya que los compuestos orgánicos suelen ser menos solubles en estos disolventes.

B) Cristalización por difusión

En un cristalizador pequeño, el sólido se disuelve en la mínima cantidad de un disolvente en el que sea soluble. El cristalizador se introduce en otro más grande en el que se adiciona un disolvente más volátil en el que el sólido sea insoluble. El sistema se cierra, tapándolo con un cristalizador más grande, para evitar la evaporación de los disolventes y se deja en reposo. El volumen de líquido en el cristalizador central aumentará lentamente por difusión desde el cristalizador exterior, y después de varios días cabe esperar la aparición de algún cristal. La elección de los disolventes es crítica ya que no todas las mezclas proporcionan un buen resultado.

9.2. Punto de fusión

El punto de fusión de un sólido cristalino es la temperatura del cambio de estado de sólido a líquido, a la presión de 1 atmósfera.

Su determinación se realiza con los siguientes fines:

a) Caracterización de sólidos. El punto de fusión, igual que el punto de ebullición, es función de la presión externa. Sin embargo, al contrario de lo que ocurre con el punto de ebullición, las fluctuaciones moderadas en torno a la presión atmosférica tienen un efecto muy poco pronunciado sobre el punto de fusión, por lo que no se consideran desde el punto de vista práctico. Por ello, el punto de fusión constituye una constante física característica de los sólidos cristalinos puros que puede permitir su caracterización.

b) Determinación cualitativa del grado de pureza de un sólido. El punto de fusión de un compuesto desciende notablemente con la presencia de impurezas, por lo que una disminución en el valor determinado experimentalmente con respecto al valor teórico es indicativo de que el sólido no está puro. Además, un compuesto puro funde en un intervalo de 1-2 ºC, mientras que este intervalo aumenta al existir impurezas.

La comparación del punto de fusión de un sólido puro desconocido con un valor bibliográfico no es evidencia suficiente para la identificación de dicho compuesto, puesto que existen miles de compuestos orgánicos con puntos de fusión parecidos, además de infinidad de compuestos cuyos puntos de fusión no se encuentran tabulados.

9.2.1. Fundamento teórico

En un sólido cristalino, las moléculas están empaquetadas por la energía de cohesión que forma el retículo del cristal. Una elevación de la temperatura provoca un aumento de la energía cinética del sistema, de manera que se pueden llegar a vencer las fuerzas intermoleculares que constituyen el retículo cristalino del sólido, pasando entonces al estado líquido.

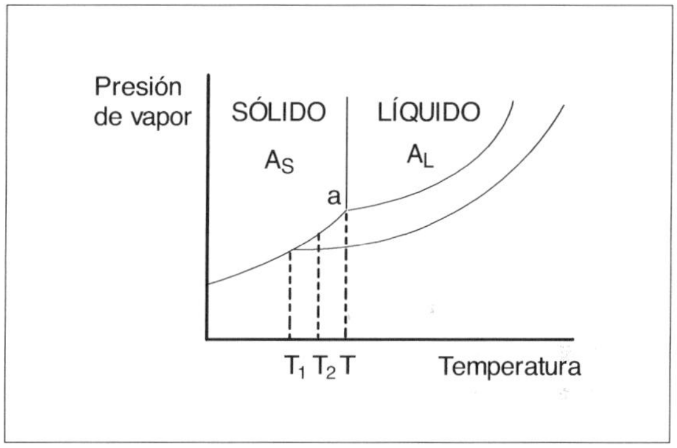

Figura 9.3. Diagrama presión de vapor-temperatura de un sólido que funde.

En la Figura 9.3 se representa la variación de la presión de vapor en función de la temperatura para un compuesto A en sus estados sólido (A_S) y líquido (A_L). Cuando el sólido puro (A_S) se calienta a presión constante, su presión de vapor aumenta en función de la temperatura hasta que las fuerzas de empaquetamiento del retículo cristalino se vencen (punto a), momento en que pasará al estado líquido (A_L). En el punto a, las fases sólida y líquida coexisten en equilibrio, y las presiones de vapor de ambas se igualan. La temperatura T a la que esto ocurre (p.f., punto de fusión del sólido) se encuentra perfectamente definida, y es característica para cada sólido en cada una de sus posibles formas cristalinas. Existen compuestos que se pueden presentar en más de un sistema cristalino *(polimorfismo),* en función de la temperatura y del disolvente en el que hayan cristalizado. Cada uno de ellos presenta su punto de fusión característico.

En presencia de una pequeña cantidad de una impureza (B) soluble en el líquido A_L, cuando los primeros cristales de A_S comienzan a fundir, lo que está en equilibrio con A_S ya no es A_L sino una disolución de B en A_L. Como consecuencia, la presión de vapor parcial de A_L es menor que la de A_L puro ($P_T = \Sigma P^o_i X_i$, ley de Raoult), y el punto de fusión de A_S impuro (T_1) se rebajará con respecto al de A_S puro (T). Al principio de la fusión, A_L se encontrará saturado por la impureza B *(punto eutéctico).* La presencia de mayor cantidad de B no podrá rebajar aún más el punto de fusión de A. A medida que la fusión progresa, B se irá diluyendo en A_L, por lo que al ir aumentando la presión de vapor parcial de A_L, la temperatura del punto de fusión se irá elevando y se obtendrá un intervalo. En todos los casos, la temperatura final de la fusión (T_2) siempre quedará por debajo de la de A_S puro (T).

Las impurezas que no sean solubles en el líquido fundido no ejercerán influencia en el valor del punto de fusión.

El punto de fusión puede utilizarse para probar la identidad de una pareja de compuestos. Supongamos que se dispone de un compuesto sólido (X) cuya identidad se ignora y que funde a la misma temperatura que un sólido conocido (A). Para saber si en realidad X y A son la misma sustancia, puede llevarse a cabo un *punto de fusión mixto,* que consiste en la determinación experimental del punto de fusión de la mezcla de X y A. Si son idénticos, se obtendrá el mismo valor para el punto de fusión que cuando se determinó el de X puro, con un intervalo pequeño. Si, por el contrario, X y A son diferentes, se obtendrá un punto de fusión rebajado y de intervalo amplio, puesto que A actuará como una impureza para X.

En algunos casos, se observa que determinados compuestos no funden en un intervalo pequeño a pesar de encontrarse puros. Esto puede deberse a varias causas, entre las que conviene citar:

a) Descomposición térmica del sólido. Existen compuestos que, por calefacción, sufren determinadas reacciones o descomponen antes de alcanzar su punto de fusión.
b) Formación de cristales líquidos. Algunos compuestos orgánicos forman cristales líquidos al calentarse. El cristal líquido es una fase intermedia (mesofase) entre sólido y líquido. Experimentalmente se observa una transición de sólido a líquido viscoso, seguida de una nueva transición a líquido más claro al aumentar la temperatura.
c) Mezclas racémicas. Cuando una mezcla equimolecular de dos enantiómeros (A y A') cristaliza, se puede formar una mezcla equimolecular de cristales de A y cristales de A' puros *(mezcla racémica),* en la cual uno actúa como impureza del otro. Una mezcla equimolecular de A y A' también puede cristalizar en un único cristal que contenga al mismo tiempo ambas moléculas debidamente ordenadas *(compuesto racémico).* El compuesto racémico, a diferencia de la mezcla racémica, se comporta como un sólido puro, mostrando un punto de fusión característico y bien definido, diferente del de A o A' puros cristalizados independientemente. Por otra parte, los puntos de fusión de A y de A' serán idénticos, por ser enantiómeros, siempre que se presenten en la misma forma cristalina.
d) Sublimación. Algunos sólidos pueden pasar directamente al estado gaseoso antes de fundir.

9.2.2. Procedimiento experimental

La determinación experimental del punto de fusión se puede llevar a cabo en diferentes aparatos diseñados para tal fin, generalmente, bloques de punto de fusión. Para ello, se coloca una pequeña cantidad del sólido en un capilar de vidrio cerrado por uno de sus extremos.

Los aparatos para medir el punto de fusión están provistos de un visor con luz y una lupa, además de un termómetro. El capilar de vidrio se dispone en vertical, con su extremo cerrado a la altura adecuada respecto del termómetro, el visor y la fuente de calefacción, de manera que el capilar y el termómetro estén a la misma temperatura.

Se recomienda seguir el procedimiento que se detalla a continuación:

1. Con ayuda de una llama, cerrar el extremo de un capilar de vidrio de aproximadamente 10 cm de longitud y 1 mm de diámetro interno y dejarlo enfriar.
2. Pulverizar finamente el sólido cuyo punto de fusión se quiere determinar.
3. Presionar el extremo abierto del capilar contra la muestra, dejando que una cantidad pequeña de la misma penetre en él.
4. Invertir el capilar y golpear repetidamente su extremo cerrado contra una superficie dura. Se observará que el sólido comienza a descender a lo largo del capilar. Continuar la operación hasta que la muestra alcance el extremo cerrado del capilar.
5. Repetir la operación anterior sucesivas veces hasta obtener 1-2 mm de muestra firmemente depositada en el fondo del capilar. Las cantidades mayores tardarán más tiempo del debido en fundir y darán lugar a la obtención de un punto de fusión erróneo con un intervalo grande. Si la muestra no está firmemente empaquetada, es difícil determinar el comienzo de la fusión. En el caso de compuestos que sublimen, cerrar también el extremo libre del capilar.
6. Introducir el capilar en el emplazamiento del aparato por su extremo cerrado.
7. Comenzar a calentar lentamente, a una velocidad de 2 ºC/min, al tiempo que, a través del visor, se observa el comportamiento de la muestra. En el caso de conocerse el punto de fusión aproximado, puede calentarse rapidamente hasta unos 20 ºC por debajo del punto de fusión esperado, y comenzar entonces la calefacción gradual y lenta. Si la calefacción es excesivamente rápida, el termómetro, la muestra y la fuente de calefacción no estarán en equilibrio térmico cuando la muestra funda, por lo que la determinación será errónea. Tener la precaución de no calentar por encima de la temperatura máxima permitida para el aparato. Consultar su manual de instrucciones.
8. Anotar la temperatura a la que comienzan a aparecer gotas líquidas en el interior de la muestra (no aquella a la que aparecen gotas de condensación en el tubo), y la temperatura a la que toda la muestra termina de fundir. El punto de fusión debe expresarse sin decimales, considerando todo el intervalo, e indicando entre paréntesis el disolvente empleado en la cristalización del sólido: por ejemplo, p.f. 150-152 ºC (hexano).

   En el caso de muestras que descomponen al fundir, es necesario indicar dicho dato al expresar el punto de fusión: p.f. 150-152 ºC d (hexano).
9. Retirar el capilar y desecharlo.
10. Dejar enfriar el aparato antes de apagarlo.

La determinación rigurosa del punto de fusión requiere que el termómetro que se emplee esté debidamente calibrado, lo cual se lleva a cabo mediante la determinación del punto de fusión de cinco o seis compuestos puros cuyos puntos de fusión cubran todo el intervalo de temperaturas a las que se va a trabajar. De este modo se obtiene un factor de corrección para cada intervalo de temperatura. Este aspecto suele ignorarse en la práctica habitual.

9.3. Sublimación

A semejanza de los líquidos, los sólidos también poseen una presión de vapor, aunque de valor pequeño, que aumenta con la temperatura. Para algunos sólidos de elevada presión de vapor, ocurre que ésta se iguala a la presión externa antes de alcanzar el punto de fusión. En ese caso, se produce una transición de fase de sólido a vapor, sin pasar por el estado líquido intermedio. En contacto con una superficie fría, se da el proceso contrario y el vapor condensa directamente a sólido. El término sublimación corresponde a la primera parte del proceso, aunque cuando se habla de sublimación como método de purificación, nos referimos al proceso global. Es una técnica sencilla y rápida, y no utiliza disolventes, lo que supone una ventaja.

9.3.1. *Fundamento teórico*

Tal y como se observa en el diagrama presión de vapor-temperatura (Figura 9.4), cuando se calienta un sólido que sublima, su presión de vapor va aumentando hasta alcanzar el valor de 760 mm Hg a una temperatura (T_s) inferior a la del punto de fusión (T_f). Por tanto, si este sólido se calienta a presión atmosférica, tan pronto como alcance una presión de vapor de 760 mm Hg, pasará directamente a la fase de vapor a temperatura constante. A presión atmosférica sublimará rápidamente y nunca llegará a fundir. Existen pocos sólidos que pertenezcan a este grupo. El más representativo es el dióxido de carbono sólido, conocido como "hielo seco" o "nieve carbónica". Su presión de vapor es tan alta que sublima a temperatura ambiente sin necesidad de calentarlo.

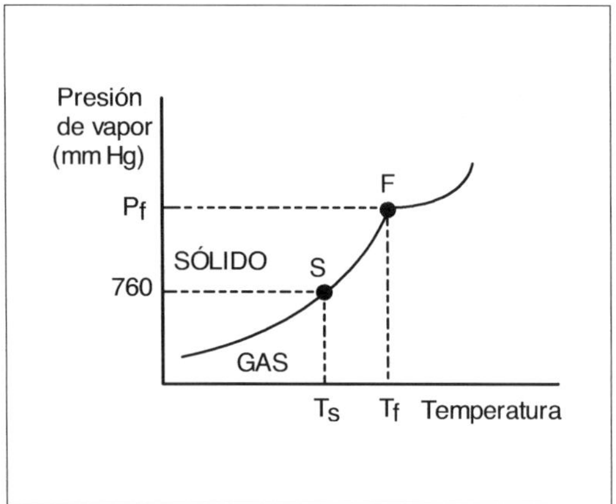

Figura 9.4. Diagrama presión de vapor-temperatura de un sólido que sublima a presión atmosférica.

Existen otros muchos sólidos cuya presión de vapor es lo suficientemente elevada como para que a largo plazo se produzca la evaporación del sólido en un recipiente abierto. El alcanfor, el yodo y el naftaleno son algunos de los ejemplos más conocidos.

Los sólidos pueden sublimarse calentando a presión atmosférica o a presión reducida, en función de cuál sea su presión de vapor. Generalmente, la sublimación se realiza a presión reducida ya que se evita tener que calentar a mayor temperatura, a la cual el sólido podría fundir. No obstante, no todos los sólidos pueden sublimar, ya que si su presión de vapor es muy baja, se necesitaría reducir tanto la presión externa que en la práctica resulta inviable.

Los sólidos que poseen fuerzas electrostáticas intermoleculares débiles, y en consecuencia presentan una alta presión de vapor, son aptos para purificarse mediante sublimación. Sin embargo, al no ser un método selectivo, sólo puede aprovecharse para separar una sustancia sublimable de otras que no lo son. Las impurezas sólidas no volátiles se eliminan con gran facilidad al quedar en el fondo del sublimador.

9.3.2. *Procedimiento experimental*

La sublimación a presión atmosférica se realiza únicamente cuando el sólido a sublimar posee una elevada presión de vapor. El caso más frecuente es el de sólidos cuya presión de vapor no es muy alta y, en ese caso, se disminuye la presión externa, ya que en esas condiciones el sólido sublima más rápidamente a menor temperatura evitándose que funda o descomponga por el calor.

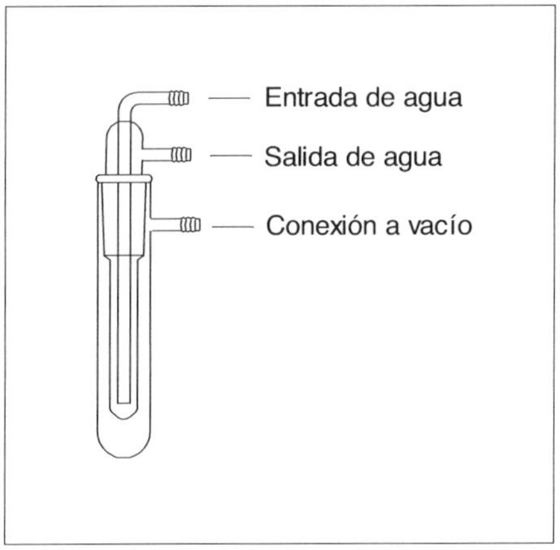

Figura 9.5. Dedo frío.

El aparato para llevar a cabo una sublimación es el *dedo frío* (Figura 9.5), que es válido tanto para sublimaciones a presión atmosférica como a presión reducida. Consta de dos tubos de vidrio. El tubo externo tiene una salida para conectarlo a una fuente de vacío. El tubo interno se enfría con una corriente de agua de modo que se produzca la condensación del vapor en su superficie externa. Para utilizarlo, seguir las instrucciones que a continuación se indican:

1. Introducir el sólido a sublimar en el fondo del sublimador.
2. Colocar el tubo interno. La superficie donde se produce el enfriamiento tiene que ser grande y no muy alejada del fondo del sublimador para que el vapor condense y no se pierda por la fuente de vacío.
3. Hacer circular por el dedo frío una corriente de líquido refrigerante, generalmente agua, que entre por el tubo central y salga por el tubo lateral.
4. Para sublimaciones a presión reducida, conectar el sistema a la fuente de vacío. Si se trata de una trompa de agua, hay que colocar una trampa de seguridad entre la trompa y el sublimador (Apartado 2.3.1).
5. Calentar el extremo inferior del tubo externo moderadamente, sin sobrecalentamiento para no fundir el sólido. Al poco tiempo, se observa que el sólido empieza a sublimar y condensa en la superficie externa del tubo interior frío.
6. Cuando la sublimación ha terminado, en caso de haber aplicado vacío, desconectarlo con cuidado abriendo lentamente la llave que comunica el sistema con el exterior. Si esta operación se realiza bruscamente, la entrada rápida de aire podría hacer que la sustancia sublimada se desprendiera del tubo y cayera al fondo del sublimador.
7. Enfriar el aparato, sacar con cuidado el tubo interno y utilizar una espátula para recoger el sólido sublimado. Las impurezas quedan en el fondo del sublimador.

Se recomienda sublimar cantidades moderadas de sólido ya que si no, cuando condensa, se acumula en exceso y podría volver a caer al fondo del sublimador.

Bibliografía

Williamson, K.; Minard, R. y Masters, K. M.: *Macroscale and Microscale Organic Experiments*, Brooks/Cole, 5.ª edición, 2006.

10

CROMATOGRAFÍA

10.1. Introducción

La cromatografía es una técnica que permite la separación de los componentes de una mezcla debido a la influencia de dos efectos contrapuestos (Figura 10.1):

a) Retención. Efecto ejercido sobre los componentes de la mezcla por una *fase estacionaria,* que puede ser un sólido o un líquido anclado a un soporte sólido.
b) Desplazamiento. Efecto ejercido sobre los componentes de la mezcla por una *fase móvil,* que puede ser un líquido o un gas.

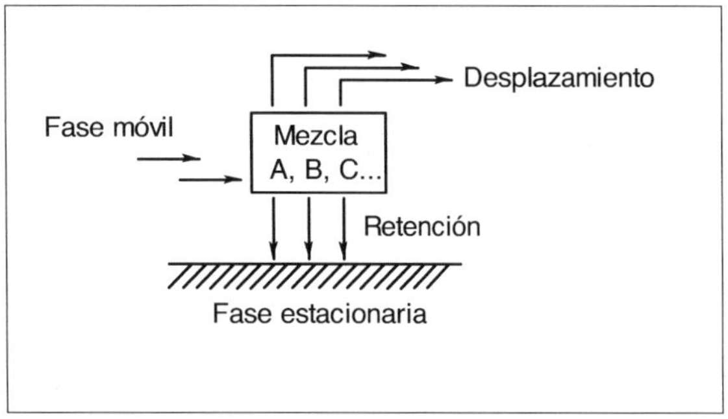

Figura 10.1. Efectos contrapuestos que gobiernan la cromatografía.

La mezcla a separar se deposita sobre la fase estacionaria y la móvil atraviesa el sistema desplazando a los componentes de la mezcla a distinta velocidad, dependiendo de la magnitud de sus interacciones relativas con ambas fases. La repetición sucesiva de las operaciones elementales de retención y desplazamiento a lo largo del sistema cromatográfico da lugar a la separación de la mezcla original (Figura 10.2).

El fenómeno de migración de los componentes de una mezcla a lo largo de la fase estacionaria, impulsados por la móvil, recibe el nombre de *elución* (Figura 10.2).

La cromatografía puede emplearse para conocer el número de componentes de una mezcla y su identificación, por comparación con patrones (cromatografía analítica). También se aplica a la separación de mezclas de compuestos, tanto a pequeña como a gran escala, y como método de purificación (cromatografía preparativa).

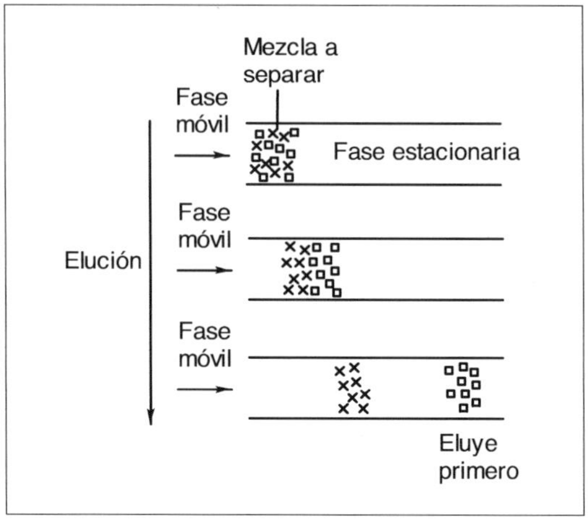

Figura 10.2. Elución de los componentes de una mezcla.

10.2. Tipos de cromatografía

Dependiendo de la naturaleza de la fase estacionaria (sólida o líquida) y de la fase móvil (líquida o gaseosa), se pueden distinguir distintos tipos de cromatografía:

a) Cromatografía sólido-líquido. La fase estacionaria es un sólido y la móvil un líquido.
b) Cromatografía líquido-líquido. La fase estacionaria es un líquido anclado a un soporte sólido y la fase móvil es un líquido.
c) Cromatografía líquido-gas. La fase estacionaria es un líquido no volátil impregnado en un sólido y la fase móvil es un gas.
d) Cromatografía sólido-gas. La fase estacionaria es un sólido y la móvil un gas.

Por otra parte, en función del tipo de interacción que se establezca entre los componentes de la mezcla y las fases móvil y estacionaria, se puede hablar de:

a) Cromatografía de adsorción. La fase estacionaria es un sólido polar capaz de adsorber a los componentes de la mezcla mediante interacciones de tipo polar.

b) Cromatografía de partición. La separación se basa en las diferencias de solubilidad de los componentes de la mezcla en las fases estacionaria y móvil, que son ambas líquidas. Si la fase estacionaria es menos polar que la fase móvil, se denomina cromatografía en fase inversa.

c) Cromatografía de intercambio iónico. La fase estacionaria es un sólido que lleva anclados grupos funcionales fijos ionizables, cuya carga está contrabalanceada por iones móviles que se pueden intercambiar por aquellos presentes en la fase móvil.

En función del tipo de soporte empleado para la fase estacionaria, se puede establecer otra clasificación:

a) Cromatografía en columna. El adsorbente se deposita en el interior de una columna de vidrio.

b) Cromatografía en capa fina. Una capa de adsorbente de espesor uniforme se deposita sobre una placa de vidrio, aluminio o plástico.

10.3. Cromatografía de adsorción

La cromatografía de adsorción sólido-líquido se caracteriza por emplear una fase estacionaria sólida *(adsorbente)* de carácter polar, y una fase móvil líquida *(eluyente)*.

Se utiliza para la separación, con fines analíticos o preparativos, de mezclas de compuestos con diferentes grupos funcionales y de determinadas mezclas de isómeros. La limitación de esta técnica radica en la dificultad de separación de mezclas de compuestos que presentan una polaridad muy similar.

10.3.1. Fase estacionaria

La fase estacionaria está constituida por un sólido polar poroso finamente granulado. La superficie específica, que es la suma de las superficies externa e interna, contiene centros activos polares aptos para la adsorción de las moléculas polares presentes en la fase móvil. La superficie interna del material poroso es mucho mayor que la externa. Por tanto, al disminuir el tamaño de las partículas, el número de centros activos por unidad de volumen es mayor y, en consecuencia, la capacidad de adsorción se incrementa.

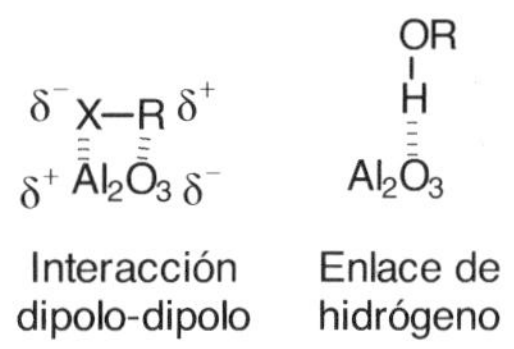

Figura 10.3. Interacciones intermoleculares de un compuesto polar con alúmina.

El proceso de adsorción es debido a atracciones intermoleculares de tipo dipolo-dipolo o enlaces de hidrógeno entre el soluto y el adsorbente (Figura 10.3). El adsorbente más utilizado es gel de sílice aunque también se emplea alúmina activada. En el caso del gel de sílice (Figura 10.4), las interacciones se establecen entre los grupos Si-OH y Si-O-Si, y los grupos funcionales polares de los compuestos orgánicos.

La capacidad de retención de un adsorbente también varía en función de su grado de activación, que depende del contenido en agua. La activación requiere eliminar de su superficie el agua adsorbida, operación que se lleva a cabo por secado prolongado a vacío y a alta temperatura. Desde el punto de vista práctico no es conveniente emplear fases estacionarias muy activadas, ya que se pueden producir adsorciones irreversibles o reacciones catalíticas.

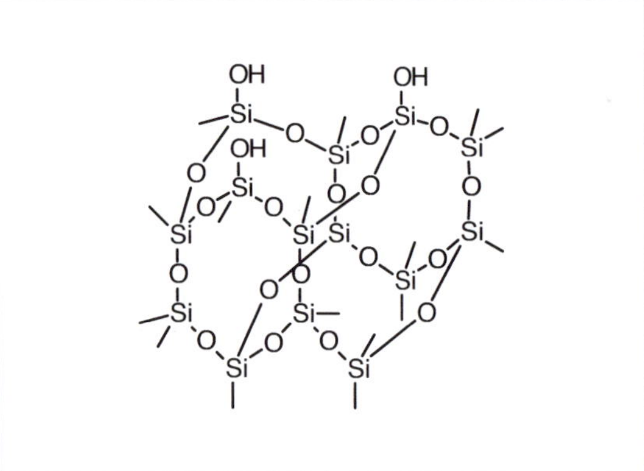

Figura 10.4. Estructura del gel de sílice.

El adsorbente debe ser inerte con las sustancias que se van a separar y no actuar como catalizador en reacciones de descomposición, isomerización o hidrólisis. El gel de sílice presenta carácter ácido, mientras que la alúmina puede adquirirse con carácter neutro, ácido o básico.

10.3.2. *Fase móvil*

Está constituida por un disolvente en el que los componentes de la mezcla deben ser al menos parcialmente solubles.

La velocidad de elución de un compuesto se incrementa al aumentar la polaridad de la fase móvil. Ésta puede ser fija o variable (gradiente de polaridad) a lo largo del proceso. En el primer caso, se puede utilizar un disolvente único o dos miscibles de distinta polaridad. Si se necesitara emplear dos disolventes inmiscibles, se puede lograr su mezcla añadiendo un tercer disolvente, miscible en ambos. En caso de utilizar un gradiente de polaridad, éste se genera aumentando con el tiempo la proporción del disolvente más polar.

No es aconsejable utilizar disolventes altamente volátiles, debido a que la composición de la fase móvil es difícil de controlar.

En el Cuadro 10.1 se recoge, por orden creciente de fuerza eluyente, una relación de algunos de los disolventes más empleados en cromatografía sólido-líquido.

10.3.3. *Retención*

La retención se puede explicar en base a la competencia que se establece entre el soluto a separar (S) y las moléculas de la fase móvil (M) por adsorberse a los centros activos polares (X) de la fase estacionaria:

CUADRO 10.1. Serie eluotrópica.

Disolvente	Fuerza eluyente*		Viscosidad (cP) a 20 °C
	Gel de sílice	Alúmina	
Hexano	0	0	0.31
Tetracloruro de carbono	0.11	0.18	0.97
Cloroformo	0.26	0.40	0.57
Cloruro de metileno	0.32	0.42	0.44
Tetrahidrofurano	0.35	0.45	0.55
Acetato de etilo	0.38	0.58	0.45
Dioxano	0.49	0.63	1.32
Acetonitrilo	0.50	0.65	0.37
Isopropanol	0.63	0.82	2.3
Metanol	0.73	0.95	0.6
Agua	0.73	0.95	1

* Con relación al pentano, para el que arbitrariamente se fija una fuerza eluyente nula.

$$-X + S \rightarrow -X\cdots S$$
$$-X + M \rightarrow -X\cdots M$$

Así pues, las moléculas de soluto (S) se adsorben a los centros activos de la fase estacionaria (X) y, a medida que se produce la elución, van siendo desplazadas por las moléculas polares presentes en la fase móvil (M). La retención y la selectividad en la separación dependen de los valores respectivos de las constantes de los diferentes equilibrios que están en función de:

a) Polaridad del compuesto, determinada por el número y la naturaleza de los grupos funcionales presentes. Los solutos más polares quedarán más retenidos, puesto que se adsorben más firmemente a los centros activos de la fase estacionaria, mientras que los no polares eluirán con mayor facilidad (Cuadro 10.2).
b) Naturaleza del adsorbente (Apartado 10.3.1).
c) Naturaleza del disolvente (Apartado 10.3.2).

CUADRO 10.2. Orden de elución de los compuestos orgánicos

Polaridad	Orden de elución	Tipo de compuesto
Menor ↓ Mayor	Menor retención (eluyen antes) ↓ Mayor retención (eluyen después)	Alcanos Alquenos Dienos Éteres Hidrocarburos halogenados Hidrocarburos aromáticos Aldehídos y cetonas Ésteres Aminas Alcoholes y tioles Fenoles Ácidos carboxílicos Ácidos sulfónicos

En algunos casos, se pueden presentar interacciones secundarias entre algunos de los compuestos a separar y ciertos disolventes. Así, por ejemplo, los compuestos que forman enlaces de hidrógeno con el disolvente disminuyen notablemente su retención con respecto a lo que cabría esperar considerando únicamente la fuerza eluyente del disolvente.

10.3.4. Cromatografía analítica en capa fina

La fase estacionaria (adsorbente) se encuentra depositada, formando una capa fina de espesor uniforme (0.1-0.2 mm), sobre una placa de vidrio, plástico, o una lámina metálica. La mezcla a analizar se deposita a una pequeña distancia del borde inferior de la placa y se introduce en una cubeta que contiene la fase móvil (eluyente), la cual asciende a lo largo de la placa por capilaridad, desplazando a los componentes de la mezcla a diferentes velocidades, lo que provoca su separación. Cuando el frente del disolvente se encuentra próximo al extremo superior de la placa, ésta se saca de la cubeta, se deja secar y se procede a la visualización de las manchas.

A) Determinación del R_f

La relación entre las distancias recorridas por un compuesto dado y por el disolvente, desde el origen del cromatograma, se conoce como R_f (abreviatura de *rate factor),* y tiene un valor constante para cada compuesto en unas condiciones cromatográficas determinadas (adsorbente, disolvente, tamaño de la cubeta, temperatura, etc). Debido a que es prácticamente imposible reproducir exactamente dichas condiciones experimentales, la comparación de una muestra con otra se debe realizar eluyendo ambas en la misma placa.

Para calcular el R_f (Figura 10.5), se aplica la siguiente fórmula:

$$R_f = \frac{\text{Distancia recorrida por el compuesto}}{\text{Distancia recorrida por el disolvente}}$$

La distancia recorrida por el compuesto se mide desde el centro de la mancha. Si ésta es excesivamente grande (diámetro mayor de 4 mm) se obtendrá un valor erróneo del R_f.

Cuanto más polar es un compuesto, más retenido queda en el adsorbente y menor será su R_f. Por el contrario, los poco polares se desplazan a mayor distancia del origen. La polaridad del disolvente también influye en el valor del R_f. Así, para un mismo compuesto, un incremento en la polaridad del disolvente aumentará su desplazamiento en la placa y, por tanto, su R_f.

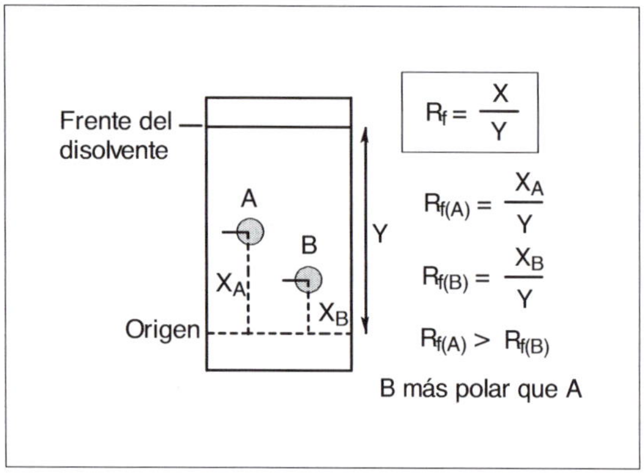

Figura 10.5. Determinación del R_f.

B) Elección del eluyente

Se recomienda elegir un disolvente en el que los componentes de la mezcla presenten un R_f medio en torno a 0.3-0.5. La búsqueda del eluyente idóneo requiere probar con varios disolventes de diferente polaridad o con mezclas. Cuando un compuesto eluye a un R_f inferior a 0.2 o superior a 0.7, puede ocurrir que lo que parece un compuesto único sea en realidad una mezcla de varios. En estos casos se debe cambiar a otro disolvente más o menos polar, respectivamente (Figura 10.6).

Para compuestos poco polares, que se desplazan del origen con mucha facilidad, se debe utilizar un disolvente apolar como el hexano. En el caso de compuestos de polaridad media, se aconseja utilizar mezclas hexano/acetato de etilo en distintas proporciones. Los productos más polares, que quedan muy retenidos en el adsorbente, requieren un disolvente más polar como el metanol o las mezclas cloruro de metileno/metanol en distintas proporciones.

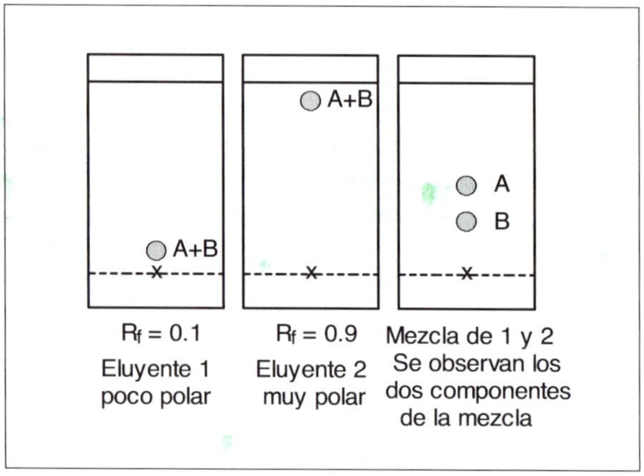

Figura 10.6. Disolvente idóneo para la separación de una mezcla de dos componentes.

C) Visualización del cromatograma

La mayor parte de las placas de cromatografía llevan un indicador fluorescente que permite la visualización de los compuestos activos a la luz ultravioleta (254 nm). El indicador absorbe luz UV y emite luz visible, generalmente verde. La presencia de un compuesto activo en el ultravioleta evita que el indicador absorba luz en la zona en la que se encuentra el producto, y el resultado se traduce en la visualización de una mancha en la placa que indica la presencia de un compuesto.

En el caso de compuestos que no absorban la luz ultravioleta, la visualización del cromatograma requiere utilizar un agente revelador.

El revelador tiene que reaccionar con los productos adsorbidos proporcionando compuestos coloreados. Por tanto, el revelador a utilizar depende del tipo de compuesto que se pretenda visualizar (Cuadro 10.3).

D) Procedimiento experimental

Las placas de cromatografía generalmente se comercializan como láminas (20 × 20 cm) que hay que cortar al tamaño adecuado, preferiblemente con cuchilla o con tijeras que no mellen el borde

Cuadro 10.3. Agentes reveladores de uso frecuente.

Agente revelador	Composición
Ácido fosfomolíbdico	Disolución al 10% (p/v) de ácido fosfomolíbdico en etanol. Recomendado para compuestos fácilmente oxidables.
Ácido sulfúrico	H_2SO_4 concentrado (50 ml) en etanol (950 ml). Recomendado para azúcares y compuestos que se puedan deshidratar
Yodo	Yodo. Se recomienda adsorberlo sobre arena. Para compuestos insaturados y aromáticos.
Ninhidrina	Disolución de ninhidrina (1.0 g) y n-butanol (50 ml) en etanol (450ml). Recomendado para aminas, aminoácidos y aminoazúcares.
Oleum	Mezcla $H_2O/H_2SO_4/AcOH$ (4:1:20). Recomendado para azúcares y compuestos que se puedan deshidratar.
Pancaldi	Disolución de molibdato amónico (VI) tetrahidratado (25 g) y sulfato de cerio hidratado (1.0 g) en ácido sulfúrico al 10% (500 ml).
Permanganato potásico	Disolución al 1% (p/v) de permanganato potásico en agua. Recomendado para compuestos insaturados o fácilmente oxidables.
	Disolución de permanganato potásico (3 g) y carbonato potásico (30 g) en agua (500 ml). Recomendado para compuestos insaturados o fácilmente oxidables.
Vainillina	Disolución de vainillina (0.5 g) en mezcla $H_2SO_4/EtOH$ (1:3, 100 ml). Recomendado para alcoholes y fenoles.

del corte. Normalmente se utilizan placas de 6-7 cm de altura, y el ancho (1.5-3.0 cm) depende del número de compuestos que se vaya a analizar. El tamaño de la placa también está en función de la cubeta en la que se va a realizar la elución.

Para llevar a cabo una cromatografía en capa fina, seguir el procedimiento que se indica a continuación:

1. En la superficie del adsorbente (fase estacionaria), señalar con un lápiz (no utilizar tinta) tantos puntos como muestras se vayan a aplicar, dejando espacio suficiente entre ellos. Éstos deben estar a la misma altura desde la base de la placa (1 cm aproximadamente), por lo que resulta útil trazar una línea recta antes de señalar los puntos (Figura 10.7.a). Marcar con suavidad, sin levantar el adsorbente.
2. Disolver la muestra a analizar en un disolvente. La disolución no debe estar ni muy diluida ni muy concentrada. En este último caso, la mancha del compuesto sería muy grande, con poca resolución, y podría interferir con las de otros compuestos contiguos. Se estima que una disolución al 1-5% es la cantidad idónea. Siempre que sea posible, se recomienda disolver la muestra en disolventes volátiles como diclorometano, metanol o acetona.
3. Utilizando un capilar de vidrio, depositar una alícuota de la disolución en el punto previamente señalado del adsorbente (Figura 10.7.b). Para ello, apoyar ligeramente el capilar con la disolución sobre el adsorbente, dejar evaporar el disolvente, y repetir esta operación 2-3 veces con la precaución de aplicar la muestra siempre en el mismo sitio. El diámetro de la mancha depositada en el origen debe ser lo más pequeño posible (2-3 mm) y nunca debe solapar con las manchas contiguas. Una vez utilizado, el capilar se puede desechar o limpiar, introduciéndolo varias veces en un vial con acetona y secándolo sobre papel absorbente.
4. Cortar un trozo de papel de filtro e introducirlo en la cubeta de cromatografía. Añadir el disolvente. La misión del papel de filtro es absorber disolvente y saturar

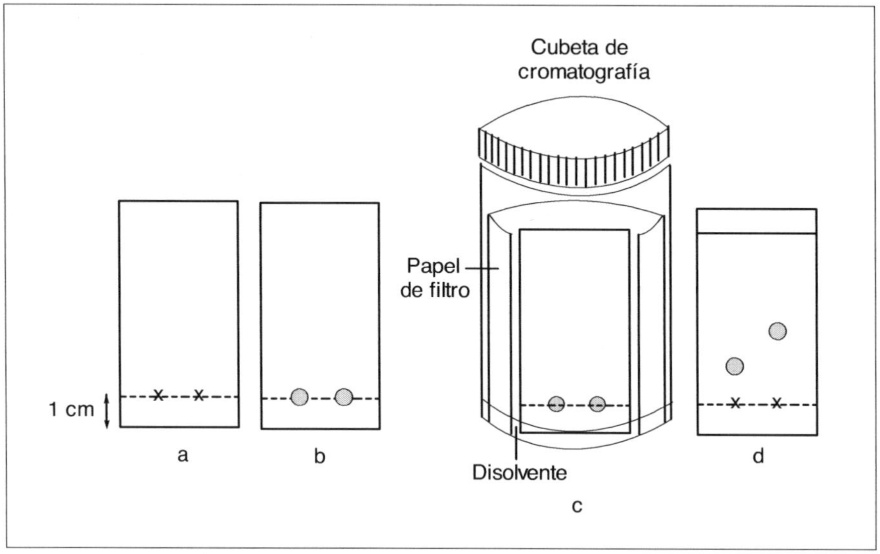

Figura 10.7. Realización de una cromatografía en capa fina.

el interior de la cubeta con los vapores de éste para evitar que la fase móvil se evapore de la superficie de la placa. El nivel del disolvente debe quedar por debajo de la línea en la que se ha depositado la muestra, de manera que no toque la mancha del compuesto aplicado. Si el origen de la placa quedase cubierto por el disolvente, éste disolvería el compuesto en lugar de eluirlo.

5. Introducir la placa en posición vertical en la cubeta, que durante la elución debe permanecer tapada, para evitar la evaporación del disolvente, y sin moverse (Figura 10.7.c). Apoyar la placa contra la pared de la cubeta, de manera que quede vertical o ligeramente inclinada. No utilizar cubetas anchas en las que la placa se pueda caer.
6. El disolvente ascenderá por capilaridad. Cuando el frente llegue a poca distancia del borde superior de la placa, abrir la cubeta, sacar la placa y señalar con un lápiz la distancia recorrida por el disolvente antes de que éste se evapore, con objeto de poder realizar el cálculo del R_f.
7. Dejar evaporar el disolvente.
8. Si el compuesto es activo a la luz ultravioleta, visualizar la placa en una lámpara UV. Marcar con un lápiz el contorno de las manchas observadas (Figura 10.7.d). En caso contrario, utilizar un agente revelador. Para ello, se moja la placa (durante 1 segundo) o se rocía (utilizando un pulverizador) con un revelador, se secan los bordes con papel absorbente, y se calienta a 100-150 °C en placa eléctrica o con pistola de aire caliente. A medida que se va calentando, se observa en la placa la aparición de manchas coloreadas correspondientes a los compuestos revelados. Para la utilización de reveladores se requiere el uso de placas de vidrio o aluminio.
9. Determinar el R_f y anotar el disolvente que se ha utilizado.

E) Aplicaciones

La cromatografía analítica en capa fina es una técnica cualitativa que se utiliza con los siguientes fines:

a) Monitorización de una reacción. Las reacciones generalmente se analizan cada cierto tiempo por cromatografía en capa fina con objeto de observar la desaparición de los reactivos y la aparición de nuevos productos. Para ello, se eluyen placas con una alícuota de la reacción y una referencia de los productos de partida (Figura 10.8).

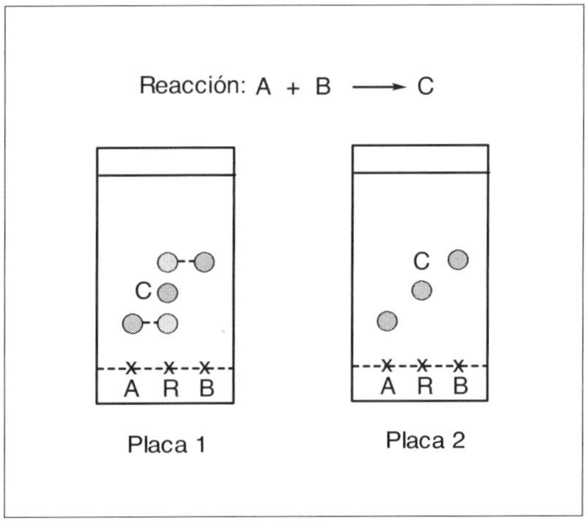

Figura 10.8. Monitorización de una reacción por cromatografía en capa fina.

En la placa 1, se observa que en la reacción (R) aparece un nuevo producto (C), aunque todavía queda cierta cantidad de los productos de partida (A y B) sin reaccionar. En la placa 2, tomada a mayor tiempo de reacción, se comprueba que la reacción ha finalizado, ya que los productos de partida (A y B) se han consumido por completo.

Algunas veces, el producto formado en la reacción puede presentar un R_f muy similar a alguno de los productos de partida (Figura 10.9). En ese caso, en la placa parecerá que la reacción no ha evolucionado ya que ambas manchas (A y R) aparecen prácticamente al mismo R_f. Para comprobar si esto es cierto, se eluye una placa con el producto de partida (A), la reacción (R) y una mezcla diluida de ambos (M). Cuando los productos son diferentes, en la mezcla (M) generalmente se observarán dos manchas prácticamente superpuestas.

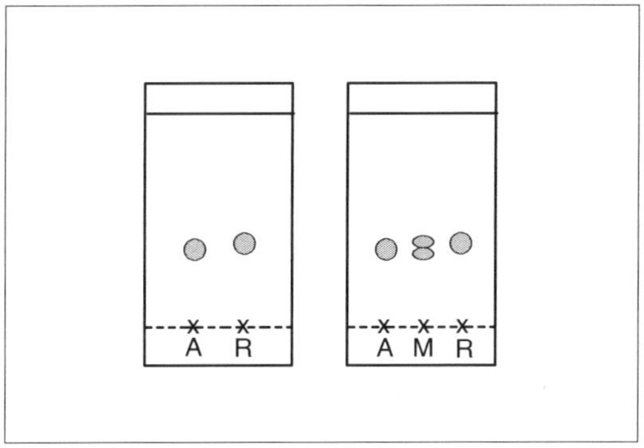

Figura 10.9. Comprobación de la no identidad de dos compuestos.

b) Identificación de un compuesto. Para identificar un compuesto es necesario comparar, en la misma placa, su R_f con el de un patrón (Figura 10.9). Si el R_f de dos compuestos es diferente, se trata inequívocamente de compuestos distintos. Sin embargo, puede ocurrir que compuestos diferentes presenten valores de R_f iguales.

c) Determinación de los componentes de una mezcla. En ocasiones interesa conocer el número de componentes que una mezcla contiene. Si la polaridad de los componentes es muy diferente, puede ser necesario llevar a cabo varias cromatografías con disolventes de distinta polaridad de cara a detectar todos los compuestos presentes.

d) Comprobación de la pureza de un compuesto. La cromatografía en capa fina es una técnica muy sensible que permite detectar la presencia de impurezas aun en muy baja proporción.

e) Determinación del disolvente apropiado para llevar a cabo una separación mediante cromatografía preparativa (en columna o en placa). Esta aplicación requiere la utilización del mismo adsorbente en ambas cromatografías (columna y capa fina).

f) Análisis de las fracciones recogidas en una cromatografía en columna. Permite determinar en qué fracción se encuentra cada uno de los componentes de la mezcla original y comprobar su pureza. Para correlacionar cada una de las fracciones con los componentes de la mezcla, en cada una de las placas en las que se analizan las fracciones se eluye también la mezcla inicial (M). De esta forma se sigue con precisión la evolución de la cromatografía en columna y la eficacia de la separación realizada (Figura 10.10).

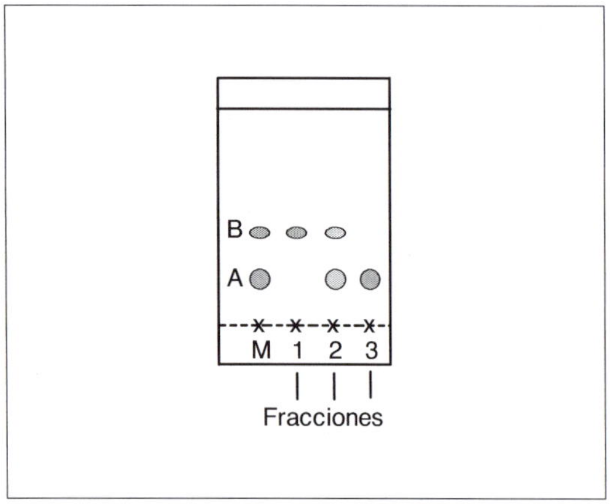

Figura 10.10. Análisis de las fracciones de una cromatografía en columna.

En el ejemplo de la Figura 10.10, la fracción 1 contiene el compuesto B puro, la fracción 2 una mezcla de los compuestos A y B sin separar, y la fracción 3 el compuesto A puro.

10.3.5. Cromatografía preparativa en placa

La cromatografía preparativa se lleva a cabo en placas de gel de sílice de 1-2 mm de espesor sobre un soporte de vidrio de 20 × 20 cm. Se utiliza para la separación y aislamiento de los componentes de mezclas en cantidades comprendidas entre 100-200 mg.

Para llevar a cabo una cromatografía preparativa seguir el procedimiento que a continuación se indica:

1. Elegir el disolvente adecuado para llevar a cabo la separación de los componentes de la mezcla mediante cromatografía analítica en capa fina.
2. En la superficie del adsorbente, trazar una línea recta con un lápiz (no utilizar tinta) a 1.5 cm del borde inferior de la placa. Marcar con suavidad, sin levantar el adsorbente.
3. Disolver la muestra.
4. Utilizando una pipeta Pasteur, depositar de modo continuo la mezcla disuelta a lo largo de la línea previamente marcada. Para ello, apoyar ligeramente la pipeta con la disolución sobre el adsorbente y dejar evaporar el disolvente. Repetir esta operación hasta sembrar toda la mezcla.
5. Introducir la placa en posición vertical en la cubeta que, durante la elución, debe permanecer tapada, para evitar la evaporación del disolvente, y no moverse.
6. El disolvente ascenderá por capilaridad. Cuando el frente llegue a poca distancia del borde superior de la placa, abrir la cubeta, sacar la placa y dejarla secar.
7. Si los compuestos no son coloreados, visualizarlos a la luz UV.
8. Marcar con una cuchilla el contorno del compuesto a aislar.
9. Con ayuda de una espátula, desprender del soporte de vidrio el gel de sílice con el compuesto adsorbido y transferirlo a un erlenmeyer.
10. Añadir un disolvente en el que el compuesto a aislar sea muy soluble y agitar la mezcla en una placa de agitación.
11. Filtrar el gel de sílice y eliminar el disolvente a presión reducida.

10.3.6. Cromatografía en columna

Es el método más general para la separación y purificación de compuestos orgánicos, sólidos o líquidos, a escala preparativa.

La fase estacionaria *(adsorbente)* se deposita en el interior de una columna de vidrio que termina en un estrechamiento con una llave, y se impregna con la fase móvil *(eluyente)*. La mezcla a separar se deposita sobre la parte superior de la fase estacionaria, y la fase móvil atraviesa el sistema. Los compuestos eluidos, disueltos en la fase móvil, van saliendo de la columna y se recogen en fracciones. Los menos polares, que son los que se retienen poco en el adsorbente, son los primeros en salir. Los polares quedan más retenidos y para su elución generalmente es necesario incrementar la polaridad del disolvente.

El tiempo necesario para eluir un compuesto de la columna recibe el nombre de tiempo de retención. Es característico para cada compuesto en unas condiciones cromatográficas determinadas (adsorbente, disolvente, diámetro de la columna, presión, etc.).

El adsorbente más utilizado para cromatografía en columna es el gel de sílice. Alúmina y florisil (silicato magnésico) se emplean como sustitutos del gel de sílice cuando éste es incompatible con la mezcla a cromatografiar.

La elución de la cromatografía puede realizarse por gravedad o a media presión *(flash chromatography)*. En este último caso se conecta la cabeza de la columna a un compresor de media presión (5-10 psi) o a una línea de aire comprimido.

El tamaño de partícula de la gel de sílice para cromatografía a media presión (0.040-0.063 mm, 230-400 mesh) es más pequeño que el que se utiliza para cromatografía por gravedad (0.063-0.200 mm, 70-230 mesh). Si en gravedad se empleara gel de sílice de tamaño de partícula más pequeño, la elución no se produciría ya que se impediría el flujo del disolvente. Sin embargo, si se aplica presión, se fuerza al disolvente a eluir.

Debido a que la disminución del tamaño de partícula del adsorbente conduce a una separación más eficaz, la cromatografía a media presión proporciona generalmente mejores resultados que la cromatografía por gravedad. Además, al ser mucho más rápida, es la técnica que más se emplea.

Antes de llevar a cabo la cromatografía en columna, es necesario elegir el disolvente adecuado para optimizar la separación de los componentes de la mezcla. Esta operación se lleva a cabo mediante cromatografía analítica en capa fina.

A continuación se indican las variables que más influyen en la eficacia de la separación en cromatografía a media presión utilizando gel de sílice como fase estacionaria:

A) Diámetro de la columna y cantidad de gel de sílice

La altura de la fase estacionaria en la columna está relacionada fundamentalmente con la diferencia de los valores de R_f de los componentes de la mezcla. El diámetro está relacionado, además, con la cantidad de muestra a separar.

En el Cuadro 10.4 se recoge el diámetro de la columna recomendado en función de la cantidad de muestra a separar y de la diferencia de R_f que presentan sus componentes. Así, una columna de un mismo diámetro admitirá más o menos cantidad de mezcla en función del valor relativo de los R_f de sus componentes.

Cuadro 10.4. Diámetro de la columna en cromatografía a media presión.

Diámetro de la columna (cm)	Cantidad de muestra (mg)	
	$\Delta R_f > 0.2$	$\Delta R_f < 0.2$
1	100	40
2	400	160
3	900	360
4	1.600	600
5	2.500	1.000

Una vez seleccionado el diámetro, para una cromatografía de dificultad media, se recomienda rellenar la columna con gel de sílice hasta una altura de aproximadamente 15-20 cm. Para separaciones de mayor dificultad, que requieren más gel de sílice, incrementar la altura de relleno hasta 20-25 cm.

B) Elección del disolvente

Para elegir el disolvente, previamente se lleva a cabo una cromatografía en capa fina de la muestra a analizar. El disolvente tiene que conducir a una buena separación de los componentes de la mezcla en la placa ($\Delta R_f > 0.1$) y situar el componente menos polar a un R_f aproximado de 0.3. La separación de una mezcla en una columna será poco eficaz si se utiliza un disolvente que sitúe los compuestos a separar a un valor de R_f superior a 0.3.

Para columnas pequeñas es mejor utilizar un eluyente menos polar que el obtenido del resultado de la placa.

En muchos casos se emplean mezclas de disolventes y se realiza una elución en gradiente. Para ello, la cromatografía se comienza con una mezcla de disolventes de la polaridad adecuada para separar el componente de mayor R_f y, una vez que éste se ha recogido, se aumenta gradualmente la polaridad para ir separando los componentes más polares. Si al inicio de la cromatografía se utilizara un disolvente excesivamente polar, los componentes de la mezcla eluirían juntos y la separación no tendría lugar. La elución en gradiente proporciona mejores separaciones que la elución a polaridad constante.

Una de las mezclas más utilizadas es hexano/acetato de etilo. Para compuestos que queden muy retenidos en acetato de etilo deben emplearse mezclas más polares como por ejemplo cloruro de metileno/metanol, sin que el porcentaje de metanol supere el 25-30% ya que disuelve parcialmente el gel de sílice.

C) Procedimiento experimental

A continuación se expone el procedimiento experimental para llevar a cabo una cromatografía en columna, tanto a media presión como por gravedad (Figura 10.11).

- *Preparación de la columna:*

  a) Elegir una columna del diámetro adecuado a la muestra que se pretende separar (cantidad de muestra y R_f de sus componentes).

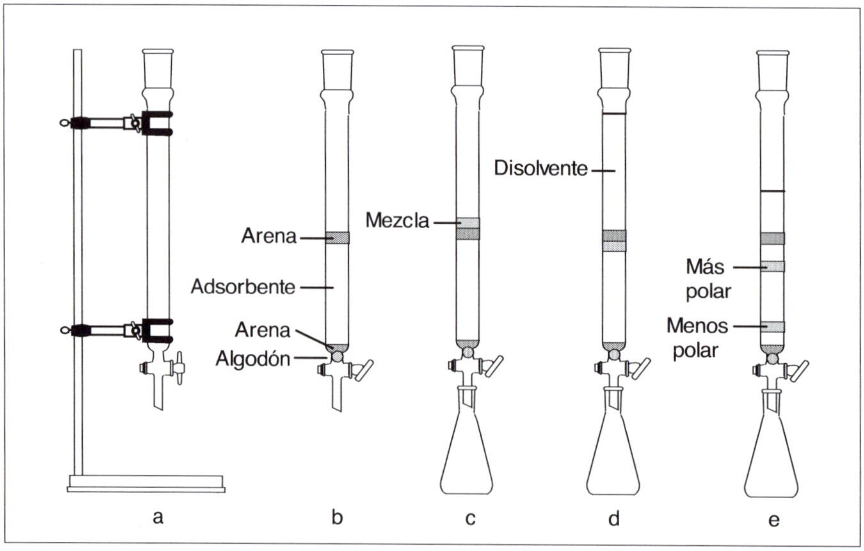

Figura 10.11. Cromatografía en columna.

Si la cromatografía se va a llevar a cabo a media presión, la columna debe tener una boca esmerilada en su parte superior y se debe disponer de un adaptador, con boca esmerilada y llave de aguja, que permita la conexión del compresor y la regulación de la velocidad de elución (Figura 10.12).

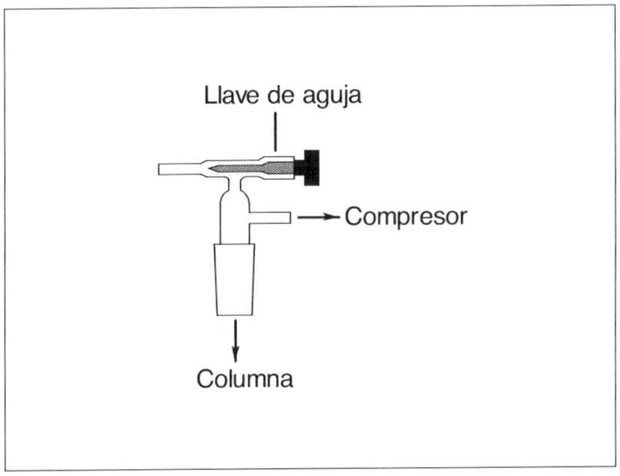

Figura 10.12. Adaptador para cromatografía a media presión.

b) Sujetar la columna a un soporte utilizando dos pinzas: una deberá sujetar la columna cerca de la llave y otra en la parte de arriba, fuera de la zona en la que la columna esté rellena (Figura 10.11.a). De este modo, si la columna se rompiera accidentalmente en la zona de contacto con las pinzas, sería más fácil la recuperación de su contenido.

c) Si la columna no lleva una placa porosa en su parte inferior para impedir el paso del adsorbente, colocar en el estrechamiento una pequeña cantidad de algodón compactado y 1-2 cm de arena. La cantidad de algodón debe ser la mínima posible para retener la fase estacionaria sin dificultar el paso del disolvente.

- *Relleno de la columna:*

Hay varias maneras de rellenar la columna en función de que la cromatografía se lleve a cabo por gravedad o a media presión:

a) Cromatografía por gravedad. Un procedimiento consiste en llenar la columna de disolvente y añadir después el adsorbente dejando que éste se deposite por gravedad, al mismo tiempo que se golpea suavemente la columna con la mano. Una vez que el adsorbente empieza a depositarse en el fondo, se abre la llave para que salga el disolvente.

Otro método implica la preparación de una suspensión con el adsorbente y el disolvente. Se añade un poco de disolvente a la columna y se vierte la suspensión en el interior de ésta. La columna se golpea ligeramente con la mano para compactar el adsorbente sin formación de burbujas, a la vez que se abre la llave para permitir la salida del disolvente.

En ambos casos, después de compactar se añaden 1-2 cm de arena para proteger el frente del adsorbente.

b) Cromatografía a media presión. Introducir en la columna la cantidad de adsorbente que se necesite y, manteniendo la llave abierta, golpearla suavemente con la mano para favorecer el depósito de éste. Añadir 1-2 cm de arena. Llenar la columna de disolvente, dejándolo caer por la pared. Conectar la cabeza de la columna a un compresor de aire, asegurándola con una pinza clip, y hacer pasar el disolvente a través del gel de sílice para que se compacte. Continuar la operación, añadiendo más disolvente, hasta que la gel de sílice quede homogénea y bien compactada.

El relleno de la columna también podría realizarse introduciendo una suspensión del adsorbente en el disolvente, como se indica para la cromatografía por gravedad. Dejando la llave abierta, finalmente, compactar la fase estacionaria conectando la columna a un compresor de aire.

En ambos casos (gravedad o media presión), la superficie superior del adsorbente *(frente)* y la franja de arena deben quedar completamente horizontales (Figura 10.11.b).

Una vez que el adsorbente se ha compactado, el disolvente debe quedar a la altura del nivel de la arena. El adsorbente no debe secarse nunca, ya que daría lugar a la aparición de grietas y burbujas de aire.

- *Sembrado de la mezcla a separar:*

  a) Disolver la mezcla a separar (sólida o líquida) en la mínima cantidad del mismo disolvente en el que se va a empezar la elución o en uno de polaridad menor. Si la muestra resultara insoluble en dichas condiciones, el sembrado se realiza adsorbiendo la muestra en el adsorbente antes de introducirla en la columna. Para ello, se disuelve la muestra en un disolvente más polar y se añade una cantidad de adsorbente proporcional a la cantidad de muestra. El disolvente de la mezcla se elimina con cuidado en el rotavapor ya que, al contener un sólido, las posibilidades de proyección de la mezcla al tubo del rotavapor son grandes (Apartado 2.3.6). Una vez que el disolvente se ha eliminado, tiene que obtenerse una mezcla homogénea, pulverulenta y exenta de disolvente, que se incorpora a la columna utilizando un embudo de sólidos.

  b) Depositar con una pipeta la disolución sobre la arena. Si esta operación se realiza con una pipeta Pasteur, más corta, la disolución debe dejarse resbalar por las paredes de la columna. En ambos casos, se debe conseguir una franja horizontal uniforme (Figura 10.11.c).

  c) Abrir la llave para que la disolución quede inmersa en la arena.

  d) Dejar en un vial un par de gotas de la disolución para utilizarla como referencia a la hora de analizar las fracciones recogidas.

  e) Cerrar la llave y añadir con pipeta una pequeña cantidad de disolvente para lavar el recipiente en el que se encontraba la disolución y la pared interior de la columna. Si es necesario, repetir esta operación un par de veces. La adición debe realizarse con cuidado para no modificar el frente horizontal.

  f) Abrir la llave para introducir en la arena el producto recogido hasta que el disolvente quede al nivel de la arena.

- *Elución de fracciones:*

  a) Añadir el disolvente con cuidado por la pared de la columna, para no modificar la horizontalidad del frente (Figura 10.11.d), hasta llenarla.

  b) Los componentes de la mezcla a separar deben eluirse manteniendo un flujo continuo de disolvente. Si la elución se lleva a cabo a media presión, conectar un compresor a la cabeza de la columna y graduar, mediante la llave situada en el adaptador del compresor, la entrada de aire comprimido para que el disolvente fluya moderadamente sin riesgo de ruptura de la columna por sobrepresión.

  c) El volumen inicial de disolvente que se recoge, que corresponde al volumen muerto de la columna, no contendrá ningún producto y puede despreciarse. Después se utilizan erlenmeyers, tubos de ensayo o viales para recoger fracciones en pequeños volúmenes.

  d) El adsorbente nunca debe secarse.

  e) Los componentes de la mezcla eluyen en orden de polaridad creciente (Figura 10.11.e).

- *Análisis de las fracciones:*

Las fracciones recogidas deberán analizarse mediante una técnica cromatográfica analítica (cromatografía en capa fina, GC o HPLC) para comprobar su contenido, su pureza y seguir el curso de la separación. Para el seguimiento por cromatografía en capa fina consultar el Apartado 10.3.4.

Las fracciones que tienen el mismo contenido se juntan en el mismo matraz, previamente

Figura 10.13. Silanización de gel de sílice.

pesado, y el disolvente se elimina a presión reducida en el rotavapor. Finalmente se pesa cada fracción para determinar la cantidad de producto que contiene.

10.4. Cromatografía de partición

La cromatografía líquido-líquido, también llamada *cromatografía de partición,* se caracteriza por emplear una fase estacionaria líquida, anclada a un soporte sólido, y una fase móvil también líquida.

10.4.1. Fundamento teórico

La cromatografía líquido-líquido emplea como fase estacionaria un soporte sólido, por lo general gel de sílice, sobre cuya superficie se ha anclado una fase líquida mediante la incorporación de una cadena hidrocarbonada larga. Esta operación se logra transformando los grupos silanol (-Si-OH) del gel de sílice en grupos siloxano (-Si-O-Si-R) mediante reacción con un clorosilano (Figura 10.13), lo que proporciona una fase líquida estacionaria térmicamente estable y difícil de hidrolizar a valores de pH comprendidos entre 2 y 9.

La polaridad de la fase estacionaria puede modificarse en función de la naturaleza de las cadenas hidrocarbonadas R^1, R^2 y R^3 introducidas en el gel de sílice. Ello permite disponer de fases estacionarias con selectividades diferentes. En el Cuadro 10.5 se recoge una relación de las cadenas más utilizadas en cromatografía líquido-líquido, clasificadas por orden de polaridad decreciente.

CUADRO 10.5. Cadenas hidrocarbonadas ancladas al gel de sílice en cromatografía líquido-líquido.

Funcionalidad	Estructura	Polaridad	Tipo de cromatografía
Diamino	$-(CH_2)_3-NH-(CH_2)_2-NH_2$	Muy alta	Normal
Aminopropilo	$-(CH_2)_3-NH_2$	Alta	Normal
Nitrilo	$-(CH_2)_n-CN$	Media	Normal
Nitro	$-(CH_2)_n-NO_2$	Media	Normal
Diol	$-(CH_2)_3-OCH_2-CH(OH)-CH_2OH$	Débil	Normal
Dimetilamino	$-(CH_2)_3-N(CH_3)_2$	Débil	Normal
Propilo	$-(CH_2)_2-CH_3$	Baja	Fase inversa
Fenilo	$-(CH_2)_n-Ph$	Baja	Fase inversa
Octilo	$-(CH_2)_7-CH_3$	Baja	Fase inversa
Octadecilo	$-(CH_2)_{17}-CH_3$	Muy baja	Fase inversa

La separación en la cromatografía líquido-líquido se basa en la diferencia de solubilidad de los componentes de la mezcla entre las dos fases líquidas (estacionaria y móvil) o en las diferentes interacciones de los componentes de la mezcla con los grupos funcionales presentes en las cadenas ancladas al gel de sílice.

10.4.2. Tipos de cromatografía de partición

En función de la polaridad de la fase líquida estacionaria, se distingue entre:

a) Cromatografía *normal.*
b) Cromatografía en *fase inversa.*

A) Cromatografía normal

La fase estacionaria está constituida por un líquido de carácter polar. Como fase móvil se emplean mezclas de disolventes apolares (hexano o ciclohexano), con disolventes polares conocidos como *modificadores polares* (cloroformo, cloruro de metileno, tetrahidrofurano, etanol, metanol o acetonitrilo).

Generalmente se utiliza para la separación de mezclas de compuestos muy polares que quedarían demasiado retenidos en una cromatografía sólido-líquido. No es aplicable a la separación de mezclas de compuestos con polaridad baja, ya que se retienen muy poco en la fase estacionaria.

La retención de un soluto se explica en base a la competición que se establece entre la afinidad del grupo polar (X) presente en la fase estacionaria por el modificador polar (P) presente en la mezcla hexano-P y por los solutos a separar (S); así como a la solvatación de estos últimos por el modificador polar (P) en la fase móvil:

$$-X + S \rightarrow -X\cdots S$$

$$-X + P \rightarrow -X\cdots P$$

$$S + P \rightarrow S\cdots P$$

La retención y la selectividad en la separación depende de los valores respectivos de las constantes de los diferentes equilibrios, así como de la concentración total y la naturaleza del grupo X en la fase estacionaria, y de la concentración del modificador polar P en la fase móvil.

Por tanto, la retención de un soluto aumenta cuanto menor sea la proporción de modificador polar en la fase móvil. El orden de elución está gobernado por interacciones de tipo polar: los solutos más polares quedan más retenidos, igual que en la cromatografía de adsorción.

B) Cromatografía en fase inversa

La fase estacionaria está constituida por un líquido de carácter apolar. Como fase móvil se emplean mezclas de agua con disolventes polares miscibles, como metanol o acetonitrilo. Por tanto, la fase móvil es más polar que la fase estacionaria.

Se emplea generalmente para la separación de mezclas de compuestos de polaridad baja, que se retienen muy poco en una cromatografía sólido-líquido, y para la separación de compuestos de una misma serie homóloga (serie de compuestos con los mismos grupos funcionales que difieren sólo en su cadena hidrocarbonada). No es adecuada para la separación de mezlas de compuestos con polaridad elevada, que no se retendrían en la fase estacionaria.

La retención de un soluto se explica en base a una adsorción preferencial del disolvente menos polar de la fase móvil a la superficie de las cadenas apolares que constituyen la fase estacionaria, de manera que se establece un mecanismo complejo que supone una combinación de equilibrios de solubilidad (partición) de la mezla que se cromatografía entre la fase líquida adsorbida a la fase estacionaria y la fase móvil. Por otra parte, los solutos menos polares se ven más excluidos de la fase móvil (efecto hidrófobo) y se adsorben preferentemente a las cadenas hidrocarbonadas de la fase estacionaria.

La separación ocurre como consecuencia de las diferencias en la superfice apolar de los componentes de la muestra: los compuestos menos polares serán más solubles en la fase estacionaria que los más polares. Por tanto, *al contrario que en la cromatografía normal,* los compuestos más polares estarán menos retenidos que los menos polares.

La selectividad en la separación se logra modificando la composición de la fase móvil. Los tiempos de retención disminuyen cuanto menor sea la proporción de agua en el eluyente y a igualdad de proporción de agua, cuanto menos polar sea el disolvente empleado. En la cromatografía de mezclas de compuestos con polaridades muy diferentes, es habitual emplear un gradiente de polaridad en la fase móvil: la polaridad de ésta va disminuyéndose gradualmente por adición de mayores cantidades de metanol o acetonitrilo, lo que aumenta progresivamente el poder de elución.

En algunos casos, pueden lograrse interacciones secundarias de determinados tipos de soluto con la fase móvil, empleando disoluciones tampón o agentes de complejación. Así pues, cuando los solutos a cromatografiar son ácidos o básicos, es necesario controlar el pH del eluyente: cuanto más ionizado esté el sustrato, menor será su tiempo de retención. Se recomienda cromatografiar los ácidos al menos a dos unidades de pH por debajo del valor de pK_a de la especie más ácida, sin sobrepasar pH = 3, y las bases al menos a dos unidades de pH por encima del valor de pK_a de la especie más básica, sin sobrepasar pH = 8.

10.4.3. Procedimiento experimental

Para la cromatografía líquido-líquido se sigue el mismo procedimiento experimental que el recomendado para la cromatografía sólido-líquido, tanto en columna como en placa fina.

A continuación se presenta el procedimiento experimental para preparar gel de sílice funcionalizada con cadenas octadecilo:

1. En un matraz de tres bocas, provisto de agitador mecánico y refrigerante de reflujo, introducir, bajo atmósfera inerte, gel de sílice secado durante 18-20 h a 40 ºC (500 g).
2. Añadir tolueno anhidro (1 l) y octadeciltriclorosilano (50 ml).
3. Poner en marcha la agitación y calentar a reflujo durante 18 h bajo atmósfera inerte.
4. Enfriar y decantar el disolvente.
5. Añadir tolueno anhidro (500 ml), agitar la suspensión, dejar precipitar y decantar el disolvente. Repetir esta operación dos veces más con tolueno y seis veces más con metanol anhidro.
6. Filtrar el sólido a vacío y dejarlo secar durante 18-20 h a 40 ºC.
7. Suspender nuevamente el sólido en tolueno anhidro (1 l) y añadir hexametildisilazano (50 ml).
8. Calentar a reflujo, bajo atmósfera inerte y con agitación, durante 2 h.
9. Repetir los procesos de decantación, lavado, filtración y secado.

10.5. Cromatografía de intercambio iónico

La cromatografía de intercambio iónico se basa en establecer un intercambio reversible de iones entre aquellos soportados por una resina sólida (fase estacionaria) y otros iones del mismo signo presentes en la fase móvil (Figura 10.14).

Sólido-A, **B** + **X**, Y ⟶ Sólido-A, **X** + **B**, Y

Resina | Fase móvil | Disolución eluida

A = Grupo funcional activo
B, X = Iones intercambiables de igual signo
Y = Contraión

Figura 10.14.

En general, cualquier compuesto orgánico que sea soluble y que pueda ionizarse en la fase móvil es susceptible de someterse a procesos de intercambio iónico. Por tanto, esta cromatografía es aplicable a la separación de compuestos con propiedades ácido-base, y a la separación de éstos de compuestos neutros, que no quedarían retenidos.

En el Cuadro 10.6 se recogen los valores de pK_a de algunos compuestos orgánicos representativos.

CUADRO 10.6. Valores de pK_a de algunos compuestos orgánicos representativos

Tipo de compuesto	Valor de pK_a aproximado
Ácidos carboxílicos	5
Amidas	2–1
Aminas alifáticas	9.5-11.0
Aminas aromáticas	5-7
Aminoácidos	2-4 y 9-12
Fenoles	10
Pirroles	0.3
Tiazoles	1-3

10.5.1. *Fundamento teórico*

El sólido que constituye la fase estacionaria *(resina de intercambio)* está formado por un polímero tridimensional hidrocarbonado, generalmente sintetizado por copolimerización del estireno con distintas proporciones de divinilbenceno. Sobre dicha resina se encuentran anclados grupos funcionales iónicos (A) que constituyen los centros activos. La carga eléctrica de los centros activos está contrabalanceada por un número equivalente de iones de signo opuesto (B), que son móviles, y que pueden ser intercambiados por otros de igual signo (X) presentes en la fase móvil.

En función del signo del ión que se intercambie, las resinas se clasifican en:

a) Resinas intercambiadoras de cationes (Figura 10.15).

El grupo funcional activo es de naturaleza aniónica ($A = SO_3^-, CO_2^-$), y el ión móvil intercambiable es un catión ($B = H^+$, Na^+, etc.).

Sólido-A^-, $\mathbf{B^+}$ + $\mathbf{X^+}$, Y^- ⟶ Sólido-A^-, $\mathbf{X^+}$ + $\mathbf{B^+}$, Y^-

Resina catiónica — Fase móvil — Disolución eluida

Figura 10.15.

En función del pK_a de su forma ácida, las resinas cuyo grupo funcional activo es un sulfonato (SO_3^-) se consideran resinas intercambiadoras ácidas fuertes, mientras que aquellas cuyo grupo funcional activo es un ión carboxilato (CO_2^-) se consideran resinas intercambiadoras ácidas débiles.

b) Resinas intercambiadoras de aniones (Figura 10.16).

Sólido-A^+, $\mathbf{B^-}$ + $\mathbf{X^-}$, Y^+ ⟶ Sólido-A^+, $\mathbf{X^-}$ + $\mathbf{B^-}$, Y^+

Resina aniónica — Fase móvil — Disolución eluida

Figura 10.16.

Estas resinas pueden ser de dos tipos:

1. Resinas intercambiadoras básicas fuertes. El grupo funcional activo es de naturaleza catiónica ($A = R_4N^+$) y el anión móvil es un grupo hidroxilo ($B = OH^-$). Se subdividen en dos grupos: resinas tipo I, que sólo poseen grupos metilo sobre el átomo de nitrógeno cuaternario, y resinas tipo II,

que poseen grupos hidroxialquilo además de metilo.

2. Resinas intercambiadoras básicas débiles. El grupo funcional activo es un grupo amino libre ($A = R_3N$). Su actividad reside en la posibilidad de fijar ácidos libres e intercambiar los correspondientes contraaniones.

Las resinas de intercambio iónico son, por tanto, materiales poliméricos que, en determinadas circunstancias, pueden considerarse como ácidos o bases insolubles. Por tanto, pueden catalizar determinados tipos de reacciones, igual que los ácidos o bases convencionales en disolución: formación de acetales, deshidratación de alcoholes, condensaciones aldólicas, esterificación e hidrólisis de ésteres, reacciones de Knoevenagel, epimerización de centros estereogénicos, etc. Este hecho, que resulta un inconveniente desde el punto de vista cromatográfico, puesto que puede modificar la naturaleza química de los componentes de una mezcla, se puede emplear con ventaja frente a otros procedimientos en disolución desde el punto de vista sintético.

El poder de fijación de iones de una resina se denomina *capacidad* y corresponde a la cantidad de contraiones disponibles para intercambio. Se expresa en miliequivalentes por gramo de intercambiador húmedo.

Por lo general, para concentraciones del orden de 0.1 N las resinas retienen más a los iones de mayor carga. Para aquellos de igual valencia, cada resina presenta un orden de retención determinado. A modo de ejemplo, se indica en la Figura 10.17 la selectividad característica para los iones más comunes.

Las resinas intercambiadoras ácidas débiles adsorben H^+ sobre cualquier otro catión, y las intercambiadoras básicas débiles OH^- sobre cualquier otro anión.

Una vez seleccionado el tipo de resina en función de las propiedades ácido-base de los compuestos a separar, la elución de los aniones o cationes de interés se consigue graduando la fuerza iónica y el pH de la fase móvil, que es una disolución acuosa. En algunos casos pueden añadirse a la fase móvil disolventes orgánicos solubles en agua.

Los iones presentes en la disolución que constituye la fase móvil compiten con los de la mezcla por los centros iónicos intercambiables de la fase estacionaria. Como consecuencia, si se aumenta la fuerza iónica del eluyente, se reduce la retención de la muestra. Este efecto puede lograrse empleando una disolución tampón o adicionando una sal neutra a la fase móvil.

El valor del pH tiene gran influencia en la selectividad de la separación. En las resinas catiónicas, la disminución del pH aumenta la velocidad de elución, mientras que en las aniónicas, ésta se incrementa al aumentar el pH. El valor óptimo de pH para la separación puede estimarse teniendo en cuenta el valor de pK_a de los componentes de la muestra:

Por regla general, el pH de la disolución tampón empleada como eluyente debe estar alrededor de 1 o 2 unidades por debajo del valor de pK_a de los compuestos básicos, y 1 o 2 unidades por encima del valor de pK_a de los compuestos ácidos (Cuadro 10.7).

$$Li^+ < H^+ < Na^+ < NH_4^+ < K^+ < Cs^+ < Ag^+, Cu^{2+} < Cd^{2+} < Ni^{2+} < Ca^{2+} < Sr^{2+} < Pb^{2+} < Ba^{2+}$$

$$F^- < OH^- < AcO^- < HCO_3^- < Cl^- < SCN^- < Br^- < I^- < NO_3^- < HSO_4^- < \text{citrato}$$

Figura 10.17.

Cuadro 10.7. Disoluciones tampón empleadas en cromatografía de intercambio iónico.

Disolución tampón	Valor de pH
Ácido cítrico	2.0 - 6.0
Fosfato amónico	2.2 - 6.5
Formiato sódico	3.0 - 4.4
Acetato sódico	4.2 - 5.4
Trietanolamina	6.7 - 8.7
Borato sódico	8.0 - 9.8
Nitrato sódico	8.0 - 10.0
Amoniaco	8.2 - 10.2
Acetato amónico	2.0 - 6.0
Fosfato sódico	2.0 - 6.0 y 8.0 - 12.0

No obstante, a la hora de escoger una disolución tampón, es necesario tener en cuenta, además del valor de pH, su fuerza iónica. Las concentraciones habituales de disoluciones tampón se encuentran comprendidas entre 0.001 y 0.5 M.

Por lo general, la eficacia de la columna de intercambio iónico es mayor a flujos más lentos que los empleados en otros tipos de cromatografía.

Antes de utilizar la resina es necesario regenerarla en la forma iónica activa deseada, lavándola con una disolución acuosa (Cuadro 10.8). El proceso de regeneración produce, además, una purificación de la resina, mejorando de este modo su capacidad efectiva. Esta operación conlleva un aumento del volumen de la resina debido a la absorción de líquido como consecuencia de las interacciones osmóticas de los iones fijos y contraiones dentro de los poros del polímero.

10.5.2. Procedimiento experimental

1. Transferir la cantidad de resina que vaya a emplearse a un vaso de precipitados e hincharla con agua desionizada.
2. Decantar el exceso de agua hasta conseguir una suspensión espesa.
3. Llenar una columna de cromatografía con agua hasta 1/3 de su volumen.
4. Ir añadiendo lentamente la suspensión en la columna al tiempo que se va dejando salir el agua de la misma. La resina deberá depositarse en un lecho homogéno, sin formar canales ni burbujas.
5. Pasar agua desionizada hasta que el volumen del lecho permanezca constante.
6. Dejar descender el volumen de agua hasta 2-3 cm por encima del nivel de la resina.
7. Sin perturbar el frente, añadir la disolución regeneradora adecuada (Cuadro 10.8). En el caso de emplear disoluciones ácidas o básicas como regenadores, continuar pasando la disolución regenerado-

CUADRO 10.8. Agentes de regeneración de resinas de intercambio iónico.

Tipo de resina	Forma iónica buscada	Agente de regeneración	Litros de agente de regeneración por litro de resina
Ácida fuerte	H^+ Na^+	6% HCl 10% NaCl	3.0 2.5
Ácida débil	H^+	3% HCl	2.5
Básica fuerte, tipo I	OH^- Cl^-	4% NaOH 6% NaCl	2.5 2.5
Básica débil	Base libre	4% NaOH	2.0

ra hasta que el pH del líquido eluido se corresponda con el de la disolución regeneradora.

8. Dejar descender el volumen de eluyente hasta 2-3 cm por encima del nivel de la resina.
9. Sin perturbar el frente, recargar la columna con agua destilada y eluir hasta que el pH del líquido eluido sea neutro.
10. Dejar descender el volumen de eluyente hasta alcanzar el nivel de la resina.
11. Con ayuda de una pipeta, depositar la disolución de la mezcla a separar sobre la superficie de la resina, sin perturbar el frente. La muestra no debe tener sólidos en suspensión, debiendo filtrarse en caso contrario. Sólo debe utilizarse la capacidad intercambiadora de la columna hasta un 50%, teniendo en cuenta que una columna de aproximadamente 1.5 cm de diámetro y 15 cm de altura contiene unos 10 g de resina, lo cual equivale a capacidades de aproximadamente 40 mEq. El volumen de muestra no debe exceder del 10% del volumen total de la resina.
12. Dejar que la muestra se adsorba en la resina.
13. Sin perturbar el frente, rellenar la columna con la disolución eluyente.
14. Eluir la columna con un flujo de 4-5 ml/min.
15. Recoger fracciones del volumen adecuado al tamaño de la columna.
16. Las resinas se pueden reutilizar después de lavarlas repetidas veces con la disolución regeneradora.

Bibliografía

Dyeing Reagents for Thin Layer and Paper Chromatography, Merck, Darmstadt, 1980.

O'Neil, I. A.: *Synlett*, 1991, 661.

Pole, C. F. y Schuette, S. A.: *Contemporary Practice of Chromatography,* Elsevier, Amsterdam, 1984.

Rosset, R.; Caude, M. y Jardy, A.: *Manuel Practique de Chromatographie en Phase Liquide,* Masson, París, 1982.

Still, C. W.; Khan, M. y Mitra, A.: *J. Org. Chem.* 1978, 43, 2.923.

11

CROMATOGRAFÍA DE GASES Y HPLC

11.1. Introducción

La cromatografía de gases (GC) y la cromatografía de líquidos a alta presión (HPLC) son dos técnicas cromatográficas utilizadas fundamentalmente con fines analíticos, tanto cualitativos como cuantitativos. Aunque cada una emplea distintos tipos de fases estacionaria y móvil, ambas requieren la utilización de un cromatógrafo.

El resultado de la cromatografía está contenido en el cromatograma, que consiste en una gráfica de la concentración de las fracciones eluidas en función del tiempo, junto con la medida del área de cada uno de los picos. La información que proporciona el cromatograma incluye:

a) Una indicación de la complejidad de la muestra, en base al número de picos observados.
b) La posibilidad de la identificación cualitativa de los componentes de la muestra, en base a la determinación precisa de la posición de cada pico (tiempo de retención) en unas condiciones cromatográficas concretas.
c) La estimación cuantitativa de la concentración de cada pico, en base a su área relativa.

Además de las aplicaciones analíticas, ambos tipos de cromatografía pueden emplearse, desde el punto de vista preparativo, haciendo uso de cromatógrafos que permiten la inyección de mayores volúmenes de muestra. Sin embargo, a nivel preparativo se utiliza casi exclusivamente la cromatografía de líquidos (HPLC), ya que la cromatografía de gases requiere que los componentes de la mezcla sean volátiles.

11.2. Parámetros básicos comunes en GC y HPLC

Las técnicas GC y HPLC poseen una serie de parámetros básicos comunes, que se recogen en el cromatograma de la Figura 11.1 y en el Cuadro 11.1.

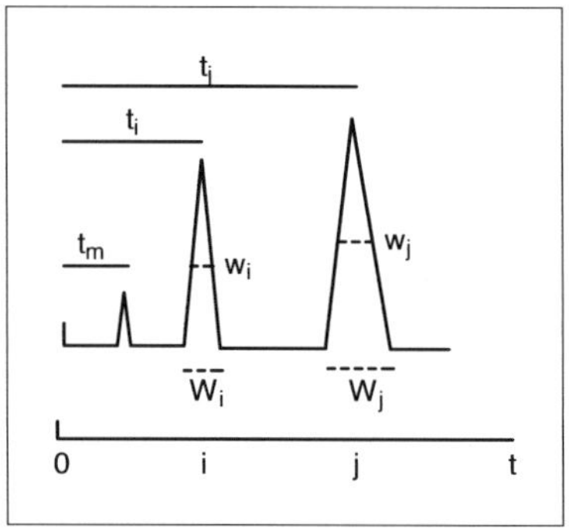

Figura 11.1. Cromatograma.

CUADRO 11.1. Parámetros cromatográficos.

Parámetro	Ecuación	Significado
Tiempo muerto (t_m)		Tiempo que tarda en eluirse un soluto que no se retiene. Indica el tiempo que permanecen los solutos en la fase móvil.
Tiempo de retención (t_i, t_j)		Tiempo que tardan en eluirse los solutos i, j.
Tiempo de retención corregido (t_i')	$t_i' = t_i - t_m$	Tiempo que tardan en eluirse los solutos i, j descontando el tiempo muerto.
Anchura (w_i, w_j)		Anchura de los picos correspondientes a los solutos i, j medida a una altura determinada.
Anchura en la base (W_i, W_j)		Anchura de los picos correspondientes a los solutos i, j medida en la base.
Coeficiente de partición (K_i)	$K_i = [i]_{FM} / [i]_{FE}$	Coeficiente de partición del soluto i entre las fases móvil (FM) y estacionaria (FE). Es una constante física del sistema para el compuesto i en unas condiciones cromatográficas dadas.
Relación de fases (β)	$\beta = V_{FE} / V_{FM}$	Cociente entre el volumen de la fase estacionaria (V_{FE}) y el de la fase móvil (V_{FM}).

La optimización de ambas técnicas cromatográficas se realiza en función de cuatro parámetros: factor de capacidad, selectividad, eficacia y resolución.

11.2.1. Factor de capacidad

El factor de capacidad, k, es una medida directa de la fuerza de interacción de un soluto i con la fase estacionaria, y se define como el cociente entre los tiempos que una molécula de soluto permanece en la fase estacionaria y en la móvil.

$$k_i = t_i' / t_m = K_i \beta$$

Cuanto mayor es k_i, mayor es la retención de un soluto. Determina la cantidad de muestra que puede introducirse en el sistema.

11.2.2. Selectividad

La selectividad (retención relativa) de la separación cromatográfica de dos componentes i, j es la relación entre sus tiempos de retención corregidos (t_i', t_j'). Es una medida de la distancia entre los picos de los solutos i, j, de modo que cuanto mayor sea la diferencia entre los tiempos de retención, mejor será la separación. Resultaría imposible separarlos si presentaran la misma selectividad.

$$\alpha_{i,j} = K_j / K_i = t_j' / t_i'$$

11.2.3. Eficacia

La eficacia de una columna representa su capacidad para producir bandas estrechas y se describe en función del número de platos teóricos.

En el modelo cromatográfico propuesto en la teoría de platos, se considera que la columna se compone idealmente de un número de secciones delgadas *(platos)*, cada una de las cuales permite que un soluto se equilibre instantáneamente entre las fases estacionaria y móvil.

La medida de este parámetro se puede llevar a cabo utilizando diferentes métodos que en general no tienen en cuenta la aparición de colas o la asimetría de los picos. Este hecho es importante, ya que no todas las señales aparecen con la forma de una distribución gaussiana normal. La fórmula empleada para medir el número de platos teóricos (N) es la misma en todos los métodos, aunque el valor de los parámetros de los que depende varía en función de cuál se emplee (Figura 11.2). Se expresa en función del tiempo de retención del soluto (t_i), y de la anchura del pico (w) medida a una altura determinada.

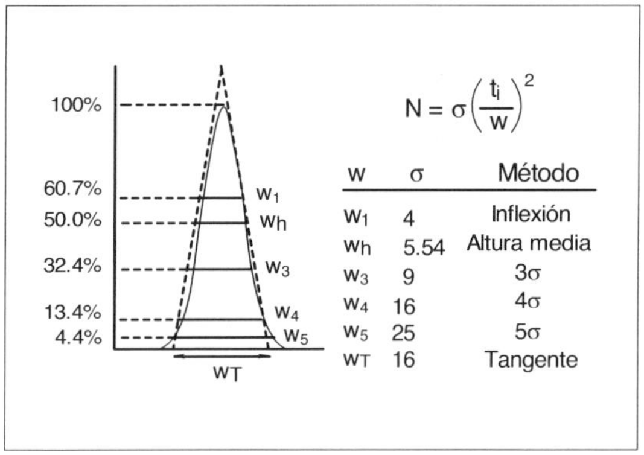

Figura 11.2. Cálculo del número de platos teóricos.

La eficacia aumenta con el número de platos teóricos (N), y este factor se incrementa a medida que disminuye la altura equivalente del plato (H), independientemente de cuál sea la longitud de la columna (L).

$$H = L / N$$

11.2.4. Resolución

La resolución es el término que se utiliza para describir el grado de separación entre los picos de solutos contiguos. Depende de la selectividad (α), eficacia (N) y factor de capacidad (k). Por tanto, para mejorar la resolución es necesario aumentar estos parámetros.

$$R = \frac{1}{4}\frac{\alpha - 1}{\alpha}\sqrt{N}\,\frac{k'}{1 + k'}$$

11.3. Cromatografía de gases

La separación en cromatografía de gases se produce como consecuencia de la interacción de los componentes de una mezcla en estado de vapor en una fase móvil gaseosa inerte, con una fase estacionaria que puede ser un sólido (cromatografía gas-sólido) o un líquido de alto punto de ebullición soportado sobre un sólido inerte (cromatografía gas-líquido). Su puesta en práctica requiere el empleo de un cromatógrafo de gases.

Una mezcla líquida o en disolución se introduce mediante una microjeringa, a través de un séptum, en el inyector. La muestra se vaporiza en el inyector, a una temperatura preseleccionada, y se introduce en un gas portador inerte que la arrastra al interior de la columna, alojada en un horno termostatizado. Los vapores eluidos pasan por un detector y la información se transforma en una señal eléctrica que llega a un integrador y a un registro gráfico, que proporciona el cromatograma.

11.3.1. Gas portador

El gas portador es un gas inerte, por lo general argón, nitrógeno o helio, que no interacciona con los solutos a separar ni con la fase estacionaria. Constituye el medio de transporte de los componentes de la mezcla a través del sistema cromatográfico.

El flujo del gas portador es un parámetro decisivo en la eficacia de la separación. La altura equivalente de un plato teórico (H) en función de la velocidad de la fase móvil (u) se describe mediante la ecuación de Van Deemter (Figura 11.3).

La eficacia mayor del sistema se obtiene a la velocidad óptima (u_{op}). A velocidades menores del gas portador se pierde eficacia y se alarga el tiempo de análisis. Desde el punto de vista práctico, se suele duplicar el valor de u_{op} con objeto de acortar el tiempo, ya que si la parte ascendente de la curva es razonablemente plana, la pérdida de eficacia al aumentar la velocidad del gas es relativamente pequeña. Por lo general, se emplean flujos de 5-40 ml/min, para columnas rellenas, y 0.5-3 ml/min para columnas capilares.

11.3.2. Columnas

Constituyen el medio donde tiene lugar la separación de los componentes de la mezcla. Deben proporcionar buena *selectividad* (capacidad de separar compuestos de igual punto de ebullición) y buena *eficacia* (bandas estrechas).

En cromatografía gas-líquido, el mecanismo de separación se basa en la distinta capacidad de los componentes de la mezcla gaseosa para disolverse

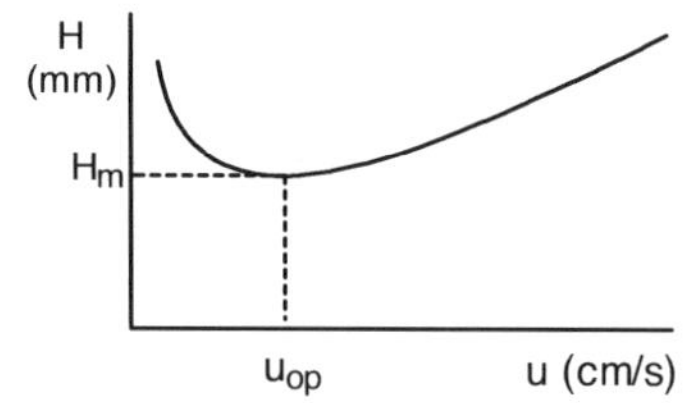

$$H = A + B / u + C u$$

A = Difusión parásita. Representa la diferencia de caminos que siguen los solutos a lo largo de la columna.

B = Difusión molecular. Representa la dispersión axial de los solutos en la fase gaseosa.

C = Resistencia a la transferencia de materia en ambas fases.

$H_m = A + 2\,(BC)^{1/2}$

$u_{op} = (B/C)^{1/2}$

Figura 11.3. Ecuación de Van Deemter.

en la fase líquida *(reparto)*. Cada compuesto disuelto en la fase estacionaria está en equilibrio con su vapor, por lo que será arrastrado por el gas portador con mayor facilidad cuanto menor sea su afinidad por la fase líquida y cuanto mayor sea su presión de vapor.

Las fases estacionarias empleadas con más frecuencia son las de tipo polisiloxano y polietilenglicol (Figura 11.4).

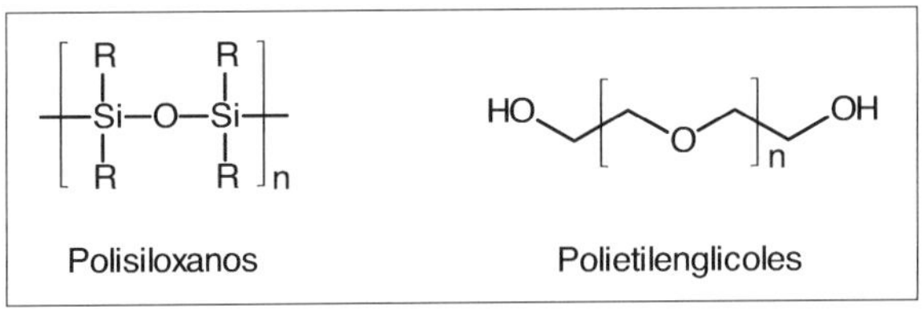

Figura 11.4. Fases estacionarias más empleadas en cromatografía gas-líquido.

Las de tipo polisiloxano presentan elevada estabilidad térmica y un amplio abanico de polaridades. Las de tipo polietilenglicol son de naturaleza polar, disminuyendo su polaridad al aumentar el peso molecular.

La polaridad y la selectividad de las fases líquidas se caracterizan por las constantes de Rohrschneider/McReynolds. La base del método reside en la comparación de las interacciones intermoleculares de una serie de compuestos patrón en la fase líquida de interés, con las interacciones en una fase no polar (escualano) que se toma como referencia (Cuadro 11.2).

Las constantes de McReynolds pueden emplearse para seleccionar una fase líquida adecuada para una aplicación particular. La muestra se considera, en primer lugar, teniendo en cuenta los grupos funcionales presentes, con objeto de seleccionar las constantes más representativas. Aquellas fases que presenten un elevado valor para dichas magnitudes serán las que ofrezcan mayor selectividad en la separación. Adicionalmente, antes de tomar una decisión final en la elección de la fase líquida es necesario considerar la relación entre la estabilidad térmica de dicha fase y la volatilidad de la muestra, siendo necesario mantenerse dentro del rango de temperaturas operativo de la columna. En el Cuadro 11.3 se recogen las propiedades cromatográficas de algunas de las fases líquidas más comunes.

CUADRO 11.2. Constantes de McReynolds.

Símbolo	Patrón	Interacciones	Compuestos característicos
X′	Benceno	Dispersión.	Olefinas, aromáticos.
Y′	Butanol	Donación y aceptación de enlaces de hidrógeno.	Alcoholes, nitrilos, ácidos.
Z′	2-Pentanona	Aceptación de enlaces de hidrógeno.	Cetonas, éteres, aldehídos, ésteres, epóxidos, dimetil-aminas.
U′	Nitropropano	Orientación dipolar.	Nitrilos y nitrocomuestos.
S′	Piridina	Aceptación de enlaces de hidrógeno muy fuertes.	Bases aromáticas.

CUADRO 11.3. Propiedades cromatográficas de algunas fases líquidas comunes.

Nombre	Tipo	Temp. (°C)		Constantes de McReynolds				
		Mín.	*Máx.*	*X′*	*Y′*	*Z′*	*U′*	*S′*
Apiezon L	Hidrocarburo	50	250	32	22	15	32	42
OV-101	Dimetilsilicona	0	350	17	57	45	67	43
OV-17	Fenilmetilsilicona	0	350	160	188	191	283	253
OV-25	Fenilmetildifenilsilicona	0	350	178	204	208	305	280
OV-275	Dicianoetilsilicona	25	250	629	872	763	1.106	849
OS-138	Polifenil éter	0	250	188	233	228	313	293
Carbowax 20M	Polietilenglicol	60	225	322	536	368	572	510

La fase estacionaria se dispone rellenando un tubo grueso de vidrio o acero (d.i. = 2-4 mm, L = 2-5 m, *columnas rellenas),* o se deposita tan sólo en las paredes de un tubo de dimensiones capilares (d.i. < 1 mm, L = 15-80 m, *columnas capilares)* dejando un orificio abierto en el centro que permite el paso del gas portador. Las columnas capilares proporcionan separaciones mucho más selectivas que las rellenas, ya que pueden emplearse longitudes mucho mayores sin que se dificulte el paso del gas portador.

A la hora de escoger una columna capilar, es necesario tener en cuenta su diámetro interno (d.i.), el espesor de la fase estacionaria (d_f), la relación de fases (β) y la longitud (L) (Cuadro 11.4).

El diámetro interno (d.i.) permite modular la eficacia de la columna y la capacidad de carga. Las columnas con diámetros internos pequeños (0.20-0.32 mm) proporcionan las mejores eficacias y se recomiendan para la separación de mezclas con gran número de componentes o de compuestos que eluyen muy próximos (p. ej., diastereómeros). Las columnas más anchas (0.53-0.75 mm) proporcionan mayores capacidades de carga y son las recomendadas para muestras con un rango de concentraciones amplio. Hay que tener en cuenta, además, que las fases no polares ofrecen mayores capacidades de carga para los solutos no polares, y las columnas polares para los solutos polares.

Un aumento en el espesor de la fase estacionaria (d_f) se traduce en una disminución de la eficacia, aumento de los tiempos de retención y de la capacidad. El límite superior de temperatura operativa de la columna disminuye. Las columnas con espesores delgados (0.10-0.25 μm) se emplean para el análisis de muestras sencillas o de componentes con puntos de ebullición elevados (> 300 °C). El análisis de compuestos volátiles se realiza mejor sobre fases algo más espesas (1-5 μm).

La relación de fases (β) expresa la proporción de volumen de la fase gaseosa con relación a la estacionaria:

$$\beta = V_G / V_L = \text{radio } (\mu m) / 2d_f \ (\mu m)$$

Las columnas con igual relación de fases proporcionan tiempos de retención y órdenes de elución análogos a igualdad del resto de condiciones experimentales, independientemente de sus valores de d.i. y d_f. Cuanto mayor sea el valor de β, mayores serán la capacidad y la retención. Se recomienda mantenerse en un rango de β en torno a 100-400, reservándose valores de β < 100 para el análisis de componentes muy volátiles o de bajo peso molecular, y β > 400 para componentes de alto peso molecular.

Cuanto mayor sea la longitud de la columna (L), mayor será el número de platos teóricos y, por tanto, mayor será su eficacia. Sin embargo, las columnas largas aumentan el tiempo de análisis y necesitan mayor presión de gas portador. Por lo general, se recomienda el uso de columnas de 30 m, reservándose las de 15 m para el análisis de mezclas sencillas, y las de 60 m para las mezclas complejas o compuestos volátiles. Hay que tener en cuenta que, en ocasiones, una columna de 30 m con mayor d_f puede proporcionar separaciones análogas a una de 60 m con menor d_f.

Por otra parte, el uso de la cromatografía gas-sólido se ha visto restringido a la separación de solu-

CUADRO 11.4. Características medias de las columnas capilares.*

d. i. (mm)	0.20			0.32			0.53		
d_f (mm)	0.10	0.20	0.80	0.10	0.50	2.0	0.10	0.50	3.0
β	500	250	60	800	160	40	1325	265	45
Capacidad (ng/comp)	10-20	30-40	200-300	50-70	200-300	700-900	50-100	500-700	4000-5000
Eficacia (platos/m)	5000			3300			1700		
Flujo (ml/min)	0.4			1.4			2.5		

* Valores aproximados para columnas de 60 m, a una velocidad de flujo de 20 cm/s.

tos de peso molecular relativamente bajo. La separación tiene lugar en base a la distinta capacidad de adsorción de los componentes de la mezcla en la fase sólida, de naturaleza polar, quedando más retenidos los componentes más polares. Los principales adsorbentes empleados son sílice, alúmina, grafito y tamiz molecular. Sílice y alúmina, de naturaleza altamente polar, son los recomendados para la separación de hidrocarburos de bajo peso molecular, hidrocarburos halogenados y compuestos aromáticos. Los solutos polares interaccionan demasiado con dichas fases estacionarias, dando lugar a tiempos de retención muy largos y picos distorsionados. El grafito, cuya superficie es más apolar, se recomienda para la separación de isómeros estructurales y estereoisómeros. Los tamices moleculares retienen sólo aquellas moléculas que puedan penetrar en sus microporos, por lo que se emplean generalmente para la separación de gases y para la separación de hidrocarburos lineales de bajo peso molecular de otros ramificados o cíclicos.

11.3.3. Inyector

El inyector consiste en una cámara termostatizada a una temperatura adecuada para garantizar la vaporización completa del soluto, comunicada con la fuente de gas portador y con la columna, y aislada del exterior mediante un séptum.

La temperatura de inyección debe ser superior al punto de ebullición del componente menos volátil de la mezcla. Con frecuencia, la temperatura necesaria para la vaporización de algunos componentes de la mezcla, en particular los de elevado peso molecular o aquellos que contienen grupos funcionales polares, resulta superior a la de su degradación térmica. En estos casos, es necesario recurrir a *técnicas de derivatización,* que consisten en reacciones químicas a pequeña escala que permiten transformar los componentes de la mezcla no aptos para el análisis por cromatografía de gases en otros volátiles y térmicamente estables. Los reactivos empleados y las condiciones de reacción son tan diversas que una cobertura exhaustiva del tema queda fuera del ámbito de este texto. Se recomienda la bibliografía recogida en el Cuadro 11.5.

La disolución de la muestra se introduce con una microjeringa a través del séptum. Con objeto de minimizar la discriminación de los componentes de la mezcla en el inyector y el ensanchamiento de la banda inicial, se recomiendan fundamentalmente dos técnicas para el manejo de la jeringa:

a) *Hot needle*. La muestra se aloja en el pistón de la jeringa, quedando la aguja vacía. Ésta se inserta en el inyector y se precalienta durante 3-5 segundos antes de oprimir el émbolo de la jeringa. La mezcla abandona la aguja por evaporación.

CUADRO 11.5. Reacciones de derivatización.

Revisiones generales	*a)* K. Blau, G. S. King (Ed.), *Handbook of Derivatives for Chromatography*, Heyden, London, 1978. *b)* D. R. Knapp, *Handbook of Analytical Derivatization Reactions*, Wiley, New York, 1979. *c)* J. Drozd, *Chemical Derivatization in Gas Chromatography*, Elsevier, Amsterdam, 1981. *d)* J. Drozd, *J. Chromatogr.* 1975, *113*, 303.
Derivados de trialquilsililo	C. F. Poole, A. Zlatkis, *Chromatogr. Sci.* 1979, *17*, 115.
Reacciones de alquilación	*a)* W. C. Kossa, J. McGee, S. Ramachandran, A. J. Webber, *J. Chromatogr. Sci.* 1979, *17*, 177. *b)* A. Hutshoff, A. D. Forch, *J. Chromatogr.* 1981, *220*, 275. *c)* J. D. Nicholson, *Analyst* 1978, *103*, 1.
Derivados sensibles a detectores de captura electrónica	*a)* A. Zlatkis, C. F. Poole (Ed.), *Electron Capture: Theory and Practice in Chromatography*, Elsevier, Amsterdam, 1982. *b)* C. F. Poole, A. Zlatkis, *Anal. Chem.* 1980, *52*, 1002A. *c)* C. F. Poole, *Chem. Ind.* (London) 1976, 479.
Ciclación de compuestos bifuncionales	C. F. Poole, A. Zlatkis, *J. Chromatogr.* 1980, *184*, 99.

b) *Solvent flush* o *air flush*. Se toma disolvente o aire en el interior de la jeringa, seguido por la muestra, dejando la aguja vacía. Ésta se inserta en el inyector y se oprime el émbolo. El disolvente o el aire empujan la muestra fuera de la jeringa.

En el caso de columnas rellenas se utilizan volúmenes de inyección de 1-5 µl. En el caso de columnas capilares la capacidad de carga se ve muy reducida, y se emplean volúmenes de muestra de 0.1-2.0 µl. La introducción de grandes volúmenes o de mezclas muy concentradas puede provocar la sobrecarga de la columna, efecto que se traduce en una disminución de su eficacia y la producción de picos distorsionados, y que se hace mayor en muestras con un amplio rango de concentraciones y/o volatilidades. Con objeto de minimizar dichos problemas, se emplean las siguientes técnicas de inyección en columnas capilares:

a) *Split*. La muestra (0.1-2.0 µl) se introduce rápidamente en el inyector, donde se vaporiza y se mezcla con el gas portador. El flujo de salida se divide *(split)* en dos fracciones, de las cuales la menor penetra en la columna y la mayor sale al exterior, siendo habitual emplear relaciones de *split* del orden de 1:100 o 1:200. Es el método más conveniente para la mayoría de aplicaciones, en especial desde el punto de vista del análisis cualitativo, ya que permite la inyección de muestras disueltas en prácticamente cualquier disolvente y a cualquier temperatura de la columna, con muy pocos problemas de distorsión por el disolvente o ensanchamiento de los picos. Sin embargo, debido a que sólo una pequeña parte de la muestra penetra en la columna, esta técnica no resulta adecuada para el análisis de muestras muy diluidas, siendo recomendable mantenerse en el rango de 0.1-20 µg/µl. Por otra parte, en el *split* se puede producir la discriminación de los componentes menos volátiles de la mezcla, lo que se traduce en una pérdida de fiabilidad en el análisis cuantitativo. Este problema se hace tanto mayor cuanto mayor sea el rango de puntos de ebullición de la muestra.

b) *Splitless*. La muestra (0.5-10 µl) se introduce lentamente (1 µl/s, en un máximo de 20 s) en el inyector. Toda la muestra inyectada pasa a la columna, sin división de flujo. Esta técnica resulta adecuada para muestras diluidas, para el análisis de los componentes que eluyen próximos al pico del disolvente y para compuestos térmicamente lábiles, ya que se emplean temperaturas de inyección inferiores a las de la técnica de *split* (200-250 °C para disolventes de punto de ebullición inferior a 100 °C). Además, al evitar los problemas de discriminación, produce muy buenos resultados en análisis cuantitativo.

Esta técnica hace uso del *efecto del disolvente* para el estrechamiento de la banda inicial y requiere el empleo de un disolvente con un punto de ebullición al menos 25 °C inferior que el componente más volátil de la muestra, y del orden de 20-30 °C superior que la temperatura inicial de la columna. De este modo, el disolvente llega en primer lugar a la columna y condensa en ella, aumentando el espesor de la fase estacionaria (V_{FE}), y por tanto, aumentando la relación de fases (β) y el factor de capacidad (k). Así pues, el frente de la banda, al encontrarse con un espesor de película aumentado, y puesto que k debe permanecer constante, disminuye su velocidad de migración (aumento de t_i'). El final de la banda, que no se encuentra con este espesor de película mayor, se moverá más deprisa que el frente, provocando un efecto global de estrechamiento de la banda.

Una vez que la muestra se ha inyectado y ha recondensado en la cabeza de la columna, es necesario abrir la válvula de *split* para eliminar los restos de muestra que hayan podido quedar en el inyector, antes de dar comienzo al análisis.

c) *Cold on-column*. La muestra (1-2 µl) se deposita rápida y directamente en la columna, sin vaporización previa. De este modo se elimina la discriminación y la descomposición térmica, y se obtienen excelentes resultados cuantitativos, siendo la técnica más adecuada para el análisis de componentes térmicamente lábiles y con amplio rango de volatilidades. Se requieren jeringas especiales provistas de agujas muy finas (calibre 26-32), excepcionalmente frágiles. La temperatura de la columna debe ser igual o inferior (5-10 °C) a la del punto de ebullición del disolvente. Tras la inyección, la temperatura de la columna debe elevarse rápidamente hasta alcanzar aquella a la que vaya a iniciarse el análisis.

11.3.4. Temperatura

La temperatura afecta a la presión de vapor de los solutos y a los coeficientes de actividad de las disoluciones de los solutos en la fase estacionaria líquida. En eluciones isotermas, cuanto mayor es la temperatura, peor es la separación de los componentes de bajo tiempo de retención, al tiempo que se produce un estrechamiento y una disminución del tiempo de retención de los solutos que eluyen al final (Figura 11.5). Desde el punto de vista operativo, suele emplearse una programación de temperatura. En el caso más sencillo, se utiliza un período inicial isotermo, un segmento de aumento lineal de la temperatura, y un período isotermo final (Figura 11.5).

11.3.5. Detector

El detector mide una propiedad del gas portador que se altera en presencia de un soluto. En función de la naturaleza de la detección, se puede considerar universal si responde a la presencia de cualquier compuesto, o selectivo, si responde sólo ante características estructurales particulares. En el proceso de medida, la muestra puede resultar destruida o permanecer inalterada.

La sensibilidad y especificidad de la detección varían en función del tipo de propiedad física que se determina. Entre los detectores empleados con mayor frecuencia se encuentran los térmicos, los de ionización y los eléctricos.

a) *Detector de conductividad térmica (TDC).* Es universal y no destructivo. Responde a las diferencias entre la conductividad del gas portador puro, que es nula, y aquel que con-

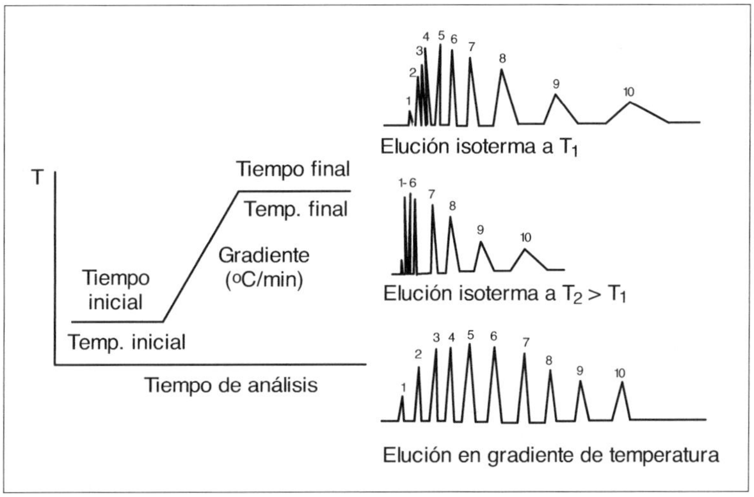

Figura 11.5. Programación de temperatura.

tiene vapores orgánicos. Su sensibilidad es moderada.

b) *Detectores de ionización.* Son prácticamente universales y altamente sensibles. Responden a la intensidad de la corriente eléctrica que se produce al ionizar el gas eluido. Se distinguen varios tipos en función del modo de generar la corriente de iones:

1. Ionización de llama (FID). Es el más empleado. El gas eluido de la columna se mezcla con hidrógeno y se quema en presencia de aire, provocando la combustión de los compuestos orgánicos presentes, lo cual da lugar a iones que generan una corriente eléctrica. La respuesta es proporcional al número de átomos de carbono reducidos.
2. Captura electrónica (ECD). El gas eluyente atraviesa una cámara de ionización donde es bombardeado por una fuente de electrones beta, lo cual da lugar a un plasma formado por iones positivos, radicales y electrones térmicos. Estos últimos son capturados aplicando una diferencia de potencial a la célula de ionización, lo que genera una corriente de base. En presencia de un soluto, los electrones térmicos son capturados por éste, dando lugar a un ión molecular negativo o iones de fragmentación. El efecto global consiste en una disminución en la corriente eléctrica de base en presencia de un soluto. La respuesta es muy elevada para hidrocarburos halogenados, compuestros aromáticos nitrados y compuestos conjugados con varios grupos electroaceptores. Sin embargo, es insensible a hidrocarburos, alcoholes, aldehídos, cetonas y aminas.
3. Fotoionización (PID). Una lámpara de descarga que contiene una mezcla de gases a baja presión se excita por un arco eléctrico, dando lugar a la emisión de fotones que son capturados por el gas eluido. No es destructivo, y resulta prácticamente universal, si bien la sensibilidad varía con la estructura molecular.

c) *Detector de conductividad eléctrica.* Se lleva a cabo una pirólisis oxidativa o reductora de los gases eluidos, lo cual da lugar a la descomposición de solutos en fragmentos de bajo peso molecular (CH_4, CO_2, NH_3, etc.). A la salida del horno de pirólisis, los fragmentos gaseosos se unen con un disolvente, y la mezcla pasa a una célula de conductividad eléctrica. Es destructivo y altamente sensible.

El cromatógrafo de gases puede utilizarse en combinación con un espectrómetro de masas. Con ello se logra disponer, adicionalmente a la información cualitativa y cuantitativa contenida en el cromatograma, de un espectro de masas de cada uno de los picos. La corriente gaseosa que se eluye de la columna se transfiere a la cámara de ionización del espectrómetro de masas, donde es ionizada. Por lo general, se emplean espectrómetros de masas de baja resolución (R = 500-2000) provistos de fuentes iónicas de ionización química o de impacto electrónico, y de analizadores cuadrupolares. Estos últimos permiten llevar a cabo barridos muy rápidos, de tal modo que se puede disponer de un nuevo espectro de masas cada 1-3 seg, lo que resulta adecuado para el análisis de picos que eluyen muy próximos en columnas capilares. El espectrómetro de masas puede operar en modo absoluto, detectando todos los picos, o en modo selectivo, detectando sólo aquellos picos que contienen un ión predeterminado en su espectro de masas.

11.3.6. Procedimiento experimental

El cromatógrafo de gases se debe preparar con antelación a su uso, siguiendo el procedimiento que a continuación se indica:

1. Instalar dentro del horno la columna que se va a utilizar. Ajustarla con ayuda de una llave fija, sin forzar las tuercas de sujeción.
2. Abrir la llave de paso del gas portador y regular el flujo.

3. En caso necesario, abrir la llave de paso de hidrógeno y aire para el detector.
4. Poner en marcha el cromatógrafo.
5. Graduar la temperatura de la cámara de inyección.
6. Graduar la temperatura inicial del horno. En caso de utilizar una programación de temperatura, introducir los parámetros de temperatura inicial, final y gradiente de cada una de las rampas en la memoria del controlador de temperatura.
7. Poner en marcha el detector.
8. Poner en marcha el registro gráfico.
9. Inyectar la muestra.

11.4. HPLC

HPLC (High Performance Liquid Chromatography) es una de las técnicas cromatográficas más utilizadas tanto con fines analíticos como preparativos. Su uso está muy extendido debido a las ventajas que presenta frente a otras técnicas, entre las que destaca su aplicación al análisis y a la separación de mezclas de cualquier clase de compuestos, independientemente de su polaridad, estabilidad térmica o volatilidad.

La puesta en práctica de la cromatografía HPLC requiere el empleo de un cromatógrafo de líquidos en el que la fase móvil (disolvente) es líquida, y se bombea a través de la columna a alta presión (1000-6000 psi) y velocidad de flujo constante. La columna contiene la fase estacionaria.

La muestra a analizar se inyecta disuelta en la columna y sus componentes se van separando a medida que el disolvente eluye la muestra, en función de sus afinidades relativas por la fase estacionaria y la fase móvil. Según el tipo de fase estacionaria, los principios más comunes que rigen la separación son los mismos que para la cromatografía de adsorción, partición o intercambio iónico, anteriormente descritos (Capítulo 10).

Una vez finalizada la elución, cada componente de la muestra pasa por un detector que convierte la información en una señal eléctrica y la envía a un integrador y a un registro gráfico, obteniéndose el correspondiente cromatograma.

11.4.1. Fase móvil

El disolvente (fase móvil) se almacena en un depósito conectado a la bomba y debe cumplir los siguientes requisitos:

a) Ser de calidad HPLC (Cuadro 3.5).
b) Disolver la muestra a analizar.
c) No degradar la fase estacionaria.
d) Ser miscible con otros disolventes si se pretende utilizar mezclas.
e) Tener baja viscosidad para reducir las caídas de presión.
f) Ser compatible con el detector utilizado (transparencia óptica cuando se usan detectores UV).

Para evitar cualquier posible obturación de la columna debido a la presencia de partículas en suspensión, los disolventes pasan por un filtro antes de llegar a la bomba. Del mismo modo, hay que evitar el paso por la columna de burbujas de aire o de gases disueltos, que podrían dar lugar a señales falsas y desviaciones de la línea base. Por esta razón, se incluye un dispositivo que permite la salida de las burbujas de aire y gas antes de llegar a la bomba, impidiendo que éstas se difundan en la corriente del disolvente. Es necesario realizar una operación de purga siempre que se ponga en marcha el cromatógrafo o cuando se reemplace el depósito de disolvente.

11.4.2. Columnas

Las columnas generalmente se construyen en acero inoxidable para resistir la elevada presión, con un diámetro interno que oscila entre 0.3-0.5 cm. Éste determina la capacidad de carga, la dilución de los picos y la velocidad de flujo, que aumentan con él. La longitud generalmente varía entre 3-30 cm, y cuando ésta aumenta, mejora la eficacia aunque se incrementa el tiempo de análisis.

La fase estacionaria está constituida por un sólido (cromatografía sólido-líquido) o un líquido soportado en un sólido inerte (cromatografía líquido-líquido). La diferencia fundamental entre la cromatografía clásica y HPLC consiste en el empaquetado de la fase estacionaria. La columna de HPLC generalmente se empaqueta con micropartículas porosas esféricas (5-10 μm). El tamaño de la partícula determina el número de platos teóricos por unidad de longitud, por lo que la mayor eficacia se consigue cuanto menor sea el tamaño de partícula. Debido a la utilización de partículas tan finas, la columna puede obstruirse con facilidad, por lo que se recomienda filtrar las muestras antes de introducirlas en la columna. Adicionalmente se emplean columnas desechables pequeñas que se colocan antes de la columna de separación (precolumnas).

A la hora de seleccionar la columna se deben tener presentes dos objetivos: obtener la mejor resolución de los componentes de la muestra en el menor tiempo posible, y asegurar alta precisión y exactitud.

La puesta a punto de fases estacionarias quirales permite la posibilidad de analizar y separar una amplia variedad de enantiómeros. Uno de los usos más frecuentes de estas columnas es la determinación de la pureza óptica (exceso enantiomérico).

11.4.3. Bomba

Las bombas se pueden clasificar según el mecanismo de bombeo que utilizan, el material en que están construidas y la velocidad de flujo que proporcionan.

En función del mecanismo de bombeo se pueden encontrar bombas de pistón de retroceso y de tipo jeringa. Las primeras son las más utilizadas. Se componen de un pequeño motor que mueve linealmente un pistón con una cámara hidráulica de 40-400 ml. Cuando el pistón retrocede, la válvula de salida hacia la columna se cierra, la de entrada se abre, y se extrae disolvente del depósito. Durante el movimiento del pistón hacia delante, la válvula de entrada se cierra y el pistón empuja el disolvente presurizándolo hasta que a una presión determinada la válvula de salida se abre para que el disolvente se dirija hacia la columna. La velocidad de flujo puede modificarse alterando el volumen que el pistón bombea en cada ciclo o modificando la velocidad de bombeo. Generalmente se utilizan bombas de doble o triple cabezal, formadas por unidades idénticas que operan con un desfase de 180º o 120º respectivamente, para igualar el flujo de disolvente entre cada golpe de pistón.

Las bombas de tipo jeringa se utilizan para columnas de pequeño diámetro. Su volumen oscila entre 10-50 ml. El émbolo está conectado a un motor de modo que cada movimiento de bombeo proporciona un volumen pequeño de disolvente que no fluye mientras se está produciendo el relleno de la cámara.

Las bombas más utilizadas son las de acero inoxidable, restringiéndose el uso de las no metálicas al empleo de fases móviles ligeramente ácidas o básicas, y para muestras biológicas que pudieran degradarse en presencia de metales.

En función de la velocidad de flujo, existen bombas de micro-calibre (1-250 μl/min), calibre estándar (100 μl/min-10 ml/min), o preparativo (>10 ml/min).

Existen dos formas de llevar a cabo el bombeo del disolvente:

— Isocrático: es aquel sistema en el que sólo se puede bombear una fase móvil de composición constante (disolvente o mezcla de disolventes).
— En gradiente de elución: es un sistema automatizado que permite cambiar la composición de la fase móvil, tanto a alta como a baja presión, mezclando dos o más disolventes en proporciones variables.

Para optimizar la separación, se deben considerar las siguientes recomendaciones:

— Realizar varias cromatografías en condiciones isocráticas a diferentes polaridades.
— Estimar la composición inicial y final de la mezcla de disolventes para llevar a cabo una elución en gradiente.
— Ajustar el tiempo, la forma del gradiente y la velocidad de flujo.

11.4.4. Inyector

La muestra debe introducirse disuelta en el mismo disolvente o mezcla que se va a utilizar como eluyente. Debido a la elevada presión, la muestra no puede ser introducida de manera directa con una jeringa y se requiere la utilización de un sistema de inyección con una válvula de giro que no interrumpe el flujo del disolvente *(loop)*. Antes de introducir la muestra, la válvula se coloca en posición de carga, y una vez que ésta se ha inyectado, la válvula se gira a la posición de inyección para permitir que la fase móvil la introduzca en la columna.

En función del volumen de muestra a introducir, se puede variar el tamaño de la válvula de inyección (5 µl-5 ml). La mejor resolución se obtiene con poca cantidad de muestra y bajo volumen de inyección.

Con fines preparativos, resulta práctico emplear inyectores de tipo *robot* que introducen automáticamente la muestra depositada en viales.

11.4.5. Detector

El detector es el componente del cromatógrafo que emite una respuesta, cuando se produce la elución de cada componente de la mezcla, y la convierte en un pico del cromatograma. Se coloca inmediatamente después de la columna. Pueden ser de varios tipos:

a) Detectores basados en una propiedad de la fase móvil, como los de índice de refracción, que actúan de modo diferencial comparando el índice de refracción de cada componente de la mezcla con el índice de refracción del disolvente puro. Pueden detectar hasta 10^{-6} g de soluto.

b) Detectores basados en una propiedad de la sustancia a analizar, como los detectores de fluorescencia o los de UV. Estos últimos son los más utilizados. Generalmente operan a 254 nm, aunque algunos poseen un selector de longitud de onda variable. Con este tipo de detectores no deben utilizarse disolventes que absorban a la longitud de onda del detector. El detector UV es el más sensible y puede detectar hasta 10^{-10} g de soluto.

11.5. Aplicaciones de GC y HPLC

Ambas técnicas cromatográficas pueden utilizarse con fines cualitativos y cuantitativos.

11.5.1. Análisis cualitativo

Cada compuesto tiene un tiempo de retención característico utilizando unas condiciones y parámetros determinados. Este hecho permite su identificación por comparación con un patrón de refe-

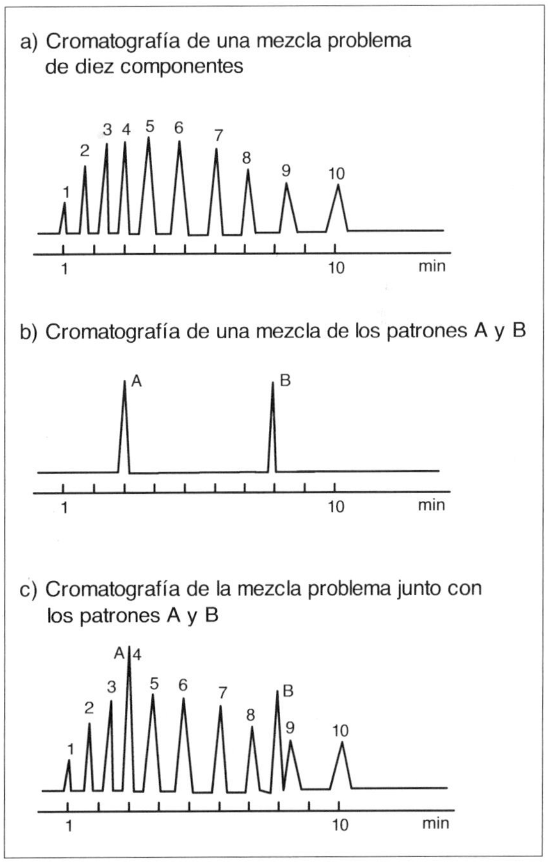

Figura 11.6.

rencia. Para ello, se recomienda el procedimiento que a continuación se indica:

1. Llevar a cabo un análisis cromatográfico de la mezcla a estudiar y optimizar los parámetros hasta obtener una buena resolución de los componentes de interés.
2. Determinar los tiempos de retención de los patrones que vayan a utilizarse en las mismas condiciones cromatográficas.
3. Preparar una disolución de la mezcla problema junto con los patrones de referencia.
4. Llevar a cabo la cromatografía (GC o HPLC) de dicha disolución en las condiciones previamente optimizadas.

Un aumento en el área relativa de uno de los picos permite la identificación de uno de los componentes de la mezcla con el patrón correspondiente a dicho tiempo de retención, mientras que la aparición de un nuevo pico en el cromatograma será señal de que la mezcla original no contiene dicho patrón (Figura 11.6).

Igual que la cromatografía analítica en capa fina (Apartado 10.3.4.E), las cromatografías GC y HPLC pueden utilizarse con los siguientes fines:

a) Monitorización de una reacción.
b) Identificación de un compuesto.
c) Determinación de los componentes de una mezcla.
d) Comprobación de la pureza de un compuesto.
e) Análisis de las fracciones recogidas en una cromatografía en columna.

11.5.2. Análisis cuantitativo

La determinación cuantitativa se basa en la comparación de las áreas de integración de los distintos picos del cromatograma. Es necesario tener en cuenta que las áreas son proporcionales a la cantidad de compuesto en la mezcla y a la respuesta del detector.

El análisis más sencillo, con una precisión del orden del 10%, consiste en la determinación del porcentaje de cada componente en la mezcla. Así pues, para una mezcla de tres componentes A, B, y C se tendrá que:

$$\%(A) = \text{área A} / (\text{área A} + \text{área B} + \text{área C})$$
$$\%(B) = \text{área B} / (\text{área A} + \text{área B} + \text{área C})$$
$$\%(C) = \text{área C} / (\text{área A} + \text{área B} + \text{área C})$$

La determinación precisa de los porcentajes en peso de los componentes de una mezcla requiere considerar los factores de corrección que compensan las distintas respuestas de los sistemas de detección para cada uno de ellos, lo cual puede llevarse a cabo mediante el procedimiento del *patrón interno,* según se detalla a continuación para una mezcla de tres compuestos A, B y C. Dicho método requiere elegir un patrón cuyo tiempo de retención sea similar al de los compuestos de interés, y que aparezca bien resuelto en el cromatograma.

1. Preparar una mezcla de composición conocida de los compuestos A, B y C, y del patrón interno P.
2. Llevar a cabo su cromatografía y determinar las áreas de cada pico.
3. Calcular la relación de áreas (A) y de pesos (W) de cada componente respecto del patrón en el cromatograma:

$$A_A = \text{área A} / \text{área P};\ A_B = \text{área B} / \text{área P};\ A_C = \text{área C} / \text{área P}$$

$$W_A = \text{peso A} / \text{peso P};\ W_B = \text{peso B} / \text{peso P};\ W_C = \text{peso C} / \text{peso P}$$

4. Calcular los factores de corrección (F):

$$F_A = W_A / A_A;\ F_B = W_B / A_B;\ F_C = W_C / A_C$$

5. Llevar a cabo la cromatografía de la mezcla de proporciones desconocidas de los componentes A, B, C, junto con una cantidad indeterminada de patrón interno P que proporcione un área similar a la de los componentes de la mezcla.

6. Determinar las áreas de cada pico en el nuevo cromatograma y calcular la nueva relación de áreas (A'):

$$A'_A = \text{área A / área P; } A'_B = \text{área B / área P; } A'_C = \text{área C / área P}$$

7. Determinar la relación de pesos en la mezcla de composición desconocida (W') con ayuda de los factores de corrección previamente calculados:

$$W'_A = A'_A \cdot F_A;\ W'_B = A'_B \cdot F_B;\ W'_C = A'_C \cdot F_C$$

8. El porcentaje en peso (%) de cada componente en la mezcla de composición desconocida se calcula como:

$$\%_A = W'_A / \Sigma W'_i\ ;\ \%_B = W'_B / \Sigma W'_i\ \%_C = W'_C / \Sigma W'_i$$

$$\Sigma W'_i = W'_A + W'_B + W'_C$$

Bibliografía

Grob, R. L. y Barry, E. F.: *Modern Practice of Gas Chromatography,* Wiley-Interscience, 4.ª edición, 2004.

Karasek, F. W. y Clement, R. E.: *Basic Gas Chromatography-Mass Spectrometry. Principles and Techniques,* Elsevier, Amsterdam, 1988.

McMaster, M. C.: *HPLC: A Practical User's Guide,* Wiley, New York, 2.ª edición, 2006.

Pole, C. F. y Schuette, S. A.: *Contemporary Practice of Chromatography,* Elsevier, Amsterdam, 1984.

Weston, A. y Brown, P. R.: *HPLC and CE: Principles and Practice,* Academic Press, San Diego, 1997.

12

PREPARACIÓN DE MUESTRAS PARA ANÁLISIS

12.1. Introducción

Una vez que el producto de reacción se ha purificado, es necesario proceder a su identificación utilizando técnicas analíticas y espectroscópicas. En este Capítulo se recoge la manera de preparar las muestras a analizar y los aspectos prácticos de las técnicas más habituales empleadas en Química Orgánica.

12.2. Espectrofotometría infrarroja

El registro de espectros infrarrojos de compuestos orgánicos se puede llevar a cabo a partir de sólidos, líquidos o disoluciones. La muestra a analizar se coloca en una célula, diferente en función de su naturaleza física, y se introduce en el espectrofotómetro.

12.2.1. Muestras líquidas y en disolución

Se requiere el empleo de células de un material transparente a la radiación infrarroja en la región que abarca desde 4.000 hasta 650 cm^{-1}. En el Cuadro 12.1 se recogen algunos de los materiales empleados con mayor frecuencia. De todos ellos, el más utilizado es el cloruro sódico.

Los espectros infrarrojos de productos líquidos se realizan generalmente en estado puro a partir de una fina película de muestra, aunque también pueden registrarse en disolución.

Si el espectro se va a registrar en disolución, hay que tener en cuenta las bandas adicionales que el disolvente aporta al espectro, ya que pueden ocultar bandas significativas de la muestra. Por tanto, hay que utilizar un disolvente que no posea grupos funcionales que interfieran con los de la muestra. Se recogen en el Cuadro 12.2 las zonas oscuras de los disolventes empleados con más frecuencia. Entre todos ellos, se recomienda utilizar tetracloruro de carbono, cuyas bandas no solapan con las de la mayoría de los grupos funcionales. Cuando la muestra no es soluble en este disolvente, se recomienda emplear cloroformo.

Las señales del disolvente se pueden ocultar utilizando un doble haz con células de compensación. En el haz de la muestra se coloca la célula que contiene la disolución, y en el haz de referencia se coloca una segunda célula sólo con el disolvente. De esta forma, se registra el espectro diferencial de ambos. En el espectro solamente se observarán bandas en las zonas oscuras del disolvente si la muestra presenta grupos funcionales que muestren absorciones intensas a dichas frecuencias. De lo contrario, la compensación es

CUADRO 12.1. Tipos de material para la construcción de células IR.

Material	Límite de transmisión (cm^{-1})	Índice de refracción a 4000 cm^{-1}	Solubilidad en agua a 20 °C (g/100 ml)
NaCl	650	1.5	36
KCl	500	1.5	35
KBr	400	1.5	53
CsI	150	1.7	80
AgCl	400	2.0	Insoluble
Irtran-2	800	2.3	Insoluble

tal que en el espectro sólo se observará la línea base.

CUADRO 12.2. Zonas oscuras de los disolventes.

Disolvente	Zona impracticable (cm^{-1})
CS_2	2200-2100 y 1600-1400
CCl_4	850-700
$CHCl_3$	1250-1175 y 820-650
CH_2Cl_2	1300-1200 y 820-650
CH_3CN	2300-2200 y 1600-1300
Et_2O	3000-2700 y 1200-1050
Hexano	3000-2800 y 1500-1400
DMSO	1100-900
Tolueno	3100-2800 y 750-650

Para muestras líquidas o en disolución, generalmente se emplean los siguientes modelos de células:

A) Discos de cloruro sódico o potásico

Consisten en dos discos de aproximadamente 5 mm de espesor, cortados a partir del cristal de la sal, y con las superficies perfectamente pulidas. Como consecuencia de su solubilidad en agua, deben limpiarse con acetona o cloruro de metileno secos y secarse con un paño. Las células son sensibles a la humedad atmosférica y deben guardarse en un desecador utilizando cloruro cálcico como agente desecante, y silicagel indicadora para controlar la presencia de humedad. Los discos deben sujetarse siempre por el borde y manejarse con precaución debido a su fragilidad.

La muestra se deposita entre ambos discos en forma de una película fina, y el conjunto se monta sobre un soporte metálico (Figura 12.1). Este método suele emplearse para el análisis cualitativo de rutina, tanto de compuestos líquidos, como de disoluciones.

Para realizar un espectro infrarrojo utilizando discos de cloruro sódico, seguir el procedimiento que a continuación se detalla:

1. Sacar los discos del desecador justo en el momento de su empleo, teniendo la precaución de sujetarlos por los bordes.
2. Apoyar uno de los discos sobre una superficie horizontal seca. En el caso de líquidos, depositar con ayuda de una pipeta Pasteur 1-2 gotas de muestra en el centro del disco. En el caso de disoluciones, disolver previamente la muestra (10 mg, aproximadamente) en la mínima cantidad (2-3 gotas) del disolvente escogido (Cuadro 12.2) y depositar la disolución en el disco.
3. Colocar encima el segundo de los discos, y presionar ligeramente para evacuar las burbujas de aire y formar una fina película con la muestra.
4. Introducir los discos en el soporte, que generalmente se cubre con una tapa atornillada. No apretar en exceso los tornillos. Una presión excesiva podría provocar la ruptura de los discos.
5. Colocar el soporte en su emplazamiento en el haz del espectrofotómetro.
6. Registrar el espectro.
7. Retirar el soporte del espectrofotómetro y sacar los discos.
8. Separar los discos y limpiarlos por ambas caras con acetona o cloruro de metileno secos. Secarlos e introducirlos de nuevo en el desecador.

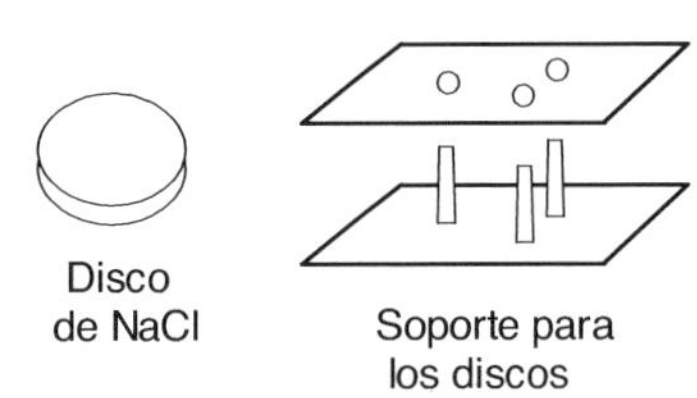

Figura 12.1. Disco de cloruro sódico y soporte para espectroscopía infrarroja.

B) Células selladas

Consisten en cubetas selladas de espesor fijo, que se llenan y se vacían con una pipeta Pasteur a través de dos orificios que se cierran con tapones de teflón (Figura 12.2). Se emplean para el registro de espectros de rutina en disolución y para análisis cuantitativo. Generalmente se utilizan disoluciones al 10% en peso.

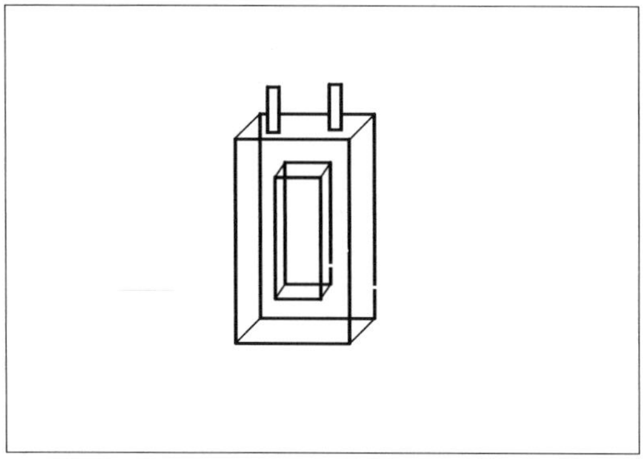

Figura 12.2. Célula sellada para la realización de espectros infrarrojos en disolución.

Para registrar el espectro infrarrojo, seguir las siguientes indicaciones:

1. Sacar la célula del desecador justo en el momento de su empleo.
2. Con ambos orificios abiertos, llenar la célula introduciendo la disolución por uno de ellos y excluyendo las burbujas de aire. Cerrar los dos orificios con tapones de teflón.
3. Colocar la célula en su emplazamiento en el haz del espectrofotómetro.
4. Registrar el espectro.
5. Retirar la célula de su emplazamiento. Quitar los tapones y vaciarla con ayuda de una pipeta Pasteur.
6. Lavar la célula repetidas veces con acetona y volver a introducirla en el desecador.

12.2.2. Muestras sólidas

El registro de muestras sólidas generalmente se lleva a cabo en forma de suspensión en aceite o preparando una pastilla con un material inorgánico transparente en la región de interés (Cuadro 12.1). El espectro también puede realizarse en disolución (Apartado 12.2.1).

A) Suspensión en aceite

Una pequeña cantidad de muestra (10-20 mg, aproximadamente) se muele en un mortero (preferentemente de porcelana o de ágata) hasta obtener un polvo muy fino, y se añaden 2-3 gotas de aceite de parafina (Cuadro 12.3). La molienda se continúa hasta la obtención de una pasta espesa que se deposita sobre un disco del material adecuado, siguiendo el procedimiento descrito anteriormente para el registro de muestras líquidas o en disolución.

CUADRO 12.3. Aceites de parafina empleados para el registro de muestras sólidas.

Material	Zona opaca (cm^{-1})
Nujol	2900, 1470, 1370, 720
Fluorolube	1650, 1400-650

Esta técnica presenta el problema de mostrar baja transmisión y deriva de la línea base en las zonas de alta frecuencia del espectro. Si esto ocurre, se recomienda moler la muestra adicionalmente.

B) Pastilla

Una pequeña cantidad de muestra (5 mg, aproximadamente) se muele en un mortero (preferentemente de porcelana o de ágata) con exceso (100 mg, aproximadamente) del material en el que se vaya a realizar la pastilla (Cuadro 12.1), por lo general se emplea bromuro potásico. Una vez que se ha obtenido un polvo muy fino, se prensa a vacío para formar un disco transparente. Ésta es la técnica empleada con mayor frecuencia para el registro de espectros infrarrojos de sólidos insolubles en los disolventes habituales. Presenta el inconveniente de que, en algunos casos, durante el proceso de prensado, la muestra puede reaccionar con el agua adsorbida en el material que constituye la pastilla, además de mostrar deriva de la línea base en las zonas de alta frecuencia del espectro. Este último efecto puede corregirse empleando una matriz sólida diferente para la fabricación de la pastilla, teniendo en cuenta que la dispersión será tanto menor cuanto más parecidos sean los índices de refracción de la muestra y de la matriz.

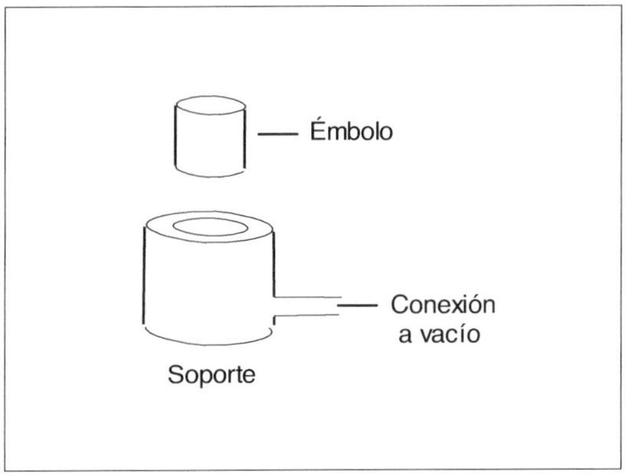

Figura 12.3. Prensa para preparar pastillas.

Para realizar una pastilla de bromuro potásico, se debe seguir el procedimiento que se indica a continuación:

1. En un mortero de ágata, depositar la muestra.
2. Añadir bromuro potásico anhidro.
3. Moler la mezcla hasta obtener un polvo lo más fino posible.
4. En el soporte de acero inoxidable, colocar una capa de la mezcla de aproximadamente 2 mm de espesor y distribuirla uniformemente.
5. Colocar el émbolo en su emplazamiento.
6. Introducir el conjunto en la prensa, y conectarlo a vacío en una bomba rotatoria.
7. Hacer presión (10-15 psi) durante 10 min.
8. Suprimir la presión.
9. Desconectar el sistema de la toma de vacío.
10. Retirar el émbolo del soporte.
11. Invertir cuidadosamente el soporte sobre una superficie horizontal protegida con un papel de filtro. La pastilla caerá sobre el papel y no deberá romperse.
12. Con ayuda de unas pinzas, colocar la pastilla en su emplazamiento en el soporte del espectrofotómetro y registrar el espectro.

La tabulación de los datos de los espectros IR se realiza indicando únicamente la frecuencia de las bandas más características de los grupos funcionales presentes en la molécula, seguida por su asignación. A modo de ejemplo, 2260 (CN), 1715 (CO) cm^{-1}.

12.3. Espectrofotometría ultravioleta y visible

El registro de un espectro ultravioleta requiere la preparación de disoluciones de concentración conocida, con el fin de poder calcular el coeficiente de extinción molar (ε). De acuerdo a la ley de Lambert-Beer:

$$\varepsilon = \frac{A}{cl} \times 100$$

donde,

A = absorbancia observada
c = concentración molar (moles/litro)
l = longitud que atraviesa la radiación en centímetros (generalmente 1 cm).

La muestra debe pesarse en una balanza de precisión (semi-micro), y la disolución debe prepararse en un matraz aforado, en cantidad suficiente para llenar la cubeta. Es estrictamente necesario emplear disolventes de *spectroscopic* o *HPLC grade* (Apartado 3.6) y tener en cuenta las bandas de absorción de los mismos, que no deben interferir con las de la muestra. En el Cuadro 12.4 se recoge el límite de absorbancia para algunos disolventes típicos.

CUADRO 12.4. Límite de absorbancia para algunos disolventes comunes en células de 10 mm.

Disolvente	λ (nm)
Acetonitrilo	190
Pentano	190
Hexano	195
Etanol (95%)	204
Agua	205
Ciclohexano	205
2- Propanol	205
Metanol	205
Éter	215
1,4-Dioxano	215
Diclorometano	232
Cloroformo	245
Tetracloruro de carbono	265
Tolueno	285
Piridina	305
Acetona	330
Nitrometano	380
Sulfuro de carbono	380

Para un mismo compuesto, la posición de las bandas de absorción depende del disolvente utilizado. Los datos se expresan indicando la longitud de onda de la absorción máxima, el disolvente y el coeficiente de extinción molar. A modo de ejemplo, $\lambda_{máx.}$ (EtOH) = 234 nm (ε = 20.000).

Las células empleadas se denominan *cubetas*. Para espectrofotometría visible, generalmente son de Pyrex, transparentes por encima de 300 nm. Para la zona ultravioleta se requieren células de cuarzo. Las cubetas son de forma rectangular, con dos superficies transparentes y dos esmeriladas, colocadas en caras opuestas, y van provistas de un tapón de teflón (Figura 12.4).

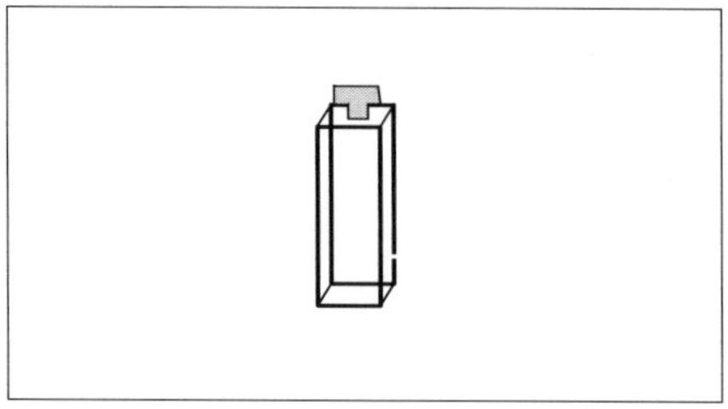

Figura 12.4. Cubeta para la realización de espectos ultravioleta.

El procedimiento para la realización de un espectro ultravioleta se indica a continuación:

1. Encender el espectrofotómetro y dejarlo estabilizar durante al menos 10 min antes de llevar a cabo las medidas.
2. Enjuagar dos células con el disolvente que se vaya a emplear en la medida y secarlas en una estufa. No introducir en la estufa el tapón de teflón. Manejar siempre las cubetas sujetándolas por las caras esmeriladas, sin tocar las transparentes con los dedos.
3. Preparar una disolución de la muestra en el disolvente adecuado, empleando una balanza de precisión y un matraz aforado. Preparar al menos una cantidad de disolución suficiente para llenar completamente la célula que se vaya a emplear. Para muestras desconocidas, se recomienda una concentración inicial de unos 0.5 mg/10 ml.
4. Sacar las células de la estufa y dejarlas enfriar en un desecador.
5. Llenar una de las células con el disolvente, empleando una pipeta Pasteur. Se recomienda introducir la punta de la pipeta hasta el fondo de la cubeta, comenzar a depositar la disolución, e ir sacando progresivamente la pipeta a medida que la cubeta se va llenando. De este modo se evita la formación de burbujas.
6. Limpiar la parte exterior de las superficies transparentes de la célula con un paño humedecido con el disolvente.

7. Abrir el compartimento de células del espectrofotómetro y colocar la célula con disolvente en el haz de referencia.
8. Llenar la segunda célula con la disolución de la muestra, siguiendo las indicaciones dadas en los puntos 5 y 6.
9. Colocar la segunda célula en el haz de muestras del espectrofotómetro.
10. Cerrar el compartimento de células del espectrofotómetro.
11. Registrar el espectro.
12. Abrir el compartimento del espectrofotómetro y retirar las células.
13. En caso necesario, recuperar la disolución.
14. Vaciar ambas células, y lavar la que contuvo la disolución de la muestra repetidas veces con el mismo disolvente. Enjuagar finalmente ambas células con acetona, secarlas en una estufa, y guardarlas.

12.4. Resonancia magnética nuclear

Los núcleos más comúnmente analizados para compuestos orgánicos son ^{1}H y ^{13}C aunque, con menor frecuencia, también se realizan espectros de ^{15}N, ^{19}F, ^{31}P, y otros núcleos.

Los espectrómetros de pulso requieren el canal de deuterio para el ajuste de la respuesta de la señal y el control de la homogeneidad del campo. Por tanto, el registro de los espectros de RMN habitualmente se lleva a cabo empleando disolventes deuterados para disolver la muestra.

12.4.1. Disolventes deuterados

Se recomienda el empleo de disolventes de elevada pureza y grado de deuteración, con objeto de minimizar el número y la intensidad de las señales residuales. No obstante, la práctica totalidad de los disolventes empleados en RMN contienen agua, y además son higroscópicos (incluyendo D_2O), por lo que muchos de ellos se almacenan bajo atmósfera inerte. En los espectros de ^{1}H-RMN aparecen siempre las señales correspondientes a los protones del disolvente sin deuterar, así como las de agua. En los espectros de ^{13}C-RMN, aparecen las señales de todos los átomos de carbono del disolvente, desdobladas por su acoplamiento con deuterio (spin = 1).

A la hora de escoger un disolvente para RMN, es necesario tomar una serie de consideraciones:

a) La solubilidad de la muestra en el disolvente.
b) El solapamiento de las señales de disolvente sin deuterar con las de la muestra.
c) El punto de fusión del disolvente, para registrar espectros a baja temperatura, y su punto de ebullición, para temperatura superior a la ambiente.
d) La viscosidad del disolvente. Para espectros de ^{1}H-RMN, en los que se requiere una elevada resolución, es conveniente emplear disolventes deuterados de baja viscosidad (acetona, acetonitrilo, cloroformo, diclorometano, metanol).
e) Los disolventes aromáticos pueden provocar cambios significativos en los desplazamientos químicos de un compuesto, comparados con los que se observan en los disolventes no aromáticos. Este efecto puede constituir una ventaja, ya que en algunos casos permite la observación de señales muy próximas que quedan solapadas al utilizar otros disolventes.
f) Algunos disolventes deuterados, como el metanol y el agua, pueden intercambiar deuterio con los hidrógenos lábiles de la muestra, impidiendo su observación.
g) En los espectros de ^{1}H-RMN en D_2O, las señales de HOD y H_2O pueden ocultar una zona importante del espectro (5.0-4.0 ppm). En estos casos, puede emplearse una secuencia de pulsos que permita la supresión de las señales de agua, basada en la diferencia de tiempos de relajación entre la muestra y el agua.

En los Cuadros 12.5 y 12.6 se recogen los datos espectroscópicos de ^{1}H-RMN y ^{13}C-RMN de los disolventes más empleados en síntesis

CUADRO 12.5. Desplazamientos químicos (ppm) de ^{1}H-RMN de algunos disolventes de uso habitual.

Disolvente	Señal	Mult(J, Hz)	$CDCl_3$	$(CD_3)_2CO$	$(CD_3)_2SO$	C_6D_6	CD_3CN	CD_3OD	D_2O
Señal residual			7.26	2.05	2.50	7.16	1.94	3.31	4.79
H_2O		s	1.56	2.84	3.33	0.40	2.13	4.87	
HDO		t (1)		2.81	3.30				
Acetato de etilo	CH_3CO	s	2.05	1.97	1.99	1.65	1.97	2.01	2.07
	CH_2	c (7)	4.12	4.05	4.03	3.89	4.06	4.09	4.14
	CH_3	t (7)	1.26	1.20	1.17	0.92	1.20	1.24	1.24
Acetona	CH_3	s	2.17	2.09	2.09	1.55	2.08	2.15	2.22
Acetonitrilo	CH_3	s	2.10	2.05	2.07	1.55	1.96	2.03	2.06
Benceno	CH	s	7.36	7.36	7.37	7.15	7.37	7.33	
Ciclohexano	CH_2	s	1.43	1.43	1.40	1.40	1.44	1.45	
Cloroformo	CH	s	7.26	8.02	8.32	6.15	7.58	7.90	
Diclorometano	CH_2	s	5.30	5.63	5.76	4.27	5.44	5.49	
DMF	CH	s	8.02	7.96	7.95	7.63	7.92	7.97	7.92
	CH_3	s	2.96	2.94	2.89	2.36	2.89	2.99	3.01
	CH_3	s	2.88	2.78	2.73	1.86	2.77	2.86	2.85
DMSO	CH_3	s	2.62	2.52	2.54	1.68	2.50	2.65	2.71
1,4-Dioxano	CH_2	s	3.71	3.59	3.57	3.35	3.60	3.66	3.75
Etanol	CH_3	t (7)	1.25	1.12	1.06	0.96	1.12	1.19	1.17
	CH_2	c (7)	3.72	3.57	3.44	3.34	3.54	3.60	3.65
	OH	s	1.32	3.39	4.63		2.47		
Éter dietílico	CH_3	t (7)	1.21	1.11	1.09	1.11	1.12	1.18	1.17
	CH_2	c (7)	3.48	3.41	3.38	3.26	3.42	3.49	3.56
Grasa	CH_3	m	0.86	0.87		0.92	0.86	0.88	
	CH_2	s ancho	1.26	1.29		1.36	1.27	1.29	
Hexano	CH_3	t (7)	0.88	0.88	0.86	0.89	0.89	0.90	
	CH_2	m	1.26	1.28	1.25	1.24	1.28	1.29	
HMPA	CH_3	d (9.5)	2.65	2.59	2.53	2.40	2.57	2.64	2.61
Isopropanol	CH_3	d (6)	1.22	1.10	1.04	0.95	1.09	1.50	1.17
	CH	sep (6)	4.04	3.90	3.78	3.67	3.87	3.92	4.02
Metanol	CH_3	s	3.49	3.31	3.16	3.07	3.28	3.34	3.34
	OH	s	1.09	3.12	4.01		2.16		
Pentano	CH_3	t (7)	0.88	0.88	0.86	0.87	0.89	0.90	
	CH_2	m	1.27	1.27	1.27	1.23	1.29	1.29	
Piridina	CH(2)	m	8.62	8.58	8.58	8.53	8.57	8.53	8.52
	CH(3)	m	7.29	7.35	7.39	6.66	7.33	7.44	7.45
	CH(4)	m	7.68	7.76	7.79	6.98	7.73	7.85	7.87
Silicona	CH_3	s	0.07	0.13		0.29	0.08	0.10	
THF	CH_2	m	1.85	1.79	1.76	1.40	1.80	1.87	1.88
	CH_2O	m	3.76	3.63	3.60	3.57	3.64	3.71	3.74
Tolueno	CH_3	s	2.36	2.32	2.30	2.11	2.33	2.32	
	$CH^{o,p}$	m	7.17	7.1 - 7.2	7.18	7.02	7.1-7.3	7.16	
	CH^{m}	m	7.25	7.1 - 7.2	7.25	7.13	7.1-7.3	7.16	
Trietilamina	CH_3	t (7)	1.03	0.96	0.93	0.96	0.96	1.05	0.99
	CH_2	c (7)	2.53	2.45	2.43	2.40	2.45	2.58	2.57

CUADRO 12.6. Desplazamientos químicos (ppm) de ^{13}C-RMN de algunos disolventes de uso habitual.

Disolvente	Señal	$CDCl_3$	$(CD_3)_2CO$	$(CD_3)_2SO$	C_6D_6	CD_3CN	CD_3OD	D_2O
Señal disolvente		77.2	29.8	39.5	128.1	1.3	49.0	
Acetato de etilo	CH_3CO	21.0	20.8	20.7	20.6	21.2	20.9	21.1
	CO	171.4	170.9	170.3	170.4	171.7	172.9	175.3
	CH_2	60.5	60.6	59.7	60.2	60.9	61.5	62.3
	CH_3	14.2	14.5	14.4	14.2	14.5	14.5	13.9
Acetona	CO	207.1	205.9	206.3	204.4	207.4	209.7	215.9
	CH_3	30.9	30.6	30.6	30.1	30.9	30.7	30.9
Acetonitrilo	CN	116.4	117.6	117.9	116.0	118.3	118.1	119.7
	CH_3	1.9	1.1	1.0	0.2	1.8	0.8	1.5
Benceno	CH	128.4	129.1	128.3	128.6	129.3	129.3	
Ciclohexano	CH_2	26.9	27.5	26.3	27.2	27.6	27.9	
Cloroformo	CH	77.4	79.2	79.2	77.8	79.2	79.4	
Diclorometano	CH_2	53.5	54.9	54.8	53.5	55.3	54.8	
DMF	CH	162.6	162.8	162.3	162.1	163.3	164.7	165.5
	CH_3	36.5	36.1	35.7	35.2	36.6	36.9	37.5
	CH_3	31.4	31.0	30.7	30.7	31.3	31.6	32.0
DMSO	CH_3	40.8	41.2	40.4	40.0	41.3	40.4	39.4
1,4-Dioxano	CH_2	67.1	67.6	66.4	67.2	67.7	68.1	67.2
Etanol	CH_3	18.4	18.9	18.5	18.7	18.8	18.4	17.5
	CH_2	58.3	57.7	56.1	57.9	57.9	58.3	58.0
Éter dietílico	CH_3	15.2	15.8	15.1	15.5	15.6	15.5	14.8
	CH_2	65.9	66.1	62.0	65.9	66.3	66.9	66.4
Grasa	CH_2	29.8	30.7	29.2	30.2	30.9	31.3	
Hexano	CH_2(3)	31.6	32.3	30.9	31.9	32.4	32.7	
	CH_2(2)	22.7	23.3	22.0	23.0	23.4	23.7	
	CH_3	14.1	14.3	13.9	14.3	14.4	14.4	
HMPA	CH_3	36.9	37.0	36.4	36.9	37.1	37.0	36.5
Isopropanol	CH	64.5	63.8	64.9	64.2	64.3	64.7	64.9
	CH_3	25.1	25.7	25.4	25.2	25.5	25.3	24.4
Metanol	CH_3	50.4	49.8	48.6	49.9	49.9	49.9	49.5
Pentano	CH_2(3)	34.2	34.8	33.5	34.4	34.9	35.3	
	CH_2(2)	22.4	22.9	21.7	22.7	23.1	23.4	
	CH_3	14.1	14.3	13.3	14.2	14.4	14.4	
Piridina	CH(4)	135.9	136.6	136.0	135.3	136.9	138.3	138.3
	CH(3)	123.7	124.6	123.8	123.6	127.8	125.5	125.1
	CH(2)	149.9	150.7	149.6	150.3	150.8	150.1	149.2
Silicona	CH_3	1.0	1.4		1.4		2.1	
THF	CH_2O	67.9	68.1	67.0	67.8	68.3	68.8	68.7
	CH_2	25.6	26.1	25.1	25.7	26.3	26.5	25.7
Tolueno	C^i	137.9	138.5	137.3	137.9	138.9	138.8	
	CH^o	129.1	129.8	128.9	129.3	129.9	129.9	
	CH^m	128.3	129.0	128.2	128.6	129.2	129.2	
	CH^p	125.3	126.1	125.3	125.7	126.3	126.3	
	CH_3	21.5	21.5	21.0	21.1	21.5	21.5	
Trietilamina	CH_2	46.2	47.1	45.7	46.8	47.1	46.9	47.2
	CH_3	11.6	12.5	11.7	12.3	12.4	11.1	9.1

orgánica en diferentes disolventes deuterados, así como las señales residuales de agua, silicona y grasa (mezcla de hidrocarburos alifáticos lineales).

12.4.2. Preparación de la muestra

Las disoluciones para trabajo de rutina no requieren una concentración conocida, por lo que no es necesario el empleo de una balanza de precisión ni un matraz aforado, y pueden prepararse en un vial. Las trazas de materiales paramagnéticos afectan seriamente a la resolución, por lo que se desaconseja el empleo de espátulas de metal para el manejo de muestras sólidas. Todas las disoluciones deben filtrarse con un algodón antes de introducirlas en el tubo de RMN.

Aunque cantidades de 1-2 mg en 0.5 ml pueden ser aceptables para realizar espectros de ^{1}H-RMN, se recomienda del orden de 5-20 mg para el registro de espectros de ^{1}H-RMN y 50 mg para ^{13}C-RMN de rutina. Una cantidad excesiva de muestra afecta a la resolución, que sólo puede optimizarse en disoluciones diluidas. Este problema resulta menor en ^{13}C-RMN, donde se puede prescindir de una resolución elevada en beneficio de una mejor relación señal/ruido.

Las muestras a analizar deben estar exentas de trazas de disolventes ya que en caso contrario éstos aparecerán en el espectro (Cuadro 12.5). Por ello, se recomienda conectar el producto, sólido o líquido, a la bomba de vacío antes de proceder a preparar la muestra.

Las muestras disueltas se introducen en tubos especiales para RMN, fabricados de vidrio y provistos de un tapón de plástico (Figura 12.5). Deben mantenerse escrupulosamente limpios, para lo cual se recomienda vaciarlos inmediatamente después de su uso y enjuagarlos seguidamente con el disolvente que se haya empleado, seguido de acetona. No se recomienda lavarlos utilizando escobillas, ya que pueden rayarlos. El secado debe realizarse pasando una corriente de gas inerte que se introduce mediante una aguja que llegue hasta el fondo del tubo. También puede secarse conectándolo a la línea de vacío. No se recomienda secarlos en una estufa, ya que puede entrar polvo y además el calor puede provocar deformaciones en su simetría, que se traducirían en la aparición de bandas de rotación en el espectro.

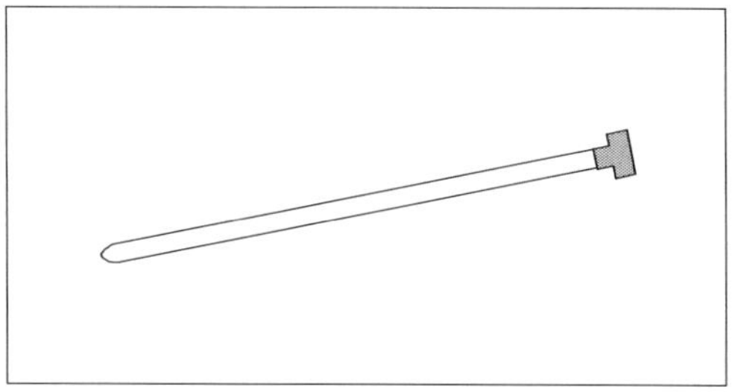

Figura 12.5. Tubo para resonancia magnética nuclear.

Los tubos empleados en los modelos actuales de espectrómetro tienen 5 mm de diámetro y 18-20 cm de longitud. Deben llenarse unos 5 cm (aproximadamente 0.7 ml de disolución). Cada modelo de sonda requiere un volumen óptimo en el tubo de RMN, dato que debe conocerse antes de preparar la muestra.

En los espectros de ^{1}H-RMN, se recomienda hacer la referencia en la señal residual del disolvente sin deuterar (Cuadro 12.5). Cuando esto no es posible, es práctica común emplear tetrametilsilano (TMS) como referencia interna (δ = 0.0 ppm). El tetrametilsilano debe añadirse al recipiente de disolvente deuterado, y no directamente al tubo que contiene la muestra, en proporción de 0.1% (0.1 ml de TMS por 100 ml de disolvente). En espectros de ^{1}H-RMN de compuestos con agrupamientos CH_3-Si, no debe emplearse TMS. Los espectros de ^{13}C-RMN se referencian con la señal del disolvente (Cuadro 12.6).

Para la preparación de una muestra de rutina, se recomienda el siguiente procedimiento:

1. Escoger un tubo de RMN sin deformidades, limpio y seco.
2. Introducir en un vial limpio y seco la cantidad de muestra necesaria para la reali-

zación del espectro, evitando el uso de espátulas metálicas para el manejo de compuestos sólidos.
3. Añadir en el vial el disolvente deuterado (0.7 ml, aproximadamente) y disolver la muestra.
4. Introducir en el vial una pequeña cantidad de algodón limpio y seco.
5. Filtrar la disolución con una pipeta Pasteur presionando contra el algodón. Succionar la disolución sin retirar la punta de la pipeta del algodón.
6. Transferir la disolución filtrada al tubo de RMN.
7. Tapar el tubo de RMN con un tapón limpio y seco.
8. Limpiar la superficie externa del tubo con un paño humedecido con acetona, y no sujetar el tubo por su mitad inferior.

El registro de espectros de diferencia requiere unas consideraciones particulares a la hora de preparar las muestras, ya que la intensidad y la estabilidad de la señal de deuterio del disolvente *(lock)* es de crucial importancia para minimizar los artefactos que pueden surgir al realizar la sustracción del espectro de referencia respecto del irradiado. En estos casos se recomienda el empleo de disolventes con elevado porcentaje molar de deuterio, como acetona o benceno, frente a aquellos cuya señal de deuterio es mucho más débil, como cloroformo o cloruro de metileno.

Adicionalmente, las medidas de tiempos de relajación y los experimentos NOE requieren la total exclusión del oxígeno disuelto en el disolvente, debido a que éste es paramagnético. En estos casos es necesario desgasificar la disolución en el tubo de RMN, siguiendo el procedimiento que a continuación se indica:

1. Preparar una disolución diluida (5-10 mg de muestra en 0.7 ml de disolvente) siguiendo las indicaciones anteriormente expuestas para la preparación de muestras de rutina.
2. Cerrar el tubo de RMN con un séptum de tamaño adecuado.
3. Conectar el tubo a una línea de Schlenk.
4. Congelar la disolución con nitrógeno líquido en un vaso Dewar, y poner el sistema a vacío.
5. Sacar el tubo del vaso Dewar, y dejar descongelar la disolución bajo argón. Se puede contribuir a la descongelación con una pistola de aire caliente.
6. Repetir los ciclos de congelación y descongelación 4-5 veces.
7. Desconectar el tubo de la línea de Schlenk.

Alternativamente, se puede conectar el tubo directamente a la goma de unión con la línea, sin mediación de un séptum, y sellarlo a la llama una vez desgasificado.

12.4.3. Tabulación de los datos

En la tabulación de los datos es necesario indicar el núcleo analizado, su frecuencia en el espectrómetro utilizado y el disolvente.

En el caso de espectros de ^{1}H-RMN, se indica el desplazamiento químico (en ppm y con dos cifras decimales) de cada hidrógeno o grupo de hidrógenos y, entre paréntesis, por este orden, se indica:

1. Multiplicidad.
2. Número de hidrógenos que corresponden a la señal obtenido del valor relativo de su integral.
3. Constantes de acoplamiento (en hertzios y con una precisión de $\pm$ 0.5).
4. Asignación, siempre que sea posible establecerla.

A modo de ejemplo, δ 3.56 (d, 1H, J = 7.0 Hz, asignación) ppm.

El dato del desplazamiento químico corresponde al centro de la señal, siempre y cuando ésta tenga un acoplamiento definido. En caso contrario, cuando se trata de multipletes, se indica el intervalo de desplazamiento químico al que aparecen: δ 2.23-1.65 (m, 3H, asignación) ppm.

Los espectros de ^{13}C-RMN de rutina se realizan con desacoplamiento de banda ancha de las señales de ^{1}H. Sin embargo, para la correcta asignación de las señales suele ser necesario llevar a cabo espectros DEPT, que permiten diferenciar las señales correspondientes a CH, CH_2, CH_3. En cualquier caso, la tabulación de los espectros de ^{13}C-RMN solamente requiere indicar el desplazamiento químico de cada carbono (en ppm y con una cifra decimal) y su asignación. A modo de ejemplo, δ 80.7 (CH) ppm.

Solamente es necesario indicar la multiplicidad cuando existe acoplamiento de la señal de ^{13}C con otros núcleos distintos de ^{1}H, como por ejemplo ^{19}F. A modo de ejemplo, δ 125.4 (d, ^{1}J = 245 Hz, asignación) ppm.

12.5. Espectrometría de masas

Los espectros de masas de rutina suelen registrarse a partir de muestras líquidas o sólidas sin disolver, siguiendo el procedimiento de inyección directa en la fuente de ionización del espectrómetro. Es suficiente con disponer de cantidades del orden de 1-2 mg de muestra. Alternativamente, se puede llevar a cabo el análisis de disoluciones mediante GC-MS o HPLC-MS.

En el caso de espectros de impacto electrónico o ionización química es necesario que, a la presión de trabajo (aproximadamente 10^{-6} Torr), la muestra presente una presión de vapor elevada a temperatura inferior a la de su degradación térmica. En caso contrario, la muestra puede transformarse en un derivado más volátil y estable *(derivatización)* o emplear otras técnicas de ionización.

12.6. Rotación óptica

La rotación óptica de un compuesto ópticamente activo se mide empleando un *polarímetro,* que registra la desviación del plano de la luz polarizada que provoca una disolución de la muestra sobre la radiación incidente. Se expresa en grados y su valor varía dependiendo de los siguientes parámetros: longitud de onda de la radiación utilizada, disolvente, concentración de la muestra y temperatura. Por lo general, se emplea como fuente de emisión una lámpara de sodio cuya radiación se filtra seleccionando una longitud de onda de 589 nm (línea D).

Para llevar a cabo la medida, se prepara una disolución de concentración conocida. La muestra se pesa en una balanza de precisión (semi-micro), y la disolución se prepara en un matraz aforado. Es estrictamente necesario emplear disolventes marcados como *spectroscopic* o *HPLC grade*.

Las cubetas que se utilizan son de cuarzo, cilíndricas, con una longitud de 10 cm y volúmenes de 1 ml, 5 ml o 10 ml. Están provistas de dos orificios para su llenado, emplazados en los extremos superiores, que se cierran con tapones de teflón (Figura 12.6). Adicionalmente, las cubetas llevan una camisa por la que puede circular agua que provenga de un recirculador con un baño termostatizado, en caso de que se requiera hacer la medida a temperatura distinta de la ambiente.

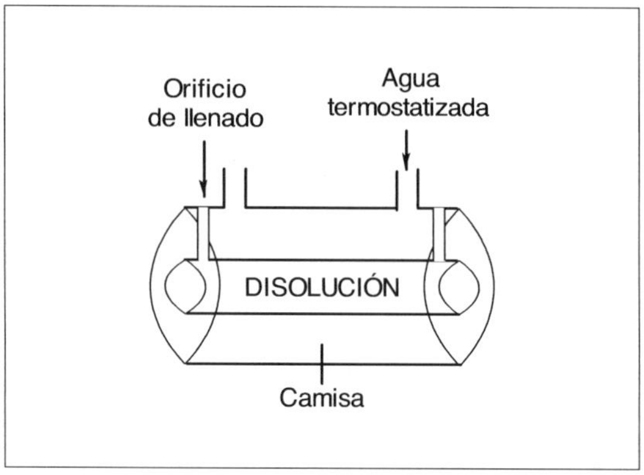

Figura 12.6. Célula de medida para el polarímetro.

Para realizar medidas en el polarímetro, se debe llevar a cabo el siguiente procedimiento:

1. Encender la lámpara del polarímetro y seleccionar la longitud de onda adecuada. Dejar estabilizar durante al menos 10 min antes de llevar a cabo las medidas.
2. En caso de necesitar medir a una temperatura distinta de la ambiente, conectar la

célula a un recirculador de agua y termostatizar el baño a la temperatura deseada.

3. Enjuagar la célula con el disolvente que se va a emplear en la medida y secarla en una estufa sin introducir los tapones de teflón.
4. Preparar una disolución, de concentración conocida, de la muestra en el disolvente adecuado, empleando una balanza de precisión y un matraz aforado. Preparar la cantidad suficiente de disolución para llenar completamente la célula que se vaya a emplear en las medidas.
5. Sacar la célula de la estufa, y dejarla enfriar en un desecador.
6. Llenar la célula con el disolvente. Para ello, retirar los tapones de teflón, y dejando los orificios en la parte superior, inclinarla 30-45º. Con ayuda de una pipeta Pasteur, ir introduciendo el disolvente por el orificio que queda más bajo, a la vez que se disminuye el ángulo de inclinación de la célula, hasta llenarla completamente. De este modo se evita la formación de burbujas.
7. Acabar el llenado de la célula en posición horizontal y cerrar los orificios con los tapones de teflón.
8. Con un paño, limpiar el exterior de las superficies verticales de la célula (aquella en la que incidirá la luz de la lámpara y la que emitirá la luz transmitida).
9. Comprobar que no quedan burbujas de aire en el interior de la célula.
10. Colocar la célula en su emplazamiento en el polarímetro y cerrar dicho compartimento, aislándolo de la luz externa.
11. Abrir la rendija de paso de la luz incidente, y presionar el botón de cero del equipo.
12. Cerrar la rendija de paso de la luz incidente y retirar la célula.
13. Vaciar la célula y secarla completamente conectándola a vacío o haciendo pasar una corriente de aire caliente o gas inerte.
14. Repetir los pasos descritos en los puntos 6-10 con la disolución de la muestra.
15. Abrir la rendija de paso de la luz incidente, y registrar su ángulo de desviación y el signo. Para ello, dejar estabilizar el equipo, anotar varias medidas (5-10) y hacer la media.
16. Cerrar la rendija de paso de la luz incidente, y retirar la célula.
17. Vaciar la célula y lavarla abundantemente con el disolvente empleado. Secarla conectándola a vacío o haciendo pasar una corriente de aire caliente o gas inerte.
18. Apagar el equipo.

El cálculo de la rotación óptica específica de un compuesto se lleva a cabo utilizando la siguiente ecuación:

$$[\alpha]_{\lambda}^{T} = \frac{\alpha}{1c}$$

donde,

$[\alpha]_{\lambda}^{T}$ = rotación específica a la temperatura T y longitud de onda λ.

α = rotación observada.

l = longitud de la célula (dm). Generalmente se emplean células de 1 dm.

c = concentración de la disolución (g/100 ml).

El resultado de la medida se indica con una sola cifra decimal y con su signo, expresando la longitud de onda empleada como subíndice, la temperatura como superíndice, y entre paréntesis, la concentración de la muestra (en gramos/100 ml) y el disolvente empleado en la medida. A modo de ejemplo, $[\alpha]_D^{20} = +9.3$ (c = 2.0, $CHCl_3$).

Es importante, a la hora de comparar los resultados obtenidos experimentalmente con los datos bibliográficos, que ambas determinaciones se lleven a cabo en el mismo disolvente y a la misma concentración, con objeto de tener en cuenta fenómenos de asociación intermolecular y asociación con el disolvente, que provocan desviaciones de la ley de Lambert-Beer.

12.6. Análisis de difracción de Rayos X

La aplicación fundamental del análisis de difracción de Rayos-X en compuestos orgánicos es la determinación de la estructura y de la configuración en sólidos cristalinos.

Se requiere la preparación de monocristales de la muestra, los cuales deben ser de tamaño medio y no deben formar maclas. Cuando no se consigan cristales adecuados mediante la técnica de cristalización habitual, se recomienda seguir el procedimiento de cristalización por difusión (Apartado 9.1.4).

Bibliografía

Leonard, J.; Lygo, B. y Procter, G.: *Advanced Practical Organic Chemistry,* CRC, 2.ª edición, 1994.

Constantin, E. y Schnell, A.: *Mass Spectrometry,* Ellis Horwood, New York, 1990.

Derome, A. E.: *Modern NMR Techniques for Chemistry Research,* Pergamon Press, Oxford, 1987.

Garner, C. M.: *Techniques and Experiments for Advanced Organic Laboratory,* Wiley, New York, 1997.

Gottlieb, H. R.; Kotlyar, V. y Nudelman, A.: *J. Org. Chem.* 1997, 62, 7512.

Silverstein, R. M. y Webster, F. X.: *Spectrometric Identification of Organic Compounds,* Wiley, New York, 7.ª edición, 2005.

13

EL CUADERNO DE LABORATORIO

13.1. Introducción

El cuaderno de laboratorio es el documento que recoge la información sobre cómo se ha llevado a cabo un experimento. Es la herramienta clave a la hora de analizar y transmitir los resultados de un trabajo en el laboratorio, tanto de una clase práctica como de un trabajo de investigación. El contenido del cuaderno debe permitir reproducir con éxito el procedimiento descrito, evaluar las condiciones que podrían modificarse para optimizar la reacción, o ayudar a encontrar las razones por las que la reacción no ha funcionado.

Los esfuerzos invertidos en desarrollar buenos hábitos a la hora de escribir el cuaderno se ven recompensados a la hora de preparar un examen, escribir un informe sobre el trabajo realizado, redactar la tesis doctoral, o publicar los resultados en una revista especializada. Si la información recogida en el cuaderno está bien organizada, se facilita mucho cualquier trabajo posterior que requiera utilizar esa información. Escribir el cuaderno de laboratorio debe convertirse en una rutina que no tiene que llevar mucho tiempo ni requerir un esfuerzo especial. Cuando esto se consigue, podemos decir que hemos dado un paso más en el proceso del aprendizaje científico.

13.2. Recomendaciones generales

Las directrices incluidas en este libro son de carácter general ya que cada profesor de prácticas, cada grupo de investigación o cada institución pueden tener sus propias reglas o costumbres a la hora de introducir la información en el cuaderno de laboratorio.

Los detalles experimentales se pueden olvidar rápidamente. Por esta razón, el cuaderno de laboratorio se debe escribir sobre la mesa del laboratorio a la vez que se llevan a cabo los experimentos. No es una buena práctica tomar notas sueltas sobre el experimento en un papel y escribir posteriormente los detalles en el cuaderno.

El procedimiento experimental debe escribirse utilizando formas impersonales o el infinitivo del verbo. Así por ejemplo es más correcto decir "Se disuelve el producto X en metanol" o "Disolver el producto X en metanol" en lugar de "Disolví el producto X en metanol".

El texto debe ser legible, tanto por el autor del cuaderno como por terceras personas, y la herramienta óptima para escribir el cuaderno es el bolígrafo ya que la tinta es permanente y no se disuelve en agua. Los bolígrafos de color negro son los más apropiados ya que con el tiempo la tinta negra pierde menos intensidad que la azul. El lápiz no debe utilizarse nunca, ya que el hecho de que puede borrarse para alterar la información haría que el cuaderno no tuviera validez si se produjera una disputa legal.

En el caso de detectarse un error no se deben usar líquidos correctores. En su lugar, se recomienda tachar la información incorrecta con una línea y escribir a continuación el dato correcto. De esta forma la información supuestamente incorrecta podrá seguir leyéndose en el futuro.

Es conveniente reservar la primera página del cuaderno para incluir los datos de identificación del propietario: nombre, dirección, teléfono, correo electrónico, y el nombre del curso si es un laboratorio de prácticas o del proyecto si es un cuaderno de investigación. Los cuadernos de un laboratorio de investigación deben quedarse siempre en el laboratorio en lugar de llevárselos a casa para completar la descripción de los experimentos.

En un laboratorio de investigación se utilizan cuadernos de tamaño folio y se recomienda numerar el cuaderno y las páginas interiores. Esta práctica ayuda a referenciar los datos analíticos y espectroscópicos derivados de cada reacción y facilita la organización de la información. La numeración de las páginas resulta muy útil cuando se repite el mismo procedimiento experimental ya que permite citar un procedimiento anterior especificando los cambios realizados y los resultados obtenidos sin tener que describir el procedimiento de nuevo. Cada experimento debe comenzar en una página nueva y ocupar preferiblemente una página.

Es conveniente dejar la última página del cuaderno para escribir una tabla de abreviaturas, sobre todo en el caso de que éstas no sean muy comunes. Otra práctica habitual en los laboratorios de investigación es dejar unas páginas libres al comienzo o al final del cuaderno para realizar un índice de los experimentos realizados. Dado que las páginas deben estar numeradas, tener un índice ayuda a encontrar la información rápidamente.

A continuación abordaremos los contenidos de un cuaderno de técnicas experimentales y de un cuaderno de síntesis orgánica.

13.3. Contenido del cuaderno de técnicas experimentales

En las prácticas que se refieren a técnicas experimentales se aprenden distintas técnicas que en un futuro se utilizarán de manera rutinaria en un experimento de síntesis: extracción, filtración, destilación, cristalización, cromatografía, etc.

El cuaderno de técnicas experimentales debe contener de manera ordenada los detalles que a continuación se indican:

1. Fecha de realización del experimento.
2. Título descriptivo que refleje el objetivo del experimento.
3. Objetivos del experimento.
4. Fundamento teórico del experimento.
5. Dibujo del equipo que se va a utilizar.
6. Productos que se utilizan, cantidades necesarias y cálculos iniciales.
7. Descripción clara y completa del procedimiento experimental incluyendo todo lo que se hace, las condiciones experimentales en las que se realiza el experimento anotando todas las observaciones que consideremos relevantes, las dificultades que se han encontrado y las soluciones que se han tomado.
8. Resultados obtenidos, anotando de manera ordenada todos los datos experimentales recogidos y los cálculos necesarios hasta determinar el resultado final de la práctica. Si el resultado no coincide con lo que se esperaba, hay que encontrar una explicación que permita interpretar correctamente los resultados obtenidos. Todas las cantidades deben escribirse con las cifras significativas correctas e indicando las unidades.
9. Referencias bibliográficas utilizadas. Si la referencia es un libro, debe incluir: autor o editor, título del libro, editorial, lugar de edición, año de publicación y números de las páginas.
10. Listado de las preguntas que se plantean en la práctica acompañadas de las correspondientes respuestas.

13.4. Contenido del cuaderno de síntesis orgánica

El cuaderno de prácticas de síntesis orgánica o el de un laboratorio de investigación en síntesis orgánica debe contener de manera ordenada los detalles que a continuación se indican (Figura 13.1):

1. Fecha de realización del experimento.
2. Título que refleje el nombre y el objetivo de la reacción. Tener un título es especialmente útil si se quiere realizar un índice una vez que el cuaderno se ha terminado.
3. Esquema de reacción indicando las estructuras de los productos de partida, los reactivos utilizados, y el producto o productos obtenidos. En las ocasiones en que se aislan y caracterizan varios productos, es conveniente incluir todas las estructuras en el esquema de reacción y añadir el rendimiento de cada producto obtenido. Este dato nos ayudará a realizar comparaciones entre condiciones de reacción si queremos optimizar la formación de uno de los productos obtenidos.
4. Tabla con los reactivos, disolventes y productos. Es muy cómodo incluir los nom-

FECHA: 19-Enero-2011.
TÍTULO: Síntesis del ácido acetilsalicílico.
OBJETIVO: Acetilar el grupo fenol del ácido salicílico con anhídrido acético en medio ácido.

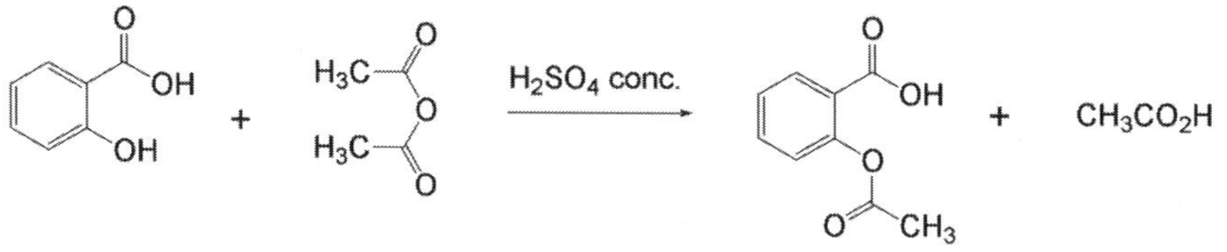

Ácido salicílico — Anhídrido acético — Ácido acetilsalicílico (Aspirina) — Ácido acético

Reactivos	equiv.	Mw	mol	cantidad	densidad	Vol
Ácido salicílico	1,0	138,12	0,015	2,0 g	-	-
Anhídrido acético	3,5	102,09	0,052	5,35 g	1,08 g/ml	5 ml
Ácido sulfúrico conc.						5 gotas

- Calentar un baño de agua a 70 °C.
- Preparar un matraz de 100 ml y un refrigerante de reflujo.
- Pesar el ácido salicílico (2.0 g, 0.015 mol) en un matraz de 100 ml.
- Añadir el anhídrido acético (5.0 ml, 0.052 mol) en vitrina (lacrimógeno).
- Añadir ácido sulfúrico concentrado (5 gotas).
  NOTA: Se observa que la mezcla es exotérmica.
- Agitar para que el ácido salicílico se disuelva.
- Introducir el matraz en el baño precalentado a 70 °C, conectar el refrigerante y mantener a dicha temperatura durante 15 min.
- Sacar el matraz del baño y dejar enfriar a temperatura ambiente.
- Enfriar el matraz en un baño de hielo hasta que se produzca la precipitación del ácido acetilsalicílico.
- Enfriar en baño de hielo 25 ml de agua y añadirla lentamente sobre el contenido del matraz.
- Agitar bien la suspensión.
- Filtrar el precipitado utilizando un embudo Büchner o una placa filtrante.
- Lavar el sólido con pequeñas porciones de agua enfriada en baño de hielo.
  NOTA: Se observa que desaparece el olor del ácido acético.
- Eliminar la mayor cantidad posible de agua mediante succión a vacío.
- Cristalizar el producto en mezcla etanol/agua.
- Se obtiene el ácido salicílico como cristales incoloros (1.7 g, 63%).
- pf = 136 - 138 °C (Etanol-agua).

Figura 13.1. Descripción de una reacción del cuaderno de síntesis orgánica.

bres de los reactivos y disolventes en una tabla donde se añadirán las cantidades utilizadas expresadas en masa y número de moles para reactivos sólidos; en masa, volumen y número de moles para reactivos líquidos, y en volumen para disolventes. En la tabla se incluirán también todos los datos que necesitaremos a la hora de realizar los cálculos: peso molecular, número de equivalentes, densidad si se trata de reactivos líquidos, y concentración si se trata de reactivos en disolución. No hay que olvidarse de incluir las unidades y de utilizar el rango de unidades óptimo para la escala utilizada, generalmente miligramos o gramos, milimoles y mililitros. La pureza de los reactivos debe ser considerada a la hora de realizar los cálculos.

Añadir el número de equivalentes ayuda a identificar los reactivos que se utilizan en exceso y el reactivo limitante que condiciona el rendimiento de la reacción.

En el caso de reactivos que se venden como sales o en forma anhidra, es importante anotar la variedad que se utiliza. En ocasiones, con reacciones muy sensibles, también es conveniente incluir la marca y referencia del reactivo que se utiliza ya que a veces los resultados no son reproducibles al utilizar el mismo reactivo de otra marca o de diferente pureza. Aunque afortunadamente esto sólo sucede en contadas ocasiones, es importante tenerlo en cuenta. Con fines de trazabilidad, por ejemplo, en la industria farmacéutica, se debe anotar adicionalmente el número de lote.

En el caso de utilizar reactivos que tengan algún tipo de peligrosidad conviene hacerlo notar en el cuaderno y anotar el procedimiento que se ha seguido para su manejo.

En cuanto a los disolventes, generalmente es suficiente con incluir en la tabla el volumen de disolvente utilizado. Sin embargo, en muchas ocasiones es muy importante calcular la concentración de la reacción con respecto al producto de partida principal ya que la concentración de los reactivos influye en la velocidad de la reacción y en el rendimiento.

5. Procedimiento experimental breve pero detallado, indicando los distintos pasos que se han seguido desde que se hace el montaje de la reacción hasta aislar el crudo y purificar el producto:

   - Material utilizado, incluyendo el tamaño del matraz utilizado.
   - Condiciones experimentales: orden y forma de adición de reactivos, dificultad de disolución de algunos reactivos, concentración de los reactivos que se añaden en disolución si es que es importante tenerla en cuenta, temperatura durante la adición y después de la misma, necesidad de atmósfera inerte, etc.
   - Método analítico por el que se realiza el seguimiento de la reacción. Si se utiliza la cromatografía en capa fina hay que incluir la composición del eluyente utilizado, el R_f del producto de partida y del producto final, y el método de visualización utilizado. Suele ser muy útil incluir en el cuaderno una reproducción de la placa de cromatografía. En el caso de utilizar cualquier otro método cromatográfico hay que indicar el tiempo de retención y las condiciones analíticas.
   - Tiempo de reacción.
   - Procedimiento de aislamiento del producto obtenido indicando el tratamiento completo al que se somete el crudo de reacción.
   - Detalles de la purificación del producto obtenido: hay que describir el método que se ha utilizado para purificar el producto y los disolventes empleados.

El procedimiento debe ser claro, conciso, y describir exactamente lo que se ha hecho con el fin de que no se produzca ningún tipo de ambigüedad a la hora de leer y repetir el experimento. En ocasiones se copian en el cuaderno procedimientos experimentales descritos en la literatura pero lo que se hace no corresponde exactamente con lo que está escrito. Si la reacción no funciona como se espera es difícil encontrar dónde se ha producido el error, ya que el procedimiento describe lo que se debería haber hecho en lugar de lo que se ha hecho.

Es muy importante anotar cualquier detalle que pueda ser relevante para el éxito de la reacción, así como todos los cambios que se producen en el transcurso de la reacción: color, temperatura, solubilidad, aparición de precipitados, desprendimiento de calor, generación de gases, etc. Estos detalles pueden ser críticos a la hora de reproducir un experimento o de entender por qué no ha funcionado. Así mismo es importante tomar nota de cualquier incidencia, como puede ser la pérdida accidental de parte del producto o el no disponer del material de laboratorio adecuado.

6. Resultados obtenidos: hay que indicar si el producto que se obtiene es el esperado, anotar la cantidad obtenida y calcular el rendimiento. A la hora de pesar el producto obtenido, es importante comprobar que no contiene restos de disolvente ya que se falsearía el dato. Para eliminar los últimos restos de disolvente lo más común es introducir el recipiente con el producto en un desecador conectado a una bomba de vacío o bien conectar el recipiente que contiene el producto directamente a la bomba de vacío.

   El rendimiento es la forma más común de medir la eficacia de una reacción. Se expresa en tanto por ciento y se calcula dividiendo la cantidad obtenida entre la cantidad teórica que debería obtenerse a partir del reactivo limitante teniendo en cuenta la estequiometría de la reacción (Figura 13.2). El reactivo limitante es el que se encuentra en defecto y por tanto determina y limita la cantidad de producto formado.

   Si se determina el grado de pureza, es importante incluirlo. Al mismo tiempo hay que anotar las características físicas del producto, fundamentalmente el aspecto físico (sólido cristalino, sólido amorfo o líquido) y el color. En los casos en los que se obtiene más de un producto final, se debe determinar el peso de cada uno de los productos secundarios para ver en qué proporción se forman y estudiar posteriormente si se podría evitar su formación. Si no se obtiene el producto esperado es conveniente establecer una hipótesis de por qué se obtiene lo que se obtiene en lugar de lo que se espera.

7. Datos analíticos y espectroscópicos. Los datos analíticos y espectroscópicos se deben organizar y guardar utilizando como referencia el número del cuaderno y la página del experimento con el fin de encontrar fácilmente todos los datos que describen un producto. Conviene asignar todas las señales de RMN con el fin de verificar que los datos espectroscópicos corresponden a la estructura del producto esperado. En el caso de que esto no suceda, debería realizarse un esfuerzo para determinar la estructura del producto obtenido con el fin de poder explicar lo que ha sucedido e intentar modificar las condiciones de reacción con el fin de obtener el producto deseado.
8. Referencias bibliográficas sobre los productos obtenidos y/o el procedimiento empleado, en el caso de que se hayan utilizado. Si la referencia es un artículo de una revista, debe incluir: autor, nombre de la revista, año de publicación, volumen entre paréntesis y números de las páginas.

13.5. El cuaderno de laboratorio en la industria

En los centros de investigación, tanto privados como públicos, el cuaderno tiene un papel clave a la hora de proteger la propiedad intelectual derivada de la investigación que se realiza. Por esta razón, las empresas y algunos centros de investigación poseen unas reglas y protocolos muy estrictos a la hora de rellenar el cuaderno y almacenar la información. Aunque la normativa puede variar de un centro a otro, a continuación citaremos algunos puntos comunes de los protocolos concretos de la industria:

- El cuaderno de laboratorio contiene información que puede utilizarse para demostrar lo que se hizo en el transcurso de un proyecto y en particular las invenciones

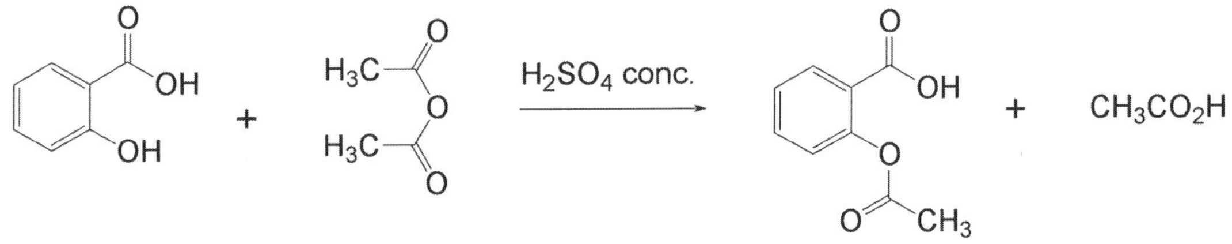

Ácido salicílico　Anhídrido acético　Ácido acetilsalicílico (Aspirina)　Ácido acético

Reactivos	equiv.	Mw	mol	cantidad	densidad	Vol
Ácido salicílico	1,0	138,12	0,015	2,0 g	-	-
Anhídrido acético	3,5	102,09	0,052	5,35 g	1,08 g/ml	5 ml
Ácido sulfúrico conc.						5 gotas

Reactivo limitante: Ácido salicílico
Peso molecular del ácido acetilsalicílico: 180,16
Cantidad teórica de ácido acetilsalicílico: 0,015 moles = 2,7 g
Cantidad de ácido acetilsalicílico obtenida: 1,7 g

$$\text{Rendimiento: } \frac{1{,}7\text{ g}}{2{,}7\text{ g}} \times 100 = 63\%$$

Figura 13.2. Cálculo del rendimiento.

que se hicieron y las fechas. El cuaderno es el documento oficial donde se recoge una idea que puede convertirse en una invención y los pasos seguidos para llevarla a cabo. Por tanto, todas las ideas que un investigador pueda tener se deben escribir en el cuaderno ya que esto ayuda a identificar las contribuciones del investigador a una determinada invención y en consecuencia la posibilidad de convertirse en inventor de una patente.

- El cuaderno también se utiliza para establecer la fecha en la que se ha producido una invención y la fecha en la que se ha llevado a la práctica. Por tanto, es imprescindible que todas las páginas estén convenientemente fechadas y firmadas. En ocasiones, se producen interferencias cuando el tipo de compuestos en el que trabajan varias empresas es muy similar. En estos casos, el cuaderno puede utilizarse como prueba que demuestre quién ha preparado un compuesto en primer lugar y quién posee el derecho de patente.
- El cuaderno debe rellenarse en orden cronológico. En cada página debe aparecer la fecha de comienzo y terminación del experimento, junto a la firma del propietario del cuaderno y la contrafirma de un compañero que actúa como testigo y que tiene que trabajar en un proyecto distinto de manera que no pueda entrar en conflicto

de intereses con el propietario del cuaderno. Junto a las firmas deberá aparecer siempre la fecha. La firma del propietario del cuaderno debe producirse tras la finalización del experimento una vez que todos los datos han sido anotados en el cuaderno. La firma del contrafirmante deberá producirse después y cada empresa define el plazo máximo en el que el contrafirmante debe firmar el experimento desde la finalización de éste.

- En el caso de que se detecte un error, se puede tachar la información incorrecta y añadir la nueva siempre y cuando la corrección se firme con las iniciales del propietario y del contrafirmante, y se anote la fecha de dicha corrección.
- En el caso de que se necesite dejar una página en blanco o un espacio en blanco al finalizar el experimento, hay que escribir una línea diagonal cubriendo la fracción de papel que no se ha utilizado. La finalidad de no dejar espacios en blanco es garantizar la integridad legal del cuaderno evitando que se añada texto después de haber firmado el experimento como terminado.
- Si los datos analíticos y espectroscópicos asociados a un experimento se almacenan de manera automática en un servidor, deberá indicarse en cada página la ruta electrónica para acceder a estos datos.
- Una vez que se ha firmado un experimento, no se puede alterar la información ni añadir información adicional. Cualquier anotación posterior deberá escribirse en una página diferente añadiendo la referencia de la página a la que pertenece la información con la firma y fecha correspondiente.
- El cuaderno tiene que tener una encuadernación que impida arrancar páginas. Cada página debe estar numerada y contener espacios marcados para escribir el título, la fecha de inicio, la firma del propietario con la fecha de terminación del experimento, y la fecha y firma del contrafirmante.
- Una vez terminados, los cuadernos en papel deben microfilmarse para garantizar que la información está guardada en copia. Tanto el cuaderno original como las copias microfilmadas deben almacenarse en un lugar seguro, con acceso restringido, y a ser posible dentro de armarios ignífugos.

Para comprobar que las reglas se cumplen, la mayoría de las empresas realizan auditorias periódicas de cara a encontrar en qué puntos se están infringiendo las normas y aplicar medidas correctoras.

13.6. El cuaderno electrónico

El cuaderno electrónico es una novedad tecnológica que, aunque lleva tiempo en el mercado, aún no ha adquirido mucha popularidad y de momento se está utilizando fundamentalmente en la industria. Las compañías que ofrecen software de cuadernos electrónicos han trabajado para que cumpla los requisitos científicos, técnicos y legales necesarios, he incluso ofrecen adaptar la versión comercial a las necesidades específicas de los usuarios.

El cuaderno electrónico se conecta con los programas que se utilizan para dibujar estructuras y esto facilita mucho el proceso de registrar los productos obtenidos. Asimismo, el cuaderno electrónico puede contener información de un gran número de reactivos comerciales y esto permite cargar la información de los reactivos de manera automática.

La firma de un experimento, tanto por el autor del cuaderno como por el contrafirmante, se produce de manera electrónica. Esta modalidad de firma se considera válida desde el punto de vista legal ya que queda registrada la fecha automáticamente.

El cuaderno electrónico elimina barreras y ofrece numerosas ventajas tanto a los usuarios como a los centros de investigación que han decidido implementar su utilización:

a) Permite compartir la información entre miembros de la misma organización situados en cualquier lugar del mundo. Este hecho es particularmente importante para las empresas que disponen de un gran número de empleados localizados en distintos países.
b) La seguridad de los datos está garantizada. El acceso se protege mediante una clave y se realizan copias de seguridad diarias para evitar que se puedan perder los datos almacenados.
c) Permite realizar búsquedas, tanto por texto como por estructura, en la red de usuarios de la misma organización.
d) El acceso a la información es instantáneo. Esta ventaja es especialmente importante cuando se necesita consultar experimentos antiguos que tardarían un tiempo en localizarse si estuvieran en cuadernos de papel.
e) Los programas son fáciles de utilizar. Una vez que se aprende el manejo, es bastante más rápido que escribir el texto a mano, ahorra tiempo y contribuye a aumentar la productividad y la eficiencia de las empresas.
f) Los experimentos pueden copiarse a otra página del cuaderno y realizar después los cambios que se necesiten. El texto puede igualmente copiarse a otros documentos simplificando la redacción de informes y la preparación de patentes y publicaciones.
g) El texto escrito en el cuaderno electrónico tiene una calidad superior al texto escrito a mano y puede leerse más fácilmente.
h) Hay una reducción del consumo de papel y del espacio físico que ocupan los cuadernos a la hora de almacenarlos.

Bibliografía

Kanare, H. M.: *Writing the Laboratory Notebook*, American Chemical Society, Washington, 1985.

14

BÚSQUEDA DE DATOS EN LA BIBLIOGRAFÍA

14.1. Introducción

Los resultados de investigación más relevantes se publican en revistas científicas y en patentes. Estas son las fuentes primarias de información, donde se puede encontrar una discusión teórica acerca del método de síntesis desarrollado en cada caso para la preparación de un determinado compuesto, el procedimiento experimental concreto que se ha empleado, y la caracterización física y espectroscópica completa de los compuestos de nueva síntesis, así como referencias a publicaciones anteriores en los casos en que un producto haya sido sintetizado previamente mediante otros métodos. Sin embargo, debido a su extensión y variedad, la búsqueda directa de datos en la bibliografía primaria resulta muy complicada. No obstante, dicha información se encuentra catalogada en índices (tablas de datos, tratados o enciclopedias, artículos de revisión y bases de datos), que constituyen las fuentes secundarias de información. Dichos índices contienen las referencias que permiten acceder a la bibliografía primaria de una manera rápida y sistemática, y en muchos casos, aportan resúmenes y/o compilaciones de los datos presentes en ella. En este Capítulo se recogen las maneras de encontrar información concreta de un determinado compuesto.

14.2. Tablas de datos

Son compilaciones de datos en las que se pueden encontrar propiedades químicas, físicas y espectroscópicas, y/o referencias que permiten acceder a algunos métodos experimentales de síntesis o propiedades. No son exhaustivas, y resultan especialmente adecuadas para la búsqueda de los datos más característicos de compuestos sencillos. Se recogen en el Cuadro 14.1 algunas de las más empleadas, muchas de las cuales se encuentran disponibles online bajo suscripción y/o en CD.

CUADRO 14.1. Tablas de datos

Nombre	Breve descripción
CRC Handbook of Chemistry and Physics (CRC Press) http://www.hbcpnetbase.com	Contiene tablas con propiedades físicas (p. ej., punto de fusión, punto de ebullición, solubilidad, densidad, índice de refracción, rotación específica, máximo de absorción UV) y termodinámicas (p. ej., calores de formación), así como referencias cruzadas con la base de datos Beilstein. Se edita cada dos años (Edición 92, año 2011-2012).
Merck Index (Merck Publishing) http://merckbooks.com/mindex/online.html	Relación de compuestos farmacéuticos, químicos, y biológicos, con información de 10.000 productos. Contiene nombres químicos sistemáticos y genéricos, marcas comerciales, números CAS, toxicidad, aplicaciones farmacéuticas y referencias bibliográficas de métodos de síntesis. Incluye también una relación de reacciones, indexadas por nombre. (Edición 14, 2006).
Heilbron´s Dictionary of Organic Compounds (Chapman & Hall/CRC) http://www.crcpress.com (ISBN: 9780849300073)	La sexta edición (1995) se distribuye en nueve volúmenes y dos suplementos, con información de 220.000 compuestos. Contiene datos químicos, físicos y biológicos, números CAS, toxicidad, diagramas estructurales y referencias bibliográficas de métodos de síntesis y formación de derivados.
Sadtler Standard Spectra Collection (Sadtler Research Laboratories, Philadelphia)	Una de las colecciones de espectros UV, IR y RMN con índices.

[.../...]

CUADRO 14.1. *(continuación)*

Nombre	Breve descripción
CRC Handbook of Data on Organic Compounds (CRC Press) http://www.crcpress.com (ISBN: 9780849304453)	La tercera edición (1993) se distribuye en siete volúmenes. Contiene datos químicos, físicos, y espectroscópicos para 27.000 compuestos. Incluye referencias cruzadas con la base de datos Beilstein.
Aldrich Library of ^{13}C and ^{1}H FT-NMR Spectra (Sigma-Aldrich) http://www.sigmaaldrich.com	Tres volúmenes (año 1993, 12.000 compuestos) con espectros de ^{13}C-RMN (75 MHz) y ^{1}H-RMN (300 MHz) ordenados por funcionalidad.
Aldrich Library of FT-IR Spectra (Sigma-Aldrich) http://www.sigmaaldrich.com	Tres volúmenes (2ª Edición, 1997) con 18.000 espectros IR ordenados por grupo funcional y orden de complejidad estructural creciente.
Wiley Registry of Mass Spectral Data (John Wiley & Sons, Inc.) http://wiley.com (ISBN: 9780470520352)	CD con espectros de masas de moléculas orgánicas, compuestos farmacéuticos, drogas de abuso, venenos, pesticidas, productos naturales, etc.
Exploring QSAR ACS Professional Reference Book (American Chemical Society, 1995)	Coeficientes de partición (octanol), constantes de hidrofobicidad, electrónicas y estéricas.

CUADRO 14.2. Tratados experimentales

Nombre	Breve descripción
Organic Syntheses http://www.orgsyn.org	Procedimiento experimental altamente detallado para la síntesis de algunos compuestos orgánicos de interés, junto con una breve introducción teórica. Los volúmenes se publican anualmente desde 1921, y se encuentran disponibles libremente online, siendo posible llevar a cabo la búsqueda a partir de la estructura química del compuesto, y también por tipo de reacción. Cabe destacar que los procedimientos experimentales descritos en Organic Syntheses han sido comprobados por otro laboratorio independiente del de los autores de cada síntesis, por lo que son altamente fiables desde el punto de vista de su reproducibilidad. Adicionalmente, incluye una guía de reacciones clasificadas por tipos.
Organic Reactions (Wiley InterScience) http://www.interscience.wiley.com/db/or	Publicación periódica de algunas transformaciones sintéticas importantes, presentadas desde el punto de vista preparativo junto con una discusión crítica y tablas de ejemplos. La versión online completa funciona bajo suscripción, pero es posible acceder libremente a los resúmenes de distintos ejemplos para cada tipo de reacción.

[.../...]

CUADRO 14.2. *(continuación)*

Nombre	Breve descripción
Encyclopedia of Reagents for Organic Synthesis (L. A. Paquette, Ed.; Wiley, 1995) http://www.mrw.interscience.wiley.com/eros	Enciclopedia en ocho volúmenes con información sistemática del empleo de 3.500 reactivos en síntesis orgánica, incluyendo la comparación de diferentes reactivos capaces de llevar a cabo la misma transformación. La versión online completa funciona bajo suscripción, pero es posible acceder libremente a resúmenes que permiten obtener algunos datos, como por ejemplo, nombres alternativos para los reactivos buscados, datos físicos, solubilidad, datos espectroscópicos característicos, método de preparación y precauciones en el manejo y almacenamiento.
Fieser and Fieser's Reagents for Organic Synthesis (Wiley)	Colección de publicación periódica (vol. 24, año 2008) que contiene la descripción y aplicaciones de reactivos en síntesis orgánica.
March´s Advanced Organic Chemistry (M. B. Smith, J. March, Wiley InterScience, 6ª Ed., 2007)	Recopilación sencilla de reacciones, mecanismos y estructura de los compuestos orgánicos, organizado por tipo de reacción y clase de transformación sintética, con referencias a la bibliografía primaria.
Comprehensive Organic Transformations: A Guide to Functional Group Preparations (R. C. Larock, Wiley: 2ª Ed., 1999)	Guía sencilla para la transformación de grupos funcionales, organizada por tipo de reacción, con referencias a la bibliografía primaria.
Compendium of Organic Synthetic Methods (Wiley)	Colección de publicación periódica (vol. 12, 2009). Guía para la transformación de grupos funcionales, organizada por grupo funcional reactivo del material de partida y grupo funcional formado, con amplias referencias para cada reacción.
Comprehensive Organic Functional Group Transformations (A. R. Katritzky, R. J. K Taylor, Eds.; Elsevier, 2004) http://sciencedirect.com/science/referenceworks/ 9780080447056	Enciclopedia de seis volúmenes dedicada a la introducción y transformación de grupos funcionales.
Comprehensive Organic Synthesis (B. M. Trost, I. Fleming, Eds.; Elsevier, 1991) http://sciencedirect.com/science/referenceworks/ 9780080523491	Enciclopedia de ocho volúmenes organizada por tipo de reacción.
Comprehensive Organometallic Chemistry III (R. Crabtree, M. Mingos, Eds.; Elsevier 2006) http://sciencedirect.com/science/referenceworks/ 9780080450476	Enciclopedia de doce volúmenes donde se describen compuestos organometálicos clasificados por grupos del sistema periódico (volúmenes 1 - 8), aplicaciones de los compuestos organometálicos en síntesis orgánica (volúmenes 9 - 11) y materiales funcionales, aplicaciones medioambientales y biológicas (volumen 12).
Comprehensive Heterocyclic Chemistry III (A. R. Katritzky, C. A. Ramsden, E. F. V. Scriven, R. J. K. Taylor, Eds.; Elsevier, 2008) http://sciencedirect.com/science/referenceworks/ 9780080449920	Enciclopedia de catorce volúmenes organizada por tipo de anillo. Recoge propiedades, reactividad y síntesis.

[.../...]

CUADRO 14.2. *(continuación)*

Nombre	Breve descripción
Science of Synthesis, Houben-Weyl Methods of Molecular Transformations (Thieme, 2000 - 2008) http://science-of-synthesis.com/en/products/reference-works/science-of-synthesis.html	Enciclopedia con un total de 48 volúmenes, que recogen 150.000 reacciones, organizada por tipo de compuesto a sintetizar: compuestos organometálicos (volúmenes 1 - 8), hetarenos (volúmenes 9 - 17), compuestos con cuatro o tres enlaces carbono - heteroátomo (volúmenes 18 - 24), compuestos con dos enlaces carbono - heteroátomo (volúmenes 25 - 33), compuestos con un enlace carbono - heteroátomo (volúmenes 34 - 42), compuestos con funcionalidad totalmente carbonada (volúmenes 43 - 48).

CUADRO 14.3. Algunas revistas destacadas con artículos de revisión de química orgánica

Revista	Sólo revisiones	Artículos de investigación	Año de inicio
Accounts of Chemical Research	SÍ	NO	1968
Advances in Heterocyclic Chemistry	SÍ	NO	1960
Advances in Organometallic Chemistry	SÍ	NO	1964
Aldrichimica Acta	SÍ	NO	1968
Annual Reports in Organic Synthesis	SÍ	NO	1904
Chemical Reviews	SÍ	NO	1924
Chemical Society Reviews	SÍ	NO	1947
Current Organic Chemistry	SÍ	NO	1997
Current Organic Synthesis	SÍ	NO	2004
Natural Product Reports	SÍ	NO	1984
Topics in Current Chemistry	SÍ	NO	1949
Angewandte Chemie	NO	SÍ	1888
Angewandte Chemie, International Edition	NO	SÍ	1962
Journal of Organometallic Chemistry	NO	SÍ	1963
Heterocycles	NO	SÍ	1973
Organic Preparations and Procedures International	NO	SÍ	1969
Synlett	NO	SÍ	1989
Synthesis	NO	SÍ	1969
Tetrahedron	NO	SÍ	1958

Adicionalmente, la mayor parte de los catálogos de productos comerciales incluyen sus datos físicos, y en algunos casos, referencias cruzadas con bases de datos, y ejemplos seleccionados del empleo de dichos compuestos en síntesis. Esta última información puede resultar de utilidad a la hora de adaptar el procedimiento experimental empleado para la preparación de un compuesto a la de otros análogos de nueva síntesis. La mayor parte de los catálogos comerciales se encuentran disponibles online de manera libre.

14.3. Tratados y enciclopedias

Ofrecen una amplia información teórico-práctica acerca de la manera de llevar a cabo distintos tipos de reacciones y transformaciones de grupos funcionales, incluyendo ejemplos concretos y/o referencias de la bibliografía primaria correspondiente. Son especialmente adecuados para profundizar en un tema particular, y resultan útiles para la preparación de las moléculas descritas como ejemplo y para la adaptación de los procedimientos a casos referibles de nueva síntesis. Se recogen en el Cuadro 14.2 algunas de las empleadas con mayor frecuencia en la actualidad, en ciertos casos disponibles también online bajo suscripción y/o en CD.

14.4. Artículos de revisión

Son inspecciones profundas de un tema en particular. Recogen todos los antecedentes bibliográficos del tema, por lo que constituyen una fuente de información importante. Se publican en revistas científicas de publicación periódica (Apartado 14.7.1). Existen revistas dedicadas sólo a la publicación de artículos de revisión, mientras que otras revistas publican tanto revisiones como artículos originales de investigación. Se recogen en el Cuadro 14.3 algunas de las revistas periódicas más importantes que publican artículos de revisión en química orgánica.

El mayor problema de la búsqueda de datos en artículos de revisión reside en la localización sistemática del artículo donde aparece la información que se requiere, ya que existen numerosas publicaciones que incluyen este tipo de trabajos.

14.5. Bases de datos

Las bases de datos son colecciones de información organizada. Constituyen la información indexada más amplia y completa, permitiendo acceder a toda la información disponible acerca de un determinado tema, método de síntesis o compuesto de manera sistemática. La propia base de datos suele ofrecer información resumida sobre propiedades y métodos de síntesis de los compuestos buscados, y adicionalmente, permite encontrar todas las referencias primarias conocidas. También permiten localizar artículos de revisión. En la actualidad, la consulta de las bases de datos se realiza online bajo suscripción.

Dependiendo del tipo de información que se necesite, la búsqueda se puede abordar de diferentes maneras, siendo las más comunes:

a) Por estructura química
b) Por nombre químico
c) Por fórmula molecular
d) Por número de registro (*Beilstein Registry*, *CAS Registry*)
e) Por reacción, indicando reactivos y/o productos
f) Por tema o tipo de reacción
g) Por autor
h) Por institución
i) Por número concreto de revista o patente

El problema fundamental de la búsqueda de información en bases de datos deriva, paradójicamente, de la amplitud de la información que contienen, lo cual puede conducir a un gran número de resultados. Resulta de primordial importancia comprender la estructura y funciones de la base de datos concreta que se vaya a emplear. Para ello, cada una ofrece a los usuarios una guía de instrucciones precisas y tutoriales que deben ser consultados previamente a su uso. Como norma general, se debe:

1. Comenzar la búsqueda de compuestos concretos por la estructura química o por su número de referencia (*Beilstein Registry*, CAS *Registry*). La búsqueda por nombre sistemático, sobre todo en el caso de compuestos de estructura complicada, puede conducir a errores, por lo que no se recomienda frente a las opciones anteriores. La búsqueda por fórmula molecular tampoco se recomienda porque suele proporcionar un gran número de resultados posibles.

2. Comenzar la búsqueda de reacciones concretas mediante la estructura química de los reactivos y los productos.
3. Acotar los resultados obtenidos mediante los diferentes tipos de filtro disponibles en cada base de datos (p. ej., tipo de procedimiento sintético, año de publicación, o tipo de publicación).
4. Seleccionar los resultados evaluando la información contenida en la propia base de datos. En algunos casos, ésta puede ser suficiente para el propósito deseado.
5. Acudir a las referencias primarias originales de los resultados seleccionados.

Se describen a continuación las características fundamentales de algunas de las bases de datos más empleadas en la actualidad.

14.5.1. Web of Knowledge

Editada por Thomson Reuters (http://www.isiwebofknowledge.com), es un portal común para el manejo de un grupo de bases de datos multidisciplinares diferentes, las cuales pueden ser utilizadas de manera conjunta o independiente:

a) *Web of Science (WOS).* Recoge la información procedente de 9.300 revistas de investigación. A su vez, incluye tres bases de datos científicas diferentes:

- *Science Citation Index Expanded*: Abarca desde 1900 hasta la actualidad, con actualizaciones semanales. Desde 1991 incluye los resúmenes hechos por los autores en la bibliografía primaria.
- *Current Chemical Reactions:* Abarca desde 1986, y recoge reacciones de síntesis, incluyendo esquemas, bibliografía y resúmenes.
- *Index Chemicus:* Abarca desde 1993, y recoge las estructuras químicas publicadas en la bibliografía primaria, con actualizaciones semanales. Incluye esquemas, bibliografía y resúmenes.

Además de las bases de datos científicas, se incluyen dos bases de datos de humanidades y ciencias sociales. Es posible manejar estas bases de datos de manera conjunta o independiente a partir de la plataforma común *WOS*.

En adición a las búsquedas convencionales indicadas anteriormente, *WOS* analiza las referencias citadas en los artículos. Ello permite averiguar en qué otras publicaciones posteriores ha sido citada una referencia concreta, lo cual permite llevar a cabo actualizaciones de un determinado tema de una manera sencilla.

La información detallada acerca del manejo de *WOS* se puede encontrar en http://science.thomsonreuters.com.

b) *Current Contents.* Abarca desde 1998, y recoge las tablas de contenidos e información bibliográfica de las revistas y libros más importantes, así como documentos y páginas web. Se actualiza diariamente. Resulta especialmente útil para la búsqueda de información actual y para el seguimiento puntual de temas de investigación.

c) *ISI Proceedings.* Abarca desde 1990, y recoge datos procedentes de conferencias internacionales, simposia, seminarios, coloquios, convenciones y libros, información no disponible en las revistas científicas.

d) *Derwent Innovations Index.* Abarca desde 1980, y recoge datos de patentes procedentes de los índices *Derwent World Patent Index* y *Patents Citation Index*. Se divide en tres secciones: química, electricidad y electrónica, e ingeniería.

Además de las bases de datos multidisciplinares, *Web of Science* incluye otro conjunto de bases de datos más especializadas, entre las cuales, desde el punto de vista de las propiedades y aplicaciones de los compuestos orgánicos, resultan especialmente útiles:

a) *PUBMED.* Permite el acceso libre a MEDLINE, la base de datos de ciencias de la salud de la U. S. National Library of Medicine. Abarca desde 1950, y recoge unos 15 millones de datos de ciencias de la salud, biomedicina, bioingeniería, salud pública, atención clínica y ciencia relacionada con plantas y animales. Se encuentra disponible una versión libre de esta base de datos (PubMed, http://www.pubmed.org). *MEDLINE* se encuentra contenida también en la plataforma *Scifinder* (Apartado 14.5.3).

b) *Biological Abstracts.* Abarca desde 1926, y recoge datos procedentes de 4.000 revistas del área de ciencias de la salud, botánica, microbiología y farmacología. Se actualiza cada dos meses. Esta información se complementa en la base de datos *BIOSIS Previews* con la procedente de fuentes distintas de revistas científicas.

c) *CAB Abstracts.* Abarca desde 1973, y recoge información de agricultura, medioambiente, y ciencias aplicadas relacionadas. Existe una edición ampliada que recoge información desde 1910.

d) *Food Science & Technology Abstracts (FSTA).* Recoge información de investigación y desarrollo en tecnología de los alimentos.

Por último *Web of Science* incluye una serie de herramientas analíticas, entre las cuales destaca el *Journal of Citation Reports*, que presenta métodos objetivos para la evaluación de la calidad de las diferentes revistas científicas a partir de datos estadísticos tomados del número de citaciones, lo cual permite determinar el *índice de impacto* y la influencia de una determinada publicación en la comunidad científica global.

Se puede obtener información detallada acerca del uso de *Web of Knowledge* en http:// wokinfo.com.

El portal *Web of Knowledge* se encuentra disponible libremente en las Universidades y Centros Públicos de Investigación españoles, patrocinado por el Ministerio de Educación y Ciencia y la Federación Española para la Ciencia y la Tecnología.

14.5.2. Reaxys

Editada por Elsevier, constituye la versión online que resultó en 2009 de la combinación de las obras impresas Handbuch der Organischen Chemie (Beilstein) y *Handbuch der Chemie* (Gmelin) junto con datos complementarios de la bibliografía primaria y extractos de patentes, que previamente constituían tres bases de datos independientes: *CrossFire Beilstein, CrossFire Gmelin* y *Patent Chemistry Database.* Abarca compuestos orgánicos, organometálicos e inorgánicos desde 1771, y los datos provienen de la selección crítica de 400 revistas y patentes (desde 1920).

Reaxys incluye sólo datos contrastados experimentalmente. La información aportada es tan completa que, en muchas ocasiones, puede evitar la consulta de la bibliografía primaria. Además, contiene la mayor colección de referencias de datos espectroscópicos y propiedades termodinámicas. Incluye también datos cristalográficos y propiedades ópticas, espectroscópicas, magnéticas, eléctricas, farmacológicas, toxicológicas y de protección medioambiental.

Para facilitar la búsqueda, incluye su propio editor de moléculas, siendo posible también importarlas de otros programas de dibujo como ISIS/Draw.

También contiene un planificador de síntesis exclusivo, que sirve para evaluar rutas sintéticas alternativas, y posibilita la identificación y combinación de pasos de reacción seleccionados para generar una estrategia sintética más eficaz.

Esta base de datos resulta muy adecuada para la búsqueda de procedimientos de síntesis y propiedades físicas de los compuestos. La búsqueda bibliográfica, aunque posible, resulta menos aconsejable. Desde 1980, incluye también los resúmenes de los autores en la bibliografía primaria.

Cada compuesto orgánico recogido en *Reaxys* lleva asignado un número de referencia *(Beilstein Registry Number)* que permite su identificación cruzada en algunas otras fuentes bibliográficas secundarias y catálogos químicos de productos comerciales.

La información detallada acerca del manejo de *Reaxys* se puede encontrar en http://trainingdesk.elsevier.com/reaxys y en https://www.reaxys.com/info/training-center.

14.5.3. Scifinder

Editada por Chemical Abstracts Services (http://www.cas.org), una división de la American Chemical Society, *Scifinder* es una herramienta de búsqueda derivada y ampliada de la obra original impresa *Chemical Abstracts,* la cual constituye la mayor colección de información disponible en química. En la actualidad incluye 26 millones de compuestos orgánicos e inorgánicos y 14 millones de reacciones. Recoge la bibliografía desde 1907, con actualizaciones diarias, y los datos provienen de diez mil revistas científicas, patentes, conferencias, libros, informes técnicos, revisiones bibliográficas, disertaciones y actas de reuniones. Contiene datos de multitud de disciplinas científicas, incluyendo química, ingeniería, ciencias biomédicas, ciencias de los materiales, agricultura, etc. Para facilitar la búsqueda, incluye su propio editor de moléculas, siendo posible también importarlas de otros programas de dibujo como ChemDraw o ISIS/Draw.

Esta base de datos resulta muy adecuada para la búsqueda de bibliografía. Los registros incluyen los resúmenes de los autores en la bibliografía primaria, y suministra sólo algunos datos experimentales de propiedades químicas o físicas de los compuestos, y datos espectroscópicos.

Scifinder Scholar es la versión académica de *Scifinder*. Las diferencias son muy escasas: *Scifinder*, adicionalmente al resto de potencialidades incluidas en *Scifinder Scholar*, permite un software específico de visualización y análisis (*Panorama*) y un módulo de búsqueda de secuencias (*BLAST*).

Scifinder maneja la información contenida en seis bases de datos diferentes:

a) *CAplus*. Abarca desde 1907, y recoge las referencias de revistas y patentes contenidas en la obra impresa *Chemical Abstracts*.
b) *CAS Registry*. Desde 1967, a cada compuesto químico descrito se le ha asignado un número CAS (*CAS Registry Number*), incluyendo estereoisómeros, racematos, compuestos con estereoquímica no definida, sales, iones, mezclas, radicales, etc. La base de datos *CAS Registry* contiene 26 millones de compuestos y 56 millones de secuencias biológicas, y correlaciona el número CAS con la fórmula química, el nombre y la estructura. El número CAS es una de las mayores potencialidades de *Chemical Abstracts*, ya que es utilizado con mucha frecuencia por otras bases de datos y catálogos de productos comerciales, por lo que constituye un término de búsqueda muy importante para la localización de un determinado compuesto de manera rápida.
c) *CASREACT*. Base de datos que contiene unos 10 millones de transformaciones sintéticas en una o varias etapas. Permite la identificación de los enlaces que formalmente se rompen o forman en los materiales de partida y productos, y aporta, junto con las referencias bibliográficas, información resumida de las condiciones de reacción y rendimientos. Adicionalmente, en reacciones por pasos (p. ej., $A \rightarrow B \rightarrow C$), permite realizar la búsqueda de la transformación $A \rightarrow C$ además de las transformaciones $A \rightarrow B$ y $B \rightarrow C$.
d) *CHEMCATS*. Catálogo de proveedores comerciales de unos 9 millones de compuestos químicos.
e) *CHEMLIST*. Inventario de sustancias químicas reguladas legalmente
f) *MEDLINE*. Discutida con anterioridad (*Web of Knowledge*, Apartado 14.5.1).

La información detallada acerca del manejo de *Scifinder* se puede encontrar en http://www.cas.org/support/scifi/index.html, y la correspondiente a *Scifinder Scholar* en https://www.cas.org/help/scifinder/index.htm.

14.6. Ejemplos prácticos de búsquedas bibliográficas (Scifinder)

Como ejemplo práctico del empleo de bases de datos, se llevará a cabo la búsqueda de un método de síntesis para la molécula de nifedipina (Figura 14.1), así como de análogos, empleando la base de datos *Scifinder Scholar* (2011), ilustrando las ventajas o dificultades de diferentes opciones de búsqueda sencillas.

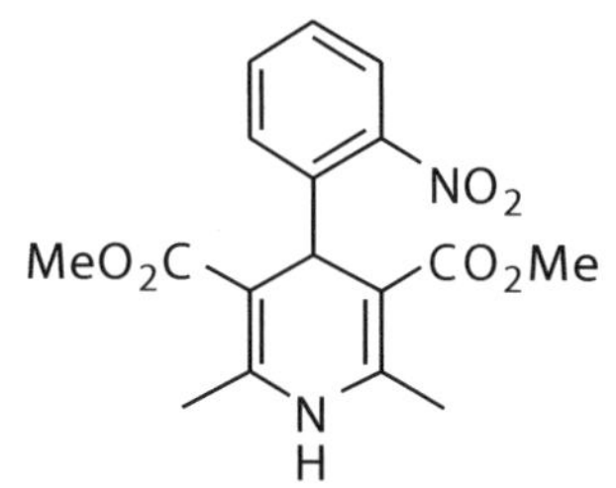

Figura 14.1. Estructura de la nifedipina.

La nifedipina es un agente bloqueante de canales de calcio aprobado para el tratamiento de la hipertensión y la angina de pecho. Otros usos incluyen el tratamiento del síndrome de Raynaud, ciertos tipos de edema pulmonar, y su empleo como agente tocolítico.

14.6.1. Búsqueda de un método de síntesis para la nifedipina

Por tratarse de un compuesto concreto descrito en la bibliografía, existen varias aproximaciones para llevar a cabo su localización:

a) Fórmula molecular
b) Nombre
c) Número de registro
d) Estructura química
d) Reacciones

En cualquiera de los casos, es necesario:

1. Conectar con la base de datos Scifinder. La manera de hacerlo dependerá de su localización en el servidor informático del Centro donde se esté llevando a cabo la búsqueda, por lo que se recomienda acceder a las instrucciones particulares de acceso al servidor de la biblioteca correspondiente.
2. Aceptar las condiciones de uso (pulsar *Accept*)

A) Búsqueda mediante la fórmula molecular:

Presenta como inconveniente que, por lo general, una misma fórmula molecular se corresponde con una amplia variedad de compuestos de estructura química diferente, tanto más cuanto mayor sea el peso molecular del compuesto, por lo que es una opción poco recomendada desde un punto de vista general, en comparación con otras opciones de búsqueda.

En caso de seleccionar esta opción, se recomienda seguir los pasos que a continuación se indican:

1. De entre las tres opciones principales que ofrece el sistema (*Explore References* –búsqueda de información científica o referencias específicas–, *Explore Substances* –encontrar un compuesto determinado–, *Explore Reactions* –visualizar reacciones–), seleccionar *Explore Substances.*
2. El sistema ofrece cuatro nuevas opciones: *Chemical Structure, Markush, Molecular Formula* y *Substance Identifier*). Seleccionar *Molecular Formula.*
3. Para introducir la fórmula molecular en el recuadro correspondiente, es necesario seguir la *notación de Hill* (Edwin, A. Hill, 1900). Los átomos y su multiplicidad en la fórmula molecular se introducen siguiendo unas normas concretas:

   a) En el caso de compuestos carbonados, es necesario indicar el átomo de carbono (C) en primer lugar.
   b) A continuación del carbono, se indica el hidrógeno (H).
   c) El resto de átomos se indican a continuación del hidrógeno por orden alfa-

bético. Así, en el caso de la nifedipina, se introducirá: C17H18N2O6.

4. Iniciar la búsqueda (pulsar *Search*).

Como resultado, se obtienen más de mil opciones de compuestos químicos con variadas estructuras que responden a la fórmula molecular introducida. La localización concreta de la nifedipina entre todas las opciones obtenidas sería difícil de realizar de manera manual, por lo que es más aconsejable acotar los resultados recurriendo a opciones de filtro (*Refine*, ver Apartado D.1).

B) Búsqueda mediante el nombre

En principio, se puede abordar la búsqueda mediante el nombre sistemático o el nombre genérico. Sin embargo, de manera general, no se recomienda la búsqueda mediante el nombre sistemático. La nomenclatura Chemical Abstracts (CA) empleada en *Scifinder* puede diferir de las normas IUPAC, sobre todo para moléculas complejas, por lo que es posible que la búsqueda no conduzca a buenos resultados.

No obstante, en caso de escoger esta opción, se recomienda seguir los pasos que a continuación se indican:

1. De entre las tres opciones principales que ofrece el sistema (*Explore References* –búsqueda de información científica o referencias específicas–, *Explore Substances* –encontrar un compuesto determinado–, *Explore Reactions* –visualizar reacciones–), seleccionar *Explore Substances*.
2. El sistema ofrece cuatro nuevas opciones: *Chemical Structure*, *Markush, Molecular Formula* y *Substance Identifier*). Seleccionar *Substance Identifier*.
3. Introducir el nombre sistemático del compuesto: 2,6-Dimethyl-4-(2-nitrophenyl)-1,4-dihydropyridine-3,5-dicarboxylic acid dimethyl ester. Alternativamente, se puede introducir el nombre genérico: nifedipine.
4. Iniciar la búsqueda (pulsar *Search*).

Como resultado de la búsqueda, se obtiene un único registro correspondiente a la molécula objeto (Apartado 14.6.2).

C) Búsqueda por número de registro CAS

El número de registro CAS de un determinado compuesto puede ser conocido a partir de otras fuentes, como por ejemplo catálogos de compuestos comerciales o publicaciones en las que aparezca el compuesto en cuestión. Frente a la búsqueda por fórmula molecular o por nombre sistemático, el número de registro presenta la ventaja de ser exclusivo para cada compuesto.

La búsqueda mediante este tipo de identificador se lleva a cabo de la misma manera expuesta en el apartado precedente para la búsqueda por nombre, introduciendo, en este caso, el número de registro CAS en lugar del nombre genérico o sistemático: 21829-25-4. Al igual que en el apartado precedente, como resultado de la búsqueda se obtiene un único registro correspondiente a la nifedipina (Apartado 14.6.2).

D) Búsqueda mediante la estructura química

D.1. *Localización de la nifedipina*

La búsqueda por estructura química es la opción más general de todas, ya que no requiere conocimiento previo del nombre sistemático o genérico ni del número de registro CAS. Adicionalmente evita la posibilidad de obtención de un amplio número de resultados, como sucede cuando la búsqueda se lleva a cabo mediante la fórmula molecular. Por otra parte, esta opción resulta muy útil para la localización de análogos estructurales o estructuras referibles (véase apartado D.2).

Se recomienda seguir los pasos que a continuación se indican:

1. De entre las tres opciones principales que ofrece el sistema (*Explore References* –búsqueda de información científica o referencias específicas–, *Explore Substances* –encontrar un compuesto determinado–,

Explore Reactions –visualizar reacciones–), seleccionar *Explore Substances*.

2. El sistema ofrece cuatro nuevas opciones: *Chemical Structure*, *Markush*, *Molecular Formula* y *Substance Identifier*). Seleccionar *Chemical Structure*.
3. Abrir el panel de dibujo (*Structure Editor*).
4. Dibujar la estructura de la nifedipina haciendo uso de las diferentes opciones que ofrece la paleta (para más información, véase: http://cas.org/support/scifi/ index.html). Adicionalmente, es posible importar la estructura a partir de otros programas de dibujos (p. ej., ChemDraw) mediante la opción convencional *copy- paste*.
5. El sistema permite seleccionar entre tres tipos de búsqueda diferentes:

   a) *Exact Search*
   b) *Substructure Search*
   d) *Similarity Search*

   En este caso, para la localización concreta de la molécula de nifedipina, marcar *Exact Search*.
6. Al pulsar en *Aceptar*, el editor se cierra y la estructura queda seleccionada en la página principal de búsqueda.

En ella, además de poder modificar el tipo de búsqueda anteriormente marcado en el paso 5 (*Exact Search*, *Substructure Search* o *Similarity Search*), se permite seleccionar un conjunto de filtros: componentes estructurales, disponibilidad comercial, referencias, clase de sustancia (aleaciones, compuestos de coordinación, compuestos no definidos, mezclas, polímeros, compuestos orgánicos y otros), y tipo de estudios (analíticos, biológicos, preparación, referencias en las que el compuesto buscado aparece como reactivo). Los filtros resultan útiles para acotar los resultados de la búsqueda. En el caso de la nifedipina, sin aplicar filtro ninguno se llega a resultados que incluyen, por ejemplo, formulaciones en las que la nifedipina aparece como componente de una mezcla de compuestos. Por el contrario, en el caso concreto de buscar métodos de síntesis para la nifedipina, la selección de las opciones *Single Component* (sólo resultados para sustancias que sean componentes únicos), y *References* (sólo resultados para sustancias con una o más referencias), conduce a menos de 10 resultados.

Nótese que, a diferencia de búsquedas anteriores, no se llega a un único registro (Apartado 14.6.2), sino que aparecen también aquellos otros en los que la nifedipina se encuentra marcada isotópicamente en alguno de sus átomos. Se puede seleccionar cualquiera de los registros marcando en el recuadro blanco situado en su parte superior izquierda.

D.2. *Localización de análogos y estructuras referibles de la nifedipina*

En el apartado precedente, para la localización concreta de la nifedipina, se ha empleado la opción *Exact Search* del menú *Explore Substances* (pasos 5 y 6 del apartado precedente). Si en lugar de *Exact Search* se utiliza la opción *Substructure Search*, se obtendrá como resultado, además de la nifedipina, todos aquellos compuestos que compartan el mismo esqueleto que se ha introducido como *Chemical Structure*. Así por ejemplo, se obtendrán derivados funcionalizados en el nitrógeno del anillo de dihidropiridina (p. ej., compuesto CAS 1022086-29-8), u otros tipos de éster (p. ej., compuesto CAS 144709-55-7, éster etílico).

Resulta útil acotar los posibles resultados restringiendo el dibujo introducido como criterio de búsqueda en la opción *Chemical Structure*. Ello resulta posible mediante el empleo de las funciones  (bloqueo de una determinada posición frente a la sustitución) y  (evitar la fusión de anillos como resultado de la búsqueda) en el panel de dibujo. Así por ejemplo, en caso de estar interesados por derivados de la nifedipina que sólo difieran de ésta en la sustitución presente en el átomo de nitrógeno del anillo, resultaría útil bloquear el resto de posiciones de la molécula susceptibles de sustitución mediante la función , y emplear como opción de búsqueda *Substructure Search* (Figura 14.2).

Por último, la opción *Similarity Search* permite localizar compuestos parecidos a la molécula indicada en *Chemical Structure*, sin necesidad de que compartan el mismo esqueleto. El programa ofrece un histograma organizado por porcentaje de similitud, indicando el número de compuestos encontrados para cada grupo, permitiendo seleccionar el mayor o menor parecido con la molécula de entrada.

E) Búsqueda de reacciones

Permite listar las reacciones en las que participa el compuesto objeto de la búsqueda, tomadas de la base de datos CASREACTS:

1. De entre las tres opciones principales que ofrece el sistema (*Explore References* –búsqueda de información científica o referencias específicas–, *Explore Substances* –encontrar un compuesto determinado–, *Explore Reactions* –visualizar reacciones–), seleccionar *Explore Reactions*.
2. Seleccionar *Reaction Structure*, lo cual permite abrir el panel de dibujo (*Structure Editor*).
3. Dibujar la estructura de la nifedipina haciendo uso de las diferentes opciones que ofrece la paleta (para más información, véase: http://cas.org/support/scifi/index.html). Adicionalmente, es posible importar la estructura a partir de otros programas de dibujos (p. ej., ChemDraw) mediante la opción convencional *copy-paste*.
4. Opcionalmente, dibujar los materiales de partida (*Reactants*) o reactivos (*Reagents*) concretos. Así por ejemplo, en el caso de la síntesis de Hantzsch de la nifedipina, se

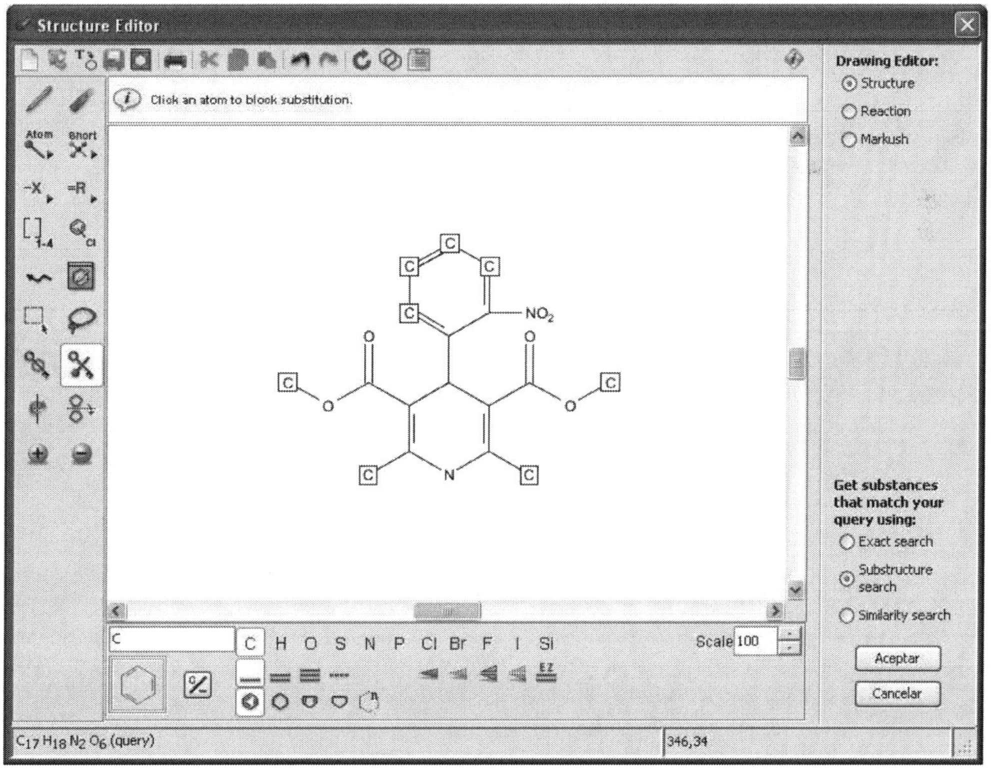

Figura 14.2. Búsqueda de análogos de la nifedipina sustituidos en el nitrógeno.

pueden especificar el *o*-nitrobenzaldehído y el acetilacetato de metilo como materiales de partida o reactivos (*Reactants or Reagents*) (Figura 14.3). El icono de la paleta de dibujo permite separar materiales de partida y reactivos de los productos de reacción. El rol de los diferentes compuestos del esquema de reacción puede modificarse con el icono . Como complemento, resulta también posible marcar los enlaces a formar (icono) o la conectividad de los átomos (icono).

5. Al pulsar en *Aceptar*, el editor se cierra y la reacción queda seleccionada en la página principal de búsqueda, la cual permite introducir opciones de filtro adicionales, como por ejemplo número de pasos de la reacción, tipo de documento o año de publicación.

El programa lista todas las reacciones descritas que cumplen con los requisitos especificados. Pueden simplificarse los resultados utilizando el icono , con lo que se visualiza una única reacción por cada referencia bibliográfica.

La opción *View Reaction Detail* ofrece detalles más particulares de la reacción, junto con la referencia bibliográfica. Al pulsar sobre ella, se despliega un recuadro que contiene la información detallada de la publicación y la posibilidad de acceder directamente al documento original, en caso de que la biblioteca mantenga suscripción online con el proveedor (véase Apartado 14.6.2.a).

14.6.2. Descripción del registro de la nifedipina

En los ejemplos de localización concreta de la molécula de nifedipina (Apartado 14.6.1, subapartados B, C, y D.1), como resultado de la búsqueda, se obtiene un único registro correspondiente a la molécula objeto (Figura 14.4).

Dicho registro muestra la estructura química de la nifedipina, el número de registro CAS, la fórmula molecular y el nombre sistemático, indicando además las referencias bibliográficas totales (más de 9900) en las que se encuentra citado dicho compuesto.

Se puede ampliar la información básica contenida en el registro pulsando sobre *Substance Detail*, lo cual permite visualizar datos adicionales, como la fórmula, el nombre sistemático según Chemical Abstracts, otros nombres, propiedades experimentales (p. ej., datos ADMET, logP, espectros IR; espectros de RMN, espectros de masas) y propiedades calculadas.

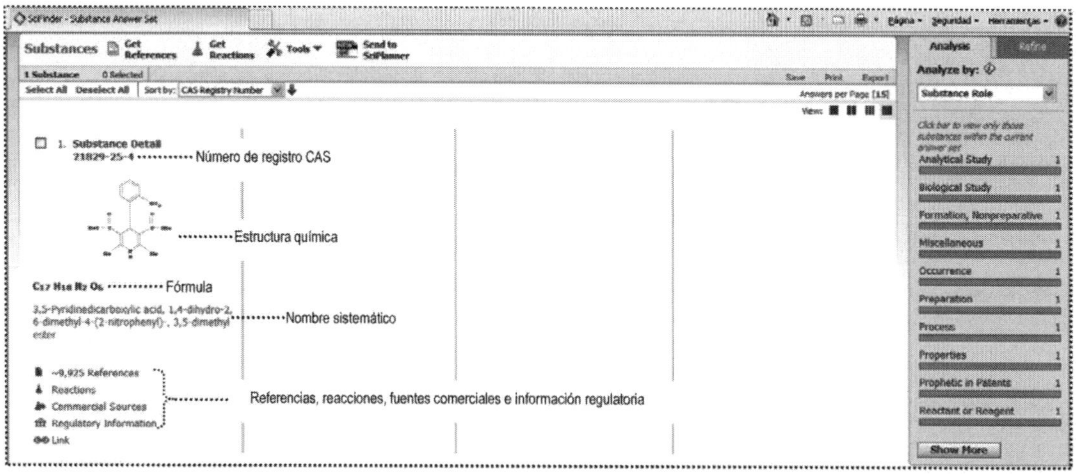

Figura 14.3. Búsqueda de reacciones para la síntesis de la nifedipina.

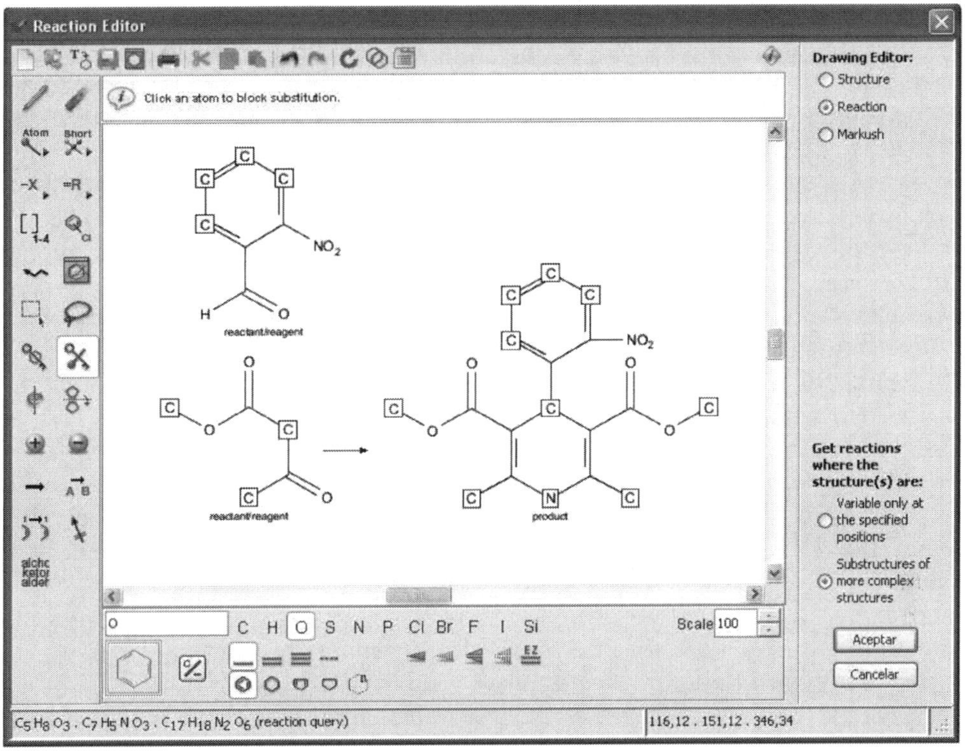

Figura 14.4. Registro de la nifedipina.

Las funciones de la parte inferior del registro permiten ir accediendo a otros tipos de información más particular:

a) *References*

Tomadas de la base de datos CAplus^{SM}, se listan las referencias bibliográficas del registro. Al pulsar sobre el icono, se abre una nueva pantalla que permite seleccionar entre listar la totalidad de las referencias (más de 9900, en el caso de la nifedipina) o filtrar los resultados mediante el tipo de referencia buscada (p. ej., estudios analíticos o biológicos, preparación, propiedades, etc.). En el caso concreto de buscar métodos de síntesis para la nifedipina, la opción *Preparation* ofrece más de 600 resultados. Para cada referencia, el listado indica el título, los autores, la referencia bibliográfica y el resumen (*abstract*) tomado de la fuente bibliográfica original. Estos resultados pueden ordenarse mediante el número de registro, nombre del autor, número de citaciones, año de publicación o título.

Adicionalmente, se ofrece la posibilidad de visualizar las sustancias y las reacciones descritas en cada referencia, publicaciones posteriores en las que cada una ha sido citada, y acceder directamente al documento original, en caso de que la biblioteca mantenga suscripción online con el proveedor.

Es posible filtrar nuevamente los resultados mediante las opciones situadas en la barra de herramientas derecha de la pantalla:

1. La opción *Analysis* permite analizar los resultados a partir, por ejemplo, del nombre del autor, institución, año de publicación o tipo de documento. Se despliega un histograma que permite seleccionar las opciones de interés.
2. La opción *Refine* permite filtrar los resultados seleccionando las referencias biblio-

gráficas en función del tema, la institución, el nombre del autor, el año de publicación, el tipo de publicación (p. ej., revistas científicas, revisiones, patentes, etc.), el idioma y la base de datos.

Así por ejemplo, la aplicación de la opción *Refine* sobre los resultados de preparación de la nifedipina obtenidos anteriormente, seleccionando la opción *Journal* (resultados publicados sólo en revistas científicas) reduce los resultados en unos 100. Es posible ir aplicando sucesivamente la opción *Refine* con distintos criterios de filtro, lo cual va reduciendo paulatinamente el número de resultados. Así por ejemplo, la aplicación de la opción *Refine-Research Topic* sobre el resultado anterior, introduciendo el término "Hantzsch synthesis" como criterio, reduce los resultados al orden de 280.

Si de entre ellos se quiere seleccionar el más antiguo, se puede aplicar la opción *Analysis-Publicaction year*, y seleccionar del histograma resultante el primero de los años (1974). Como resultado se obtiene una única referencia: *J. Med. Chem.* 1974, *17*, 956. Nótese que esta referencia no aparece en la búsqueda por reacciones (Apartados 14.6.1.E y 14.6.2.b), ya que esta última se basa únicamente en la base de datos CASREACTS.

Por otra parte, la selección del último año permite obtener referencias más recientes, con métodos de síntesis mejorados.

b) *Reactions*

Se listan las reacciones en las que participa el compuesto objeto de la búsqueda, tomadas de la base de datos CASREACTS. El programa permite seleccionar entre distintas opciones para el rol del compuesto en el esquema de reacción: producto, material de partida (*Reactant*), reactivo (*Reagent*), material de partida o reactivo, catalizador, disolvente o cualquiera (*Any Role*). La elección de la nifedipina como producto ofrece 42 resultados, los cuales pueden ordenarse por número de registro, disponibilidad de procedimiento experimental (lo cual, en determinados casos, puede ahorrar la necesidad de recurrir a la bibliografía primaria), número de etapas, rendimiento y año de publicación. Para cada referencia bibliográfica, el programa ofrece todas las reacciones en las que participa el compuesto elegido con el rol que se ha determinado. Pueden simplificarse los resultados utilizando el icono, con lo que se visualiza una única reacción por referencia.

La opción *View Reaction Detail* ofrece detalles más particulares de la reacción, junto con la referencia bibliográfica. Al pulsar sobre ella, se despliega un recuadro que contiene la información detallada de la publicación y la posibilidad de acceso directo (véase apartado a anterior).

c) *Commercial Sources*

Tomadas de la base de datos CHEMCATS, permite abrir un desplegable con información de las fuentes comerciales en las que el compuesto objeto de búsqueda se encuentra disponible, con indicación de las cantidades. Adicionalmente, se puede acceder a esta información pulsando el icono, cuando éste se halla debajo de cualquier estructura química.

d) *Regulatory Information*

Tomadas de la base de datos CHEMLIST, se accede a las regulaciones nacionales e internacionales para el uso y distribución del compuesto objeto de búsqueda.

Adicionalmente a las funciones de la parte inferior del registro (a-d), al marcar la estructura química se abre un desplegable que permite directamente la visualización del registro completo (*View Substance Detail*), utilizar la estructura en una nueva búsqueda de sustancias o reacciones, y ver reacciones que permitan la síntesis de dicha molécula, las fuentes comerciales, las referencias o los datos de regulación.

14.7. Bibliografía primaria

Como resultado final de la consulta de tablas, tratados o bases de datos, se llega a las publicaciones originales en las que se describe un determinado compuesto o una síntesis en particular. La información más relevante se encuentra recogida en revistas científicas y en patentes, si bien también puede hallarse en otras fuentes primarias de información, como por ejemplo, resúmenes de conferencias, libros, informes técnicos, tesis doctorales, revisiones bibliográficas, disertaciones y actas de reuniones, o en documentos publicados en la web.

14.7.1. Revistas científicas

Son publicaciones científicas de edición periódica. Existen cientos de revistas científicas escritas en multitud de idiomas, de ahí la dificultad de acceso directo a la información que contienen y la necesidad de empleo de otros recursos como tablas, tratados y bases de datos, para poder acceder a sus datos de manera sistemática.

El tipo de información contenida en cada revista científica puede ser muy variado. Así, se pueden encontrar revistas multidisciplinares, con artículos de diferentes campos de la ciencia; revistas de una disciplina particular, como por ejemplo, de química en general, donde se pueden encontrar artículos de diferentes campos de la química, como por ejemplo, química teórica, química inorgánica o química orgánica; o revistas de un área de conocimiento más concreto, como por ejemplo, revistas con artículos sólo de química orgánica o sólo de química médica. En todas ellas se pueden encontrar datos de compuestos orgánicos o reacciones. La importancia de una revista en el ámbito de la ciencia en general, o de un área de conocimiento en particular, viene determinada por su *índice de impacto*, disponible en la base de datos *Journal of Citation Reports* (Ver Apartado 14.5.1).

A su vez, en función de la extensión de la información, se puede distinguir entre diferentes tipos de artículos:

a) *Comunicaciones.* Son descripciones resumidas de hallazgos de investigación importantes, que deben ser transmitidas rápidamente al resto de la comunidad científica. No suelen aportar procedimientos experimentales detallados, y en muchos casos sólo contienen los datos físicos y espectroscópicos más significativos de los nuevos compuestos sintetizados, si bien, en algunas de las más importantes que se publican tanto en papel como en versión online, se puede encontrar material electrónico adicional con información experimental más detallada, a discreción de los autores.

b) *Notas.* Son trabajos de investigación de extensión breve. A diferencia de las comunicaciones, contienen parte experimental, si bien ésta puede ser resumida. Se incluye la caracterización completa de todos los compuestos de nueva síntesis.

c) *Artículos completos (full papers).* Son trabajos de investigación completos. Contienen parte experimental detallada, así como la caracterización completa de todos los compuestos de nueva síntesis.

Una misma revista puede publicar uno sólo o varios de los tres tipos anteriores. Todos los tipos de publicación en una revista científica comienzan por un título, en el que se identifica el contenido del trabajo de manera precisa, clara y breve. En muchas ocasiones, el título va seguido de un resumen, elaborado por los propios autores, que de manera breve, informa del propósito de la investigación, los resultados más relevantes, y las conclusiones principales. Este resumen es recogido de manera literal por muchas bases de datos. Dependiendo de la editorial, el nombre de los autores y la institución en la que se ha llevado a cabo la investigación pueden aparecer a continuación del título o al final del trabajo.

La parte teórica del trabajo comienza por una introducción, en la que se pueden encontrar los antecedentes previos relevantes a la nueva investigación que se describe. A continuación, se describen y discuten de manera pormenorizada los resultados obtenidos. En muchos casos, el trabajo incluye un apartado final en el que se recogen las conclusiones más importantes.

Aquellos trabajos que incluyen parte experimental, salvo excepciones, suelen presentarla a continuación de la parte teórica. En ella se recogen detalladamente los procedimientos de síntesis y análisis que se han empleado, de manera que los resultados puedan ser reproducidos por otros investigadores. Incluye los materiales y métodos generales (p. ej., reactivos comerciales, condiciones de reacción, purificación de disolventes y reactivos) y el procedimiento particular para la preparación de los compuestos de nueva síntesis descritos en la parte teórica. Cada nuevo compuesto se identifica por su nombre sistemático IUPAC y por un número de orden que hace referencia al texto y a los esquemas de la parte teórica, y se encuentran caracterizados mediante los métodos físicos y espectroscópicos adecuados que garantizan su asignación estructural inequívoca.

Todas las publicaciones contienen una sección de referencias (a pie de página o al final) en las cuales se encuentran citados los antecedentes bibliográficos pertinentes a la investigación recogida, así como la citación de aquellas otras publicaciones en las que un determinado compuesto haya sido descrito con anterioridad. Dichas referencias contienen el apellido e iniciales del nombre de los autores, nombre de la revista/libro, año de publicación, volumen (si procede), y número de página. Por lo general, los nombres de las revistas formados por varias palabras no se encuentran desarrollados en su totalidad, sino abreviados siguiendo normas ISO (ISO 4: 1997, *Information and documentation - Rules for the abbreviation of title words and titles of publications*). Se pueden encontrar los acrónimos que corresponden a las revistas indexadas en CAplus en el *Chemical Abstracts Source Index* y las de uso más frecuente en http://www.cas.org/sent.html o en la base datos *Journal of Citation Reports*.

Se recogen en el Cuadro 14.4 los nombres y acrónimos de las revistas más comunes en las que se puede encontrar información de moléculas orgánicas, ordenadas por su índice de impacto

CUADRO 14.4. Revistas que contienen información de química orgánica

Revista	Acrónimos	Índice de impacto
Angewandte Chemie, International Edition	Angew. Chem., Int. Ed.	10.031
Journal of the American Chemical Society	J. Am. Chem. Soc.	7.885
Chemisty, a European Journal	Chem. Eur. J.	5.330
Chemical Communications	Chem. Commun.	5.141
Advanced Synthesis and Catalysis	Adv. Synth. Catal.	4.977
Journal of Medicinal Chemistry	J. Med. Chem.	4.895
Organic Letters	Org. Lett.	4.802
Journal of Organic Chemistry	J. Org. Chem.	3.959
Organometallics	Organometallics	3.833
Organic and Biomolecular Chemistry	Org. Biomol. Chem.	3.167
European Journal of Organic Chemistry	Eur. J. Org. Chem.	2.914
Tetrahedron	Tetrahedron	2.869
Synlett	Synlett	2.763
Bioorganic and Medicinal Chemistry	Bioorg. Med. Chem.	2.662
Tetrahedron Asymmetry	Tetrahedron Asymm.	2.634
Tetrahedron Letters	Tetrahedron Lett.	2.615
Bioorganic and Medicinal Chemistry Letters	Bioorg. Med. Chem. Lett.	2.604
Synthesis	Synthesis	2.257
Journal of Organometallic Chemistry	J. Organomet. Chem.	2.168
Chemistry Letters	Chem. Lett.	1.140
Heterocycles	Heterocycles	1.066

(*Journal of Citation Reports, 2007*). Dicho índice, publicado anualmente, se calcula dividiendo el número de veces en que las publicaciones a las que se da seguimiento en el año que se considera han citado trabajos publicados en una determinada revista durante los dos años precedentes entre el número total de artículos publicados en el año considerado. El índice de impacto constituye un factor de la calidad de la publicación.

En el caso de libros, la referencia incluye adicionalmente la editorial, y en el caso de capítulos de libro o enciclopedia, apellidos e iniciales del nombre de los editores. Si la referencia fuese una patente, se indica su número (Ver apartado 14.7.2.).

14.7.2. Patentes

Son documentos legales que reconocen el derecho de su propietario (llamado también cesionario) de explotar en exclusiva una invención, impidiendo a otros su fabricación, venta o utilización sin consentimiento del titular, durante un determinado tiempo. Como contrapartida, la patente se pone a disposición del público para conocimiento general. La patente se puede referir a un procedimiento nuevo, un aparato nuevo, un producto nuevo o un perfeccionamiento o mejora de los mismos. Su gestión es llevada a cabo por las *oficinas de patentes*, que pueden ser de carácter nacional, regional (p. ej., patentes europeas) o internacional (patentes concedidas bajo la legislación del Tratado de Cooperación en Patentes –*Patent Cooperation Treaty, PCT*–). Su búsqueda sistemática se puede realizar con el empleo de bases de datos, de una manera similar a la empleada para la búsqueda de artículos en revistas científicas. Los documentos originales son accesibles libremente desde las páginas webs de las oficinas de patentes.

Las patentes de química contienen información científica de utilidad práctica para la síntesis, caracterización y análisis de compuestos, así como nuevos aparatos, materiales o métodos de laboratorio. Adicionalmente, contienen información comercial (p. ej., nombre del inventor, empresa propietaria) e información legal (p. ej., objeto protegido por el derecho, fecha de validez).

La concesión de una patente por parte de una oficina de patentes tiene lugar tras un largo proceso de evaluación que comienza con la solicitud presentada por los inventores. Éstos disponen de 18 meses para completar la información y enviar la versión final a la oficina de patentes. A lo largo del procedimiento de investigación que lleva a cabo la oficina de patentes, el inspector puede requerir que partes de la información, por ejemplo, una o más reivindicaciones (véase Apartado B), sean eliminadas por haber sido descritas con anterioridad. Ello puede conllevar la pérdida de partes de la descripción en el documento de patente final con respecto a la solicitud. En aquellos casos en que la patente finalmente no se concede, y por tanto, no se hace pública, la información recogida en la solicitud sí permanece a disposición del público.

Los diferentes tipos de documentos se diferencian por unos códigos que se detallan en apartados posteriores (véase Apartado A).

El trazado de una patente sigue un formato de presentación y contenido uniforme que consta de tres partes, normalizado para todas las patentes, ya sean nacionales, regionales o internacionales: portada, texto de la patente y dibujos.

A) Portada

La portada contiene los elementos de identificación bibliográfica del documento, y puede incluir un resumen. Se recoge en la Figura 14.5 un ejemplo de la primera página de una patente de EE UU, en la que se describe un nuevo método de síntesis de cloruros de 4-(amino)-2-butenoilo y de 3-cianoquinolinas.

a) Números INID

Cada campo de la primera página se encuentra precedido por un número de dos dígitos entre

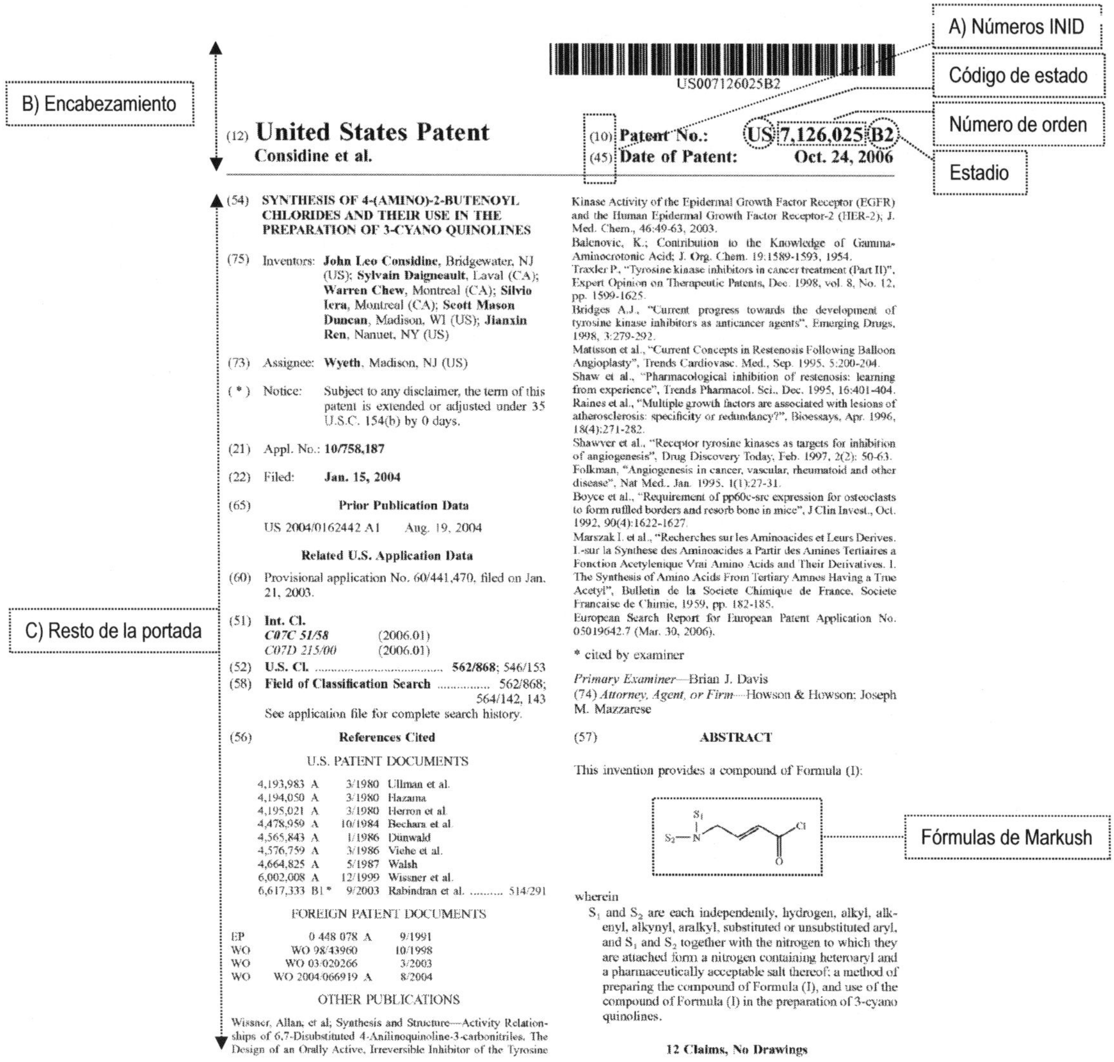

(12) **United States Patent**
Considine et al.

(10) **Patent No.: US 7,126,025 B2**
(45) **Date of Patent: Oct. 24, 2006**

(54) **SYNTHESIS OF 4-(AMINO)-2-BUTENOYL CHLORIDES AND THEIR USE IN THE PREPARATION OF 3-CYANO QUINOLINES**

(75) Inventors: **John Leo Considine**, Bridgewater, NJ (US); **Sylvain Daigneault**, Laval (CA); **Warren Chew**, Montreal (CA); **Silvio Iera**, Montreal (CA); **Scott Mason Duncan**, Madison, WI (US); **Jianxin Ren**, Nanuet, NY (US)

(73) Assignee: **Wyeth**, Madison, NJ (US)

(*) Notice: Subject to any disclaimer, the term of this patent is extended or adjusted under 35 U.S.C. 154(b) by 0 days.

(21) Appl. No.: **10/758,187**

(22) Filed: **Jan. 15, 2004**

(65) **Prior Publication Data**

US 2004/0162442 A1 Aug. 19, 2004

Related U.S. Application Data

(60) Provisional application No. 60/441,470, filed on Jan. 21, 2003.

(51) **Int. Cl.**
C07C 51/58 (2006.01)
C07D 215/00 (2006.01)

(52) **U.S. Cl.** **562/868**; 546/153

(58) **Field of Classification Search** 562/868; 564/142, 143
See application file for complete search history.

(56) **References Cited**

U.S. PATENT DOCUMENTS

4,193,983	A	3/1980	Ullman et al.	
4,194,050	A	3/1980	Hazama	
4,195,021	A	3/1980	Herron et al.	
4,478,959	A	10/1984	Bechara et al.	
4,565,843	A	1/1986	Dünwald	
4,576,759	A	3/1986	Viehe et al.	
4,664,825	A	5/1987	Walsh	
6,002,008	A	12/1999	Wissner et al.	
6,617,333	B1 *	9/2003	Rabindran et al.	514/291

FOREIGN PATENT DOCUMENTS

EP	0 448 078 A	9/1991
WO	WO 98/43960	10/1998
WO	WO 03/020266	3/2003
WO	WO 2004/066919 A	8/2004

OTHER PUBLICATIONS

Wissner, Allan; et al; Synthesis and Structure—Activity Relationships of 6,7-Disubstituted 4-Anilinoquinoline-3-carbonitriles. The Design of an Orally Active, Irreversible Inhibitor of the Tyrosine Kinase Activity of the Epidermal Growth Factor Receptor (EGFR) and the Human Epidermal Growth Factor Receptor-2 (HER-2); J. Med. Chem., 46:49-63, 2003.
Balenovic, K.; Contribution to the Knowledge of Gamma-Aminocrotonic Acid; J. Org. Chem. 19:1589-1593, 1954.
Traxler P., "Tyrosine kinase inhibitors in cancer treatment (Part II)", Expert Opinion on Therapeutic Patents, Dec. 1998, vol. 8, No. 12, pp. 1599-1625.
Bridges A.J., "Current progress towards the development of tyrosine kinase inhibitors as anticancer agents", Emerging Drugs, 1998, 3:279-292.
Matisson et al., "Current Concepts in Restenosis Following Balloon Angioplasty", Trends Cardiovasc. Med., Sep. 1995, 5:200-204.
Shaw et al., "Pharmacological inhibition of restenosis: learning from experience", Trends Pharmacol. Sci., Dec. 1995, 16:401-404.
Raines et al., "Multiple growth factors are associated with lesions of atherosclerosis: specificity or redundancy?", Bioessays, Apr. 1996, 18(4):271-282.
Shawver et al., "Receptor tyrosine kinases as targets for inhibition of angiogenesis", Drug Discovery Today, Feb. 1997, 2(2): 50-63.
Folkman, "Angiogenesis in cancer, vascular, rheumatoid and other disease", Nat Med., Jan. 1995, 1(1):27-31.
Boyce et al., "Requirement of pp60c-src expression for osteoclasts to form ruffled borders and resorb bone in mice", J Clin Invest., Oct. 1992, 90(4):1622-1627.
Marszak I. et al., "Recherches sur les Aminoacides et Leurs Derives. I.-sur la Synthese des Aminoacides a Partir des Amines Tertiaires a Fonction Acetylenique Vrai Amino Acids and Their Derivatives. I. The Synthesis of Amino Acids From Tertiary Amnes Having a True Acetyl", Bulletin de la Societe Chimique de France, Societe Francaise de Chimie, 1959, pp. 182-185.
European Search Report for European Patent Application No. 05019642.7 (Mar. 30, 2006).

* cited by examiner

Primary Examiner—Brian J. Davis
(74) *Attorney, Agent, or Firm*—Howson & Howson; Joseph M. Mazzarese

(57) **ABSTRACT**

This invention provides a compound of Formula (I):

wherein
S_1 and S_2 are each independently, hydrogen, alkyl, alkenyl, alkynyl, aralkyl, substituted or unsubstituted aryl, and S_1 and S_2 together with the nitrogen to which they are attached form a nitrogen containing heteroaryl and a pharmaceutically acceptable salt thereof; a method of preparing the compound of Formula (I), and use of the compound of Formula (I) in the preparation of 3-cyano quinolines.

12 Claims, No Drawings

Figura 14.5. Primera página de la patente US 7126025.

paréntesis, corchetes, o dentro de un círculo (números INID –*Internationally agreed Numbers for the Identification of Bibliografic Data*–). Según acuerdo internacional, los números INID son comunes para todos los países y hacen referencia a un mismo significado, independientemente del idioma en que se encuentre escrita la patente. Así por ejemplo, de entre las diferentes fechas que se recogen en la primera página, para un lector que no conociese el idioma, no existiría ambigüedad sobre cuál de ellas es la fecha de solicitud. El contenido de cada una de las entradas se encuentra normalizado por la *Organización Mundial de la Propiedad Intelectual* y se halla recogido en el *Manual de Información y Documentación en Materia de Propiedad Industrial* (*Manual WIPO*, http://www.wipo.int/scit/es/standards/standards.htm). Se muestran en el Cuadro 14.5 algunos de los números INID más frecuentes en patentes químicas. No es necesario que aparezcan todos ellos en

CUADRO 14.5. Números INID más frecuentes*

INID	Significado	
[10]	Identificación del documento	
[11]	Número del documento	*Number of the document*
[12]	Tipo del documento	*Kind of document*
[19]	Oficina que publica el documento	*Office publishing the document*
[20]	Datos relativos a la solicitud de patente	
[21]	Número de solicitud	*Number assigned to the application*
[22]	Fecha de presentación de la solicitud	*Date of filing the application*
[30]	Datos relativos a la prioridad en virtud del Convenio de París	
[40]	Fecha(s) de puesta a disposición del público	
[45]	Fecha de publicación de la patente	*Date of making available to the public*
[50]	Información técnica	
[51]	Clasificación internacional de patentes	*IPC classification*
[52]	Clasificación nacional	*Domestic classification*
[54]	Título de la invención	*Title of the invention*
[56]	Referencias	*List of prior art*
[57]	Resumen o reivindicación	*Abstract or claim*
[58]	Campo de búsqueda	*Field of search*
[60]	Referencias a otros documentos	
[63]	Número y fecha de presentación de la solicitud anterior de la cual el presente documento es una continuación	
[65]	Número del documento de patente publicado previamente, concerniente a la misma solicitud	
[70]	Identificación de las partes relacionadas con el documento	
[71]	Nombre del solicitante	*Names of applicants*
[72]	Nombre de los inventores	*Names of inventors*
[73]	Nombre del titular	*Names of assignees*
[74]	Nombre del agente	*Name of attorneys*
[75]	Nombre de los inventores que son también solicitantes	*Name of inventors who are also applicants*

* Relación completa en la norma ST.9 del Manual de Información y Documentación en Materia de Propiedad Industrial, Organización Mundial de la Propiedad Intelectual (Manual WIPO, http://www.wipo.int/scit/es/standards/standards.htm).

una determinada patente, tan sólo se encuentran indicados aquellos que resultan relevantes para el invento objeto de protección.

b) Encabezamiento

Es la primera parte del documento, separado del resto por una línea horizontal. En la parte superior derecha aparece un código de barras que contiene el número de identificación del documento.

El resto del encabezamiento se encuentra dividido en dos columnas. En la columna izquierda se halla el tipo de documento (campo [12]), y debajo, sin número INID, el apellido del primero de los inventores. En la columna derecha se encuentran el número del documento (campo [10]) y su fecha (campo [45]).

El número (campo [10]) puede adoptar varios formatos en función del tipo de documento. Contiene el código de dos letras normalizado para el estado, entidad u organización intergubernamental siguiendo las normas ST.3 del *Manual WIPO* (ver Cuadro 14.6), el número de orden asignado por la oficina de patentes correspondiente y un sufijo que denota el estadio en que se encuentra el documento.

CUADRO 14.6. Ejemplos de códigos de dos letras para la designación de estados, entidades u organizaciones intergubernamentales*

AP	Organización Regional Africana de la propiedad Industrial (ARIPO)
AU	Australia
BX	Oficina Benelux de Marcas (BBM) y Oficina Benelux de Dibujos y Modelos (BBDM)
CA	Canadá
DE	Alemania
EA	Organización Euroasiática de Patentes (EAPO)
EP	Oficina Europea de Patentes (EPO)
ES	España
NL	Países bajos
OA	Organización Africana de la Propiedad Intelectual (OAPI)
US	Estados Unidos de América
WO	Oficina Internacional de la Organización Mundial de la Propiedad Intelectual (OMPI)

* Relación completa en la norma ST.3 del *Manual de Información y Documentación en Materia de Propiedad Industrial, Organización Mundial de la Propiedad Intelectual* (*Manual WIPO,* http://www.wipo.int/scit/es/standards/standards.htm).

El código normalizado para la identificación de los diferentes tipos de documentos de patente se expresa mediante una letra mayúscula que puede ir seguida de un número, denotando estadios y subestadios tal como se recoge en la norma ST.16 del *Manual WIPO.* Así por ejemplo, el código B denota patente concedida por la oficina de patentes, mientras el código A1 denota la primera publicación para inspección pública. Se muestran en el Cuadro 14.7 algunos de los códi-

CUADRO 14.7. Códigos de identificación más frecuentes*

Código	Significado
A1	Solicitud de patente con informe sobre el estado de la técnica
A2	Solicitud de patente sin informe sobre el estado de la técnica
A6	Patente sin informe sobre el estado de la técnica
B1	Patente con informe sobre el estado de la técnica
B2	Patente con examen previo
T1	Traducción de reivindicaciones de solicitud de patente europea
T2	Traducción revisada de reinvidicaciones de solicitud de patente europea
T3	Traducción de patente europea
T4	Traducción revisada de patente europea
T5	Traducción de patente europea modificada
T6	Traducción de solicitud internacional PCT
C	Certificados complementarios de protección (CCP)
E	Solicitud de patente europea
P	Solicitud de patente
U	Solicitud de modelo de utilidad
Y	Modelo de utilidad

* Relación completa en la norma ST.16 del *Manual de Información y Documentación en Materia de Propiedad Industrial, Organización Mundial de la Propiedad Intelectual* (*Manual WIPO,* http://www.wipo.int/scit/es/standards/standards.htm).

gos de identificación más frecuentes en patentes químicas.

La fecha (campo [45]), expresada según las norma ST.2 del *Manual WIPO*, indica el día a partir del cual el documento entra en vigor. La duración de la patente es de 20 años, contados a partir de la fecha de presentación de la solicitud, siempre que se paguen las tasas anuales correspondientes. No obstante, la publicación de la solicitud confiere una protección provisional que se extiende desde la fecha de publicación de la solicitud hasta la fecha de concesión de la patente. En ocasiones aparece un asterisco delante de la fecha, indicando que la finalización de la patente es más corta de lo normal. En este caso, la fecha de terminación no se podrá determinar sólo con la información disponible en la portada.

c) Resto de la portada

El resto de la página se encuentra dividido en dos columnas en las cuales constan el resto de los campos, precedidos por sus correspondientes números INID:

[54]: Título de la patente. Es representativo del contenido, y está escrito por los autores o por los agentes que han redactado la patente. No tiene influencia en la interpretación del resto de datos de la patente.

[75]: Inventores. Se indica el nombre y lugar de residencia de todos los inventores de la patente. El orden en que aparecen está determinado por los solicitantes, no por la oficina de patentes, y no es relevante jurídicamente. En función del país, los derechos de los inventores pueden ser diferentes.

[73]: Titulares. Se indica el nombre de las personas o entidades propietarias de la invención, así como el lugar de trabajo. En muchos casos se trata de la empresa en que trabajan los inventores. Los propietarios de la patente lo son por cesión de los derechos por parte de los inventores. Dicha cesión es un documento público que se encuentra registrado en la oficina de patentes.

[21]: Número de la solicitud. Número de serie asignado por la oficina de patentes cuando se presenta una solicitud.

[22]: Fecha de presentación de la solicitud. Es la fecha en que la solicitud de patente fue presentada en la correspondiente oficina. A partir de ella se cuentan los 20 años de vigencia, a no ser que existan solicitudes anteriores (véase campo [63]).

[63]: Número y fecha de presentación de la solicitud anterior de la cual el presente documento es una continuación. El sistema de patentes de US permite la presentación sucesiva de nuevas solicitudes de patente, con o si nueva divulgación. Estas solicitudes se denominan *continuaciones*. En tales casos, la determinación de la fecha de caducidad de la patente debe hacerse a partir de la fecha de la solicitud anterior indicada en el campo [63], y no de la que consta en el campo [22].

[30]: Datos relativos a prioridad. Si la solicitud fue presentada en un país extranjero previamente a la solicitud en el país indicado en el campo [19], el campo [30] hará constar la fecha de presentación, el país donde fue presentada y el número de solicitud en dicho país.

[51]: Clasificación internacional de patentes (*International Patent Classification*, IPC). Las oficinas de patentes clasifican las nuevas solicitudes de patentes de acuerdo con un sistema jerárquico administrado por la *WIPO* (http://www.wipo.int/classifications/ipc/e) que tiene por objeto describir la invención y facilitar la búsqueda de patentes. Resulta especialmente importante en lo referente al estado anterior de la técnica que da lugar a la patentabilidad de una nueva invención, por lo que es de gran utilidad para las autoridades que conceden las patentes, inventores, agentes y todo aquel involucrado en el proceso de

solicitud. En dicho sistema, la tecnología se encuentra dividida en ocho secciones y más de 67000 subdivisiones representadas por letras y números. La Sección C es la que corresponde a química y metalurgia. Se permiten hasta cuatro clasificaciones IPC para la descripción de una invención. De entre ellas, la más importante aparece marcada en letra negrita. Así por ejemplo, el código IPC *C07C 51/58* significaría química (sección C), orgánica (clase 07), compuestos alicíclicos o carbocíclicos (subclase C), preparación de ácidos carboxílicos, sus sales, haluros o anhídridos (grupo 51), preparación de haluros de ácidos carboxílicos (subgrupo 58).

[52]: Clasificación de la oficina de US. Si bien setenta otros países emplean el código IPC (campo [51]), la oficina de patentes de US utiliza su propio sistema de clasificación.

[58]: Campo de búsqueda. Contiene los códigos de la clasificación US donde el inspector de la oficina de patentes llevo a cabo la búsqueda del estado anterior de la técnica.

[56]: Referencias. Consiste en un listado de todas las publicaciones que han sido consideradas por el examinador para decidir la concesión de una patente. En primer lugar se encuentran las patentes US, para las cuales se indica el número, fecha de publicación, inventor y número de clasificación US. A continuación se encuentran las patentes extranjeras, que pueden incluir tanto patentes como solicitudes publicadas. Por último, se incluyen otras publicaciones, como artículos científicos. La lista incluye tanto las referencias aportadas por los inventores como las citadas por el examinador.

Después de las referencias, sin número INID, se halla el nombre de los inspectores de la oficina de patentes.

[74]: Nombre de los agentes que procuran la solicitud.

[57]: Resumen. Consiste en una corta descripción del invento, escrita por los solicitantes, de manera similar al resumen de una publicación en una revista científica. Permite tanto a la oficina de patentes como al lector general visualizar de manera rápida el contenido de la patente, sin que pueda ser usado para la interpretación de la totalidad de las reivindicaciones.

El resumen puede contener la estructura de los compuestos químicos protegidos por la patente de forma genérica, empleando las fórmulas de Markush. En ellas se representan fragmentos moleculares con funcionalidad múltiple, que se consideran alternativas equivalentes para el propósito de la invención.

El objetivo de las fórmulas de Markush es conseguir la descripción de un gran número de compuestos en una única reivindicación, protegiendo los compuestos sintetizados de otros similares sin requerir al inventor la preparación independiente de cada uno de ellos. Con ello se logra incrementar artificialmente de manera notable el número de compuestos protegidos por la patente. Ninguna base de datos genera todas las posibles permutaciones de manera independiente, por lo que, en ocasiones, resulta difícil la localización de compuestos concretos.

A continuación del resumen, sin número INID, consta el número total de reivindicaciones contenido en el documento y el número de dibujos.

B) Texto de la patente

A su vez está formado por dos partes: descripción y reivindicaciones. Las líneas de la descripción y de las reivindicaciones se encuentran numeradas de cinco en cinco, situándose esta numeración en la parte izquierda, fuera del margen y reiniciando la numeración en cada hoja.

a) Descripción

Es la parte más importante desde el punto de vista técnico. Recoge de manera concisa y clara, sin repeticiones inútiles y en congruencia con las reivindicaciones, los siguientes datos:

1. Título de la invención, tal como fue redactado en la instancia de solicitud.
2. Sector de la técnica en el que se encuadra la invención.
3. Estado de la técnica: son los antecedentes de la invención conocidos por el solicitante. Compara una selección de ejemplos similares publicados previamente con lo recogido en la patente, señalando sus limitaciones, y justificando la necesidad de la nueva invención.
4. Explicación detallada de la invención de manera clara y completa de forma que un experto en la materia pueda llevarla a la práctica. Debe permitir una comprensión del problema técnico planteado así como la solución al mismo, indicando las ventajas de la invención con relación al estado de la técnica anterior.
5. Descripción de los dibujos. Se emplean las fórmulas de Markush, descritas en el campo *resumen* de la portada.
6. Exposición detallada de uno o varios ejemplos de modos de realización específicos de la invención. Sería el equivalente a la parte experimental de una publicación en revista científica. Dichos ejemplos tienen carácter ilustrativo, y no limitan las reivindicaciones.
7. Indicación de la manera en que la invención es susceptible de aplicación industrial, a no ser que ésta se derive de manera evidente de la naturaleza de la invención o de la explicación de la misma.

b) Reivindicaciones

Es la parte con mayor importancia jurídica. Definen el objeto para el que se solicita la protección, basándose en la descripción anterior. Constan de las siguientes partes:

1. Preámbulo, en el que se indica cuál es el objeto de la invención (que suele coincidir con el título de la invención) y todas aquellas características técnicas que, aunque conocidas, son necesarias para la definición de los elementos que se van a proteger.
2. Caracterización, en la que se exponen de manera concisa, en forma de frases únicas, las características técnicas nuevas que se desean proteger.

Existen dos tipos de reivindicaciones: esenciales y dependientes. Las reivindicaciones esenciales incluyen todas las limitaciones necesarias y no dependen de ninguna otra reivindicación. Las reivindicaciones dependientes precisan las características adicionales que se protegen, así como modos particulares o alternativos de realización de la invención. Se encuentran numeradas correlativamente y se indica con claridad la reivindicación de la que depende cada una de ellas. Se entiende que toda reivindicación dependiente es opcional para el desarrollo de la invención y que comprende implícitamente todas las características de las reivindicaciones de las que depende.

Cuando las reivindicaciones presentan expresiones del tipo "que comprende" o "que contiene" (*comprising*, *containing*), dejan abierta la posibilidad de existir otros elemento técnicos adicionales además de los enumerados; mientras que la expresión "que consiste" (*consisting of*) excluye la existencia de otros elementos.

Bibliografía

Maizell, R. E.: *How to find chemical information,* John Wiley & Sons, Ltd, New York, 1998.

Heller, S. R., Ed.: *The Beilstein system: strategies for effective searching*, American Chemical Society, Washington, 1998.

Ridley, D. D.: *Information retrieval: Scifinder and Scifinder Scholar*, John Wiley & Sons, Ltd, Chichester, 2002.

ÍNDICE DE MATERIAS